계산력은 수학적 사고력을 기르기 위한 기초 과정이며,
스마트 시대에 정보처리능력을 기르기 위한 필수 요소입니다.

사칙 계산(+, −, ×, ÷)을 나타내는 기호와 여러 가지 수(자연수, 분수, 소수 등) 사이의 관계를 이해하여 빠르고 정확하게 답을 찾아내는 과정을 통해 아이들은 수학적 개념이 발달하기 시작하고 수학에 흥미를 느끼게 됩니다.

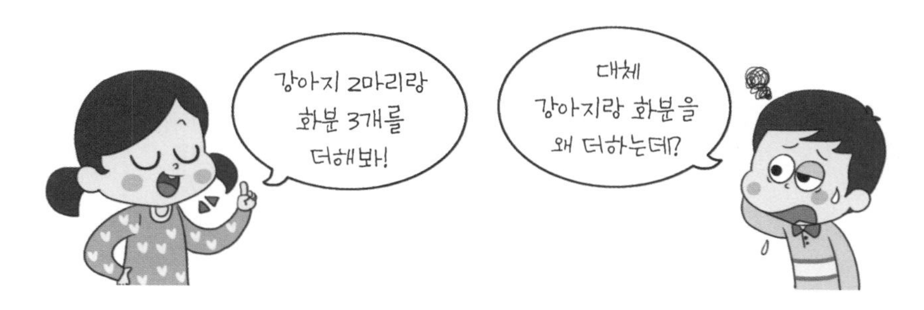

위에서 보여준 것과 같이 단순한 더하기라 할지라도 아무거나 더하는 것이 아니라 더하는 의미가 있는 것은, 동질성을 가진 것끼리, 단위가 같은 것끼리여야 하는 등의 논리적이고 합리적인 상황이 기본이 됩니다.
사칙 계산이 처음엔 자연수끼리의 계산으로 시작하기 때문에 큰 어려움이 없지만 수의 개념이 확장되어 분수, 소수까지 다루게 되면, 더하기를 하기 위해 표현 방법을 모두 분수로, 또는 모두 소수로 바꾸는 등, 자기도 모르게 수학적 사고의 과정을 밟아가며 계산을 하게 됩니다.
이런 단계의 계산들은 하위 단계인 자연수의 사칙 계산이 기초가 되지 않고서는 쉽지 않습니다.
계산력을 기르는 것이 이렇게 중요한데도 계산력을 기르는 방법에는 지름길이 없습니다.

❶ 매일 꾸준히
❷ 표준완성시간 내에
❸ 정확하게 푸는 것

을 연습하는 것만이 정답입니다.
집을 짓거나, 그림을 그리거나, 운동경기를 하거나, 그 밖의 어떤 일을 하더라도 좋은 결과를 위해서는 기초를 닦는 것이 중요합니다.
앞에서도 말했듯이 수학적 사고력에 있어서 가장 기초가 되는 것은 계산력입니다. 또한 계산력은 사물인터넷과 빅데이터가 활용되는 스마트 시대에 가장 필요한, 정보처리능력을 향상시킬 수 있는 기본 요소입니다. 매일 꾸준히, 표준완성시간 내에, 정확하게 푸는 것을 연습하여 기초가 탄탄한 미래의 소중한 주인공들로 성장하기를 바랍니다.

이 책의 특징과 구성

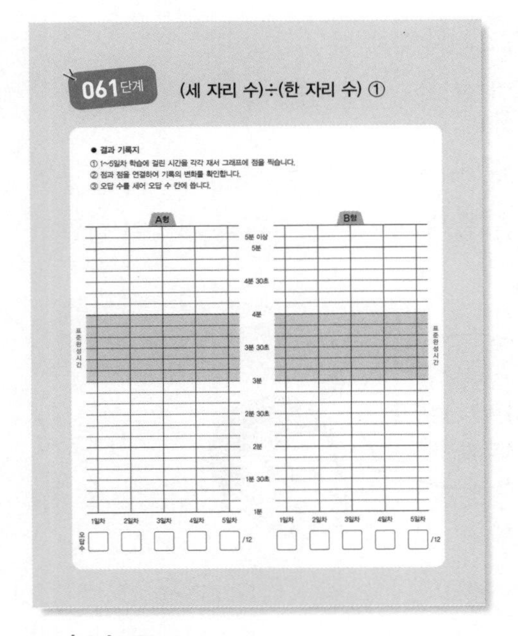

∷ 학습관리 – 결과 기록지

매일 학습하는 데 걸린 시간을 표시하고 표준완성시간 내에 학습 완료를 하였는지, 틀린 문항 수는 몇 개인지, 또 아이의 기록에 어떤 변화가 있는지 확인할 수 있습니다.

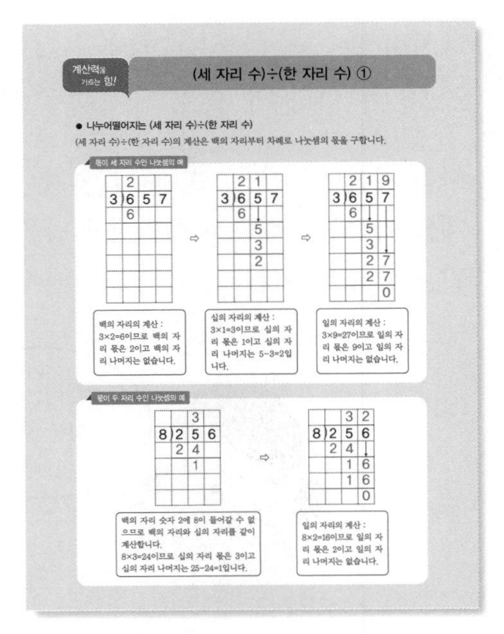

∷ 계산 원리 짚어보기 – 계산력을 기르는 힘

계산력도 원리를 익히고 연습하면 더 정확하고 빠르게 풀 수 있습니다. 제시된 원리를 이해하고 계산 방법을 익히면, 본 교재 학습을 쉽게 할 수 있는 힘이 됩니다.

∷ 본 학습

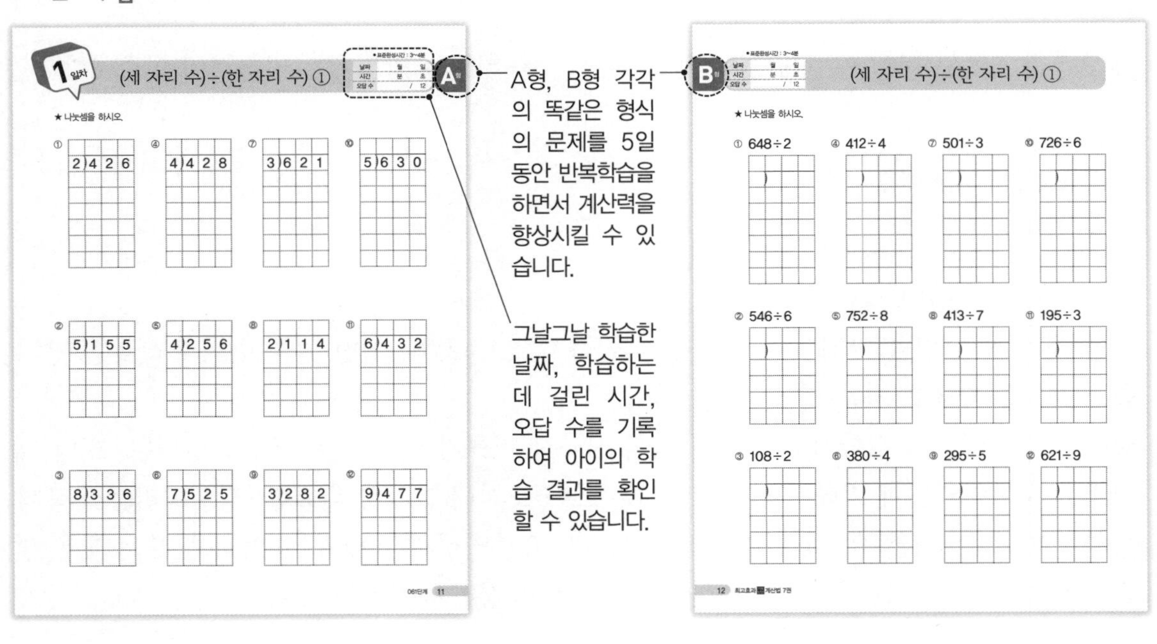

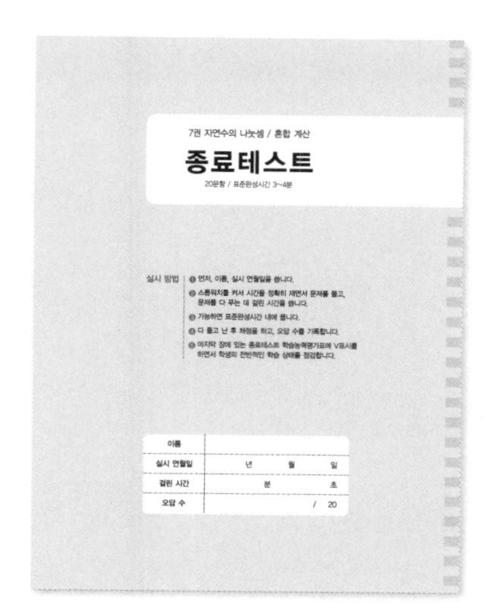

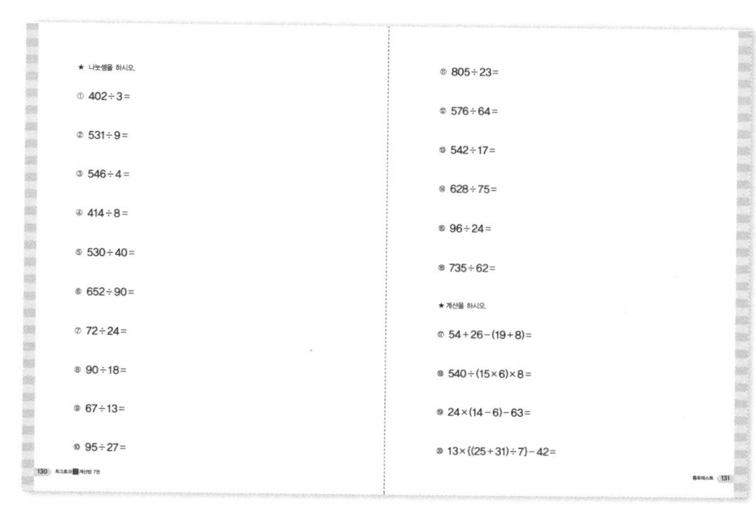

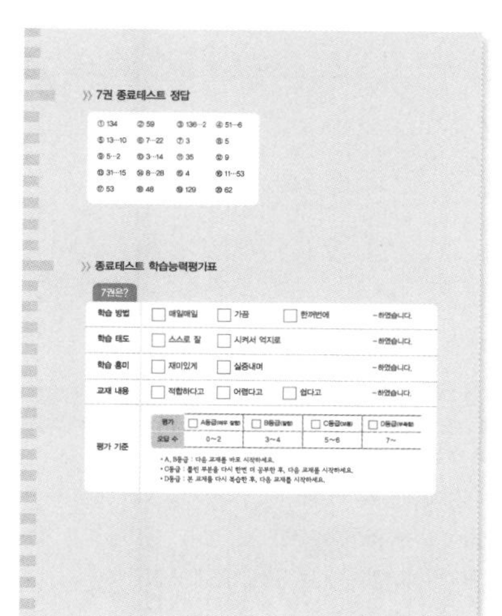

∵ 종료테스트

각 권이 끝날 때마다 종료테스트를 통해 학습한 것을 다시 한번 확인할 수 있습니다.
종료테스트의 정답을 확인하고 '학습능력평가표'를 작성합니다. 나온 평가의 결과대로 다음 교재로 바로 넘어갈지, 좀 더 복습이 필요한지 판단하여 계속해서 학습을 진행할 수 있습니다.

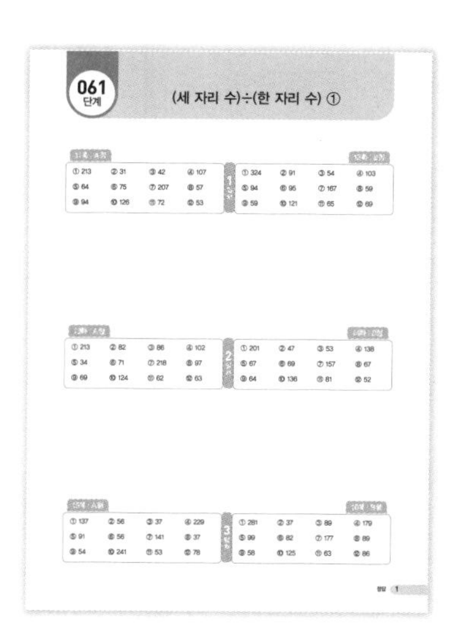

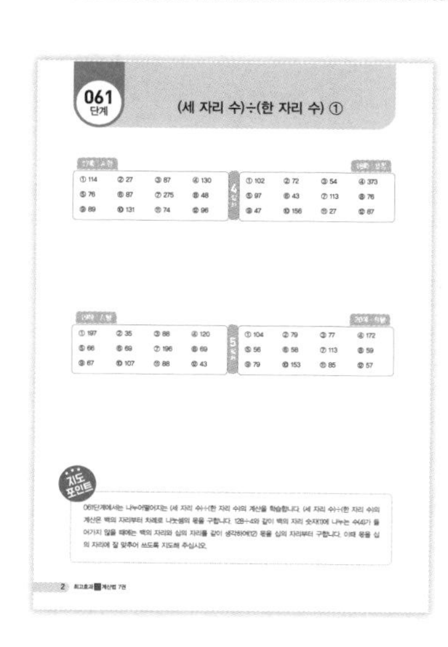

∵ 정답

단계별 정답 확인 후 지도포인트를 확인합니다. 이번 학습을 통해 어떤 부분의 문제해결력을 길렀는지, 또 한 틀린 문제를 점검할 때 어떤 부분에 중점을 두고 확인해야 할지 알 수 있습니다.

최고효과 기초탄탄 계산법 전체 학습 내용

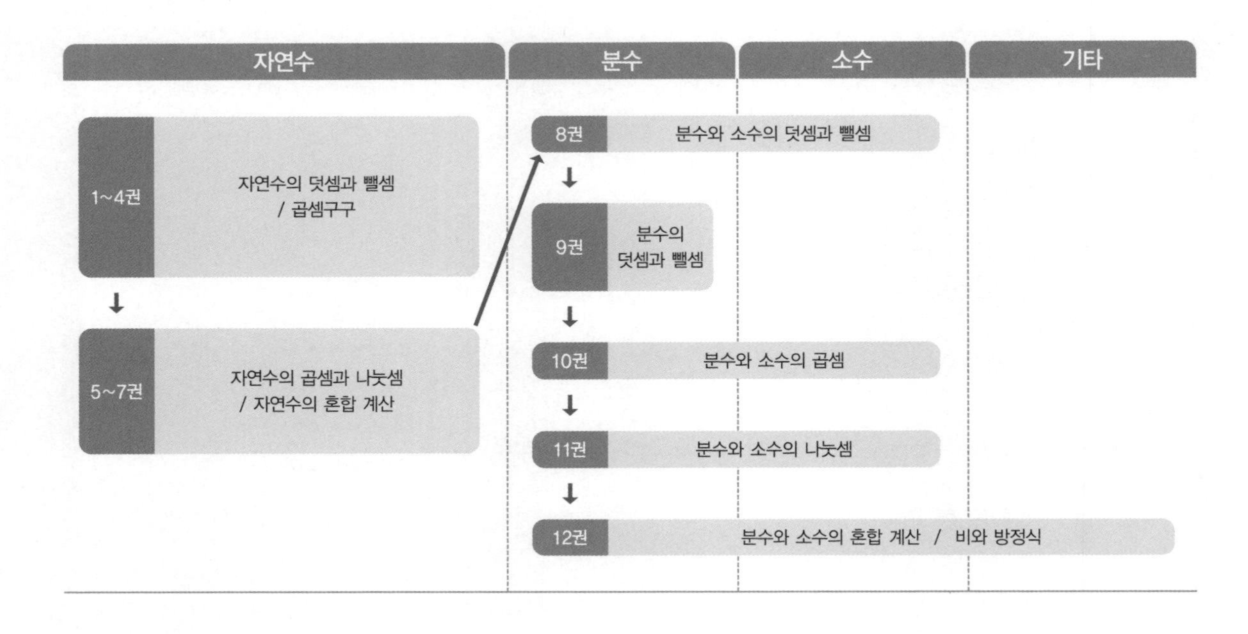

최고효과 기초탄탄 계산법 권별 학습 내용

권장 학년 초1

1권 : 자연수의 덧셈과 뺄셈 [1]		2권 : 자연수의 덧셈과 뺄셈 [2]	
001단계	9까지의 수 모으기와 가르기	011단계	세 수의 덧셈, 뺄셈
002단계	합이 9까지인 덧셈	012단계	받아올림이 있는 (몇)+(몇)
003단계	차가 9까지인 뺄셈	013단계	받아내림이 있는 (십 몇)−(몇)
004단계	덧셈과 뺄셈의 관계 ①	014단계	받아올림 · 받아내림이 있는 덧셈, 뺄셈 종합
005단계	세 수의 덧셈과 뺄셈 ①	015단계	(두 자리 수)+(한 자리 수)
006단계	(몇십)+(몇)	016단계	(몇십)−(몇)
007단계	(몇십 몇)±(몇)	017단계	(두 자리 수)−(한 자리 수)
008단계	(몇십)±(몇십), (몇십 몇)±(몇십 몇)	018단계	(두 자리 수)±(한 자리 수) ①
009단계	10의 모으기와 가르기	019단계	(두 자리 수)±(한 자리 수) ②
010단계	10의 덧셈과 뺄셈	020단계	세 수의 덧셈과 뺄셈 ②

권장 학년 초2

3권 : 자연수의 덧셈과 뺄셈 [3] / 곱셈구구		4권 : 자연수의 덧셈과 뺄셈 [4]	
021단계	(두 자리 수)+(두 자리 수) ①	031단계	(세 자리 수)+(세 자리 수) ①
022단계	(두 자리 수)+(두 자리 수) ②	032단계	(세 자리 수)+(세 자리 수) ②
023단계	(두 자리 수)−(두 자리 수)	033단계	(세 자리 수)−(세 자리 수) ①
024단계	(두 자리 수)±(두 자리 수)	034단계	(세 자리 수)−(세 자리 수) ②
025단계	덧셈과 뺄셈의 관계 ②	035단계	(세 자리 수)±(세 자리 수)
026단계	같은 수를 여러 번 더하기	036단계	세 자리 수의 덧셈, 뺄셈 종합
027단계	2, 5, 3, 4의 단 곱셈구구	037단계	세 수의 덧셈과 뺄셈 ③
028단계	6, 7, 8, 9의 단 곱셈구구	038단계	(네 자리 수)+(세 자리 수 · 네 자리 수)
029단계	곱셈구구 종합 ①	039단계	(네 자리 수)−(세 자리 수 · 네 자리 수)
030단계	곱셈구구 종합 ②	040단계	네 자리 수의 덧셈, 뺄셈 종합

권장 학년 초3

5권 : 자연수의 곱셈과 나눗셈 [1]	
041단계	같은 수를 여러 번 빼기 ①
042단계	곱셈과 나눗셈의 관계
043단계	곱셈구구 범위에서의 나눗셈 ①
044단계	같은 수를 여러 번 빼기 ②
045단계	곱셈구구 범위에서의 나눗셈 ②
046단계	곱셈구구 범위에서의 나눗셈 ③
047단계	(두 자리 수)×(한 자리 수) ①
048단계	(두 자리 수)×(한 자리 수) ②
049단계	(두 자리 수)×(한 자리 수) ③
050단계	(두 자리 수)×(한 자리 수) ④

6권 : 자연수의 곱셈과 나눗셈 [2]	
051단계	(세 자리 수)×(한 자리 수) ①
052단계	(세 자리 수)×(한 자리 수) ②
053단계	(두 자리 수)×(두 자리 수) ①
054단계	(두 자리 수)×(두 자리 수) ②
055단계	(세 자리 수)×(두 자리 수) ①
056단계	(세 자리 수)×(두 자리 수) ②
057단계	(몇십)÷(몇), (몇백 몇십)÷(몇)
058단계	(두 자리 수)÷(한 자리 수) ①
059단계	(두 자리 수)÷(한 자리 수) ②
060단계	(두 자리 수)÷(한 자리 수) ③

권장 학년 초4

7권 : 자연수의 나눗셈 / 혼합 계산	
061단계	(세 자리 수)÷(한 자리 수) ①
062단계	(세 자리 수)÷(한 자리 수) ②
063단계	몇십으로 나누기
064단계	(두 자리 수)÷(두 자리 수) ①
065단계	(두 자리 수)÷(두 자리 수) ②
066단계	(세 자리 수)÷(두 자리 수) ①
067단계	(세 자리 수)÷(두 자리 수) ②
068단계	(두 자리 수·세 자리 수)÷(두 자리 수)
069단계	자연수의 혼합 계산 ①
070단계	자연수의 혼합 계산 ②

8권 : 분수와 소수의 덧셈과 뺄셈	
071단계	대분수를 가분수로, 가분수를 대분수로 나타내기
072단계	분모가 같은 분수의 덧셈 ①
073단계	분모가 같은 분수의 덧셈 ②
074단계	분모가 같은 분수의 뺄셈 ①
075단계	분모가 같은 분수의 뺄셈 ②
076단계	분모가 같은 분수의 덧셈, 뺄셈
077단계	자릿수가 같은 소수의 덧셈
078단계	자릿수가 다른 소수의 덧셈
079단계	자릿수가 같은 소수의 뺄셈
080단계	자릿수가 다른 소수의 뺄셈

권장 학년 초5

9권 : 분수의 덧셈과 뺄셈	
081단계	약수와 배수
082단계	공약수와 최대공약수
083단계	공배수와 최소공배수
084단계	최대공약수와 최소공배수
085단계	약분
086단계	통분
087단계	분모가 다른 진분수의 덧셈과 뺄셈
088단계	분모가 다른 대분수의 덧셈과 뺄셈
089단계	분수의 덧셈과 뺄셈
090단계	세 분수의 덧셈과 뺄셈

10권 : 분수와 소수의 곱셈	
091단계	분수와 자연수의 곱셈
092단계	분수의 곱셈 ①
093단계	분수의 곱셈 ②
094단계	세 분수의 곱셈
095단계	분수와 소수
096단계	소수와 자연수의 곱셈
097단계	소수의 곱셈 ①
098단계	소수의 곱셈 ②
099단계	분수와 소수의 곱셈
100단계	분수, 소수, 자연수의 곱셈

권장 학년 초6

11권 : 분수와 소수의 나눗셈	
101단계	분수와 자연수의 나눗셈
102단계	분수의 나눗셈 ①
103단계	분수의 나눗셈 ②
104단계	소수와 자연수의 나눗셈 ①
105단계	소수와 자연수의 나눗셈 ②
106단계	자연수와 자연수의 나눗셈
107단계	소수의 나눗셈 ①
108단계	소수의 나눗셈 ②
109단계	소수의 나눗셈 ③
110단계	분수와 소수의 나눗셈

12권 : 분수와 소수의 혼합 계산 / 비와 방정식	
111단계	분수와 소수의 곱셈과 나눗셈
112단계	분수와 소수의 혼합 계산
113단계	비와 비율
114단계	간단한 자연수의 비로 나타내기
115단계	비례식
116단계	비례배분
117단계	방정식 ①
118단계	방정식 ②
119단계	방정식 ③
120단계	방정식 ④

차례

7권 자연수의 나눗셈 / 혼합 계산

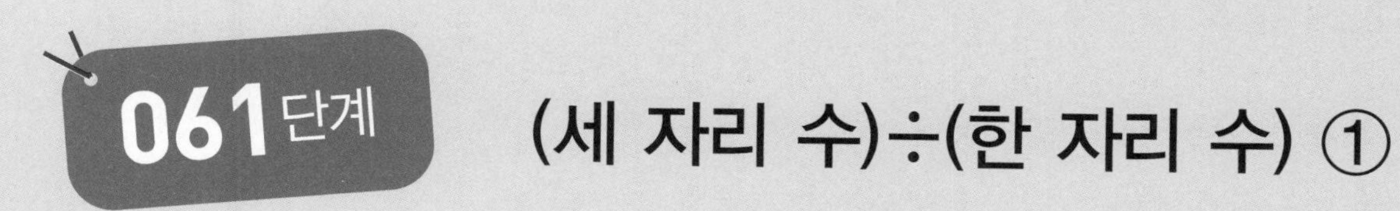

(세 자리 수)÷(한 자리 수) ①

● **결과 기록지**

① 1~5일차 학습에 걸린 시간을 각각 재서 그래프에 점을 찍습니다.
② 점과 점을 연결하여 기록의 변화를 확인합니다.
③ 오답 수를 세어 오답 수 칸에 씁니다.

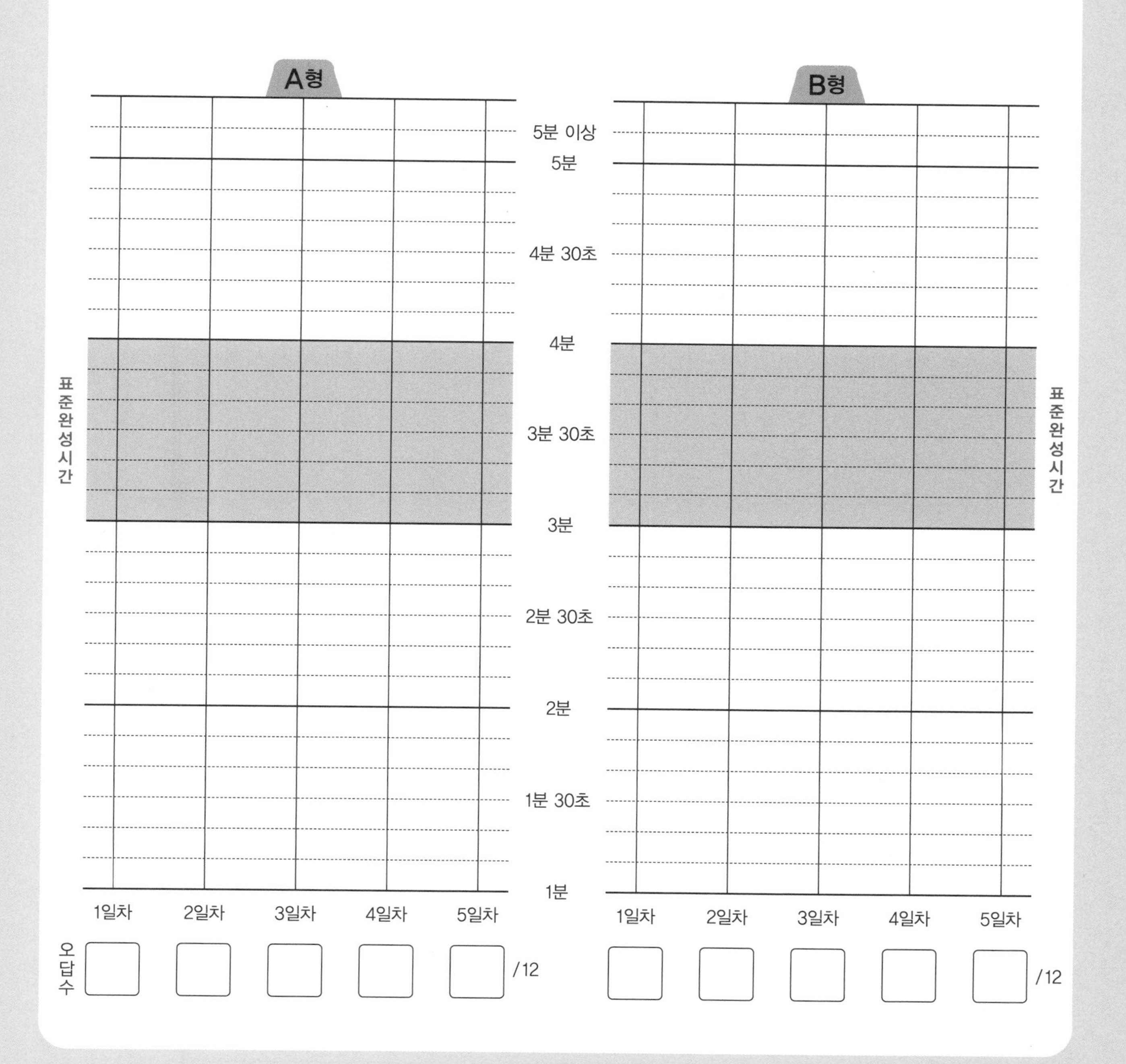

계산력을 기르는 힘!

(세 자리 수)÷(한 자리 수) ①

● 나누어떨어지는 (세 자리 수)÷(한 자리 수)

(세 자리 수)÷(한 자리 수)의 계산은 백의 자리부터 차례로 나눗셈의 몫을 구합니다.

몫이 세 자리 수인 나눗셈의 예

	2		
3	)6	5	7
	6		

백의 자리의 계산 :
3×2=6이므로 백의 자리 몫은 2이고 백의 자리 나머지는 없습니다.

⇨

	2	1	
3	)6	5	7
	6	↓	
		5	
		3	
		2	

십의 자리의 계산 :
3×1=3이므로 십의 자리 몫은 1이고 십의 자리 나머지는 5−3=2입니다.

⇨

	2	1	9
3	)6	5	7
	6	↓	↓
		5	
		3	
		2	7
		2	7
			0

일의 자리의 계산 :
3×9=27이므로 일의 자리 몫은 9이고 일의 자리 나머지는 없습니다.

몫이 두 자리 수인 나눗셈의 예

		3	
8	)2	5	6
	2	4	
		1	

백의 자리 숫자 2에 8이 들어갈 수 없으므로 백의 자리와 십의 자리를 같이 계산합니다.
8×3=24이므로 십의 자리 몫은 3이고 십의 자리 나머지는 25−24=1입니다.

⇨

		3	2
8	)2	5	6
	2	4	↓
		1	6
		1	6
			0

일의 자리의 계산 :
8×2=16이므로 일의 자리 몫은 2이고 일의 자리 나머지는 없습니다.

(세 자리 수)÷(한 자리 수) ①

● 표준완성시간 : 3~4분

날짜	월	일
시간	분	초
오답 수	/	12

★ 나눗셈을 하시오.

① $2\overline{)426}$

② $5\overline{)155}$

③ $8\overline{)336}$

④
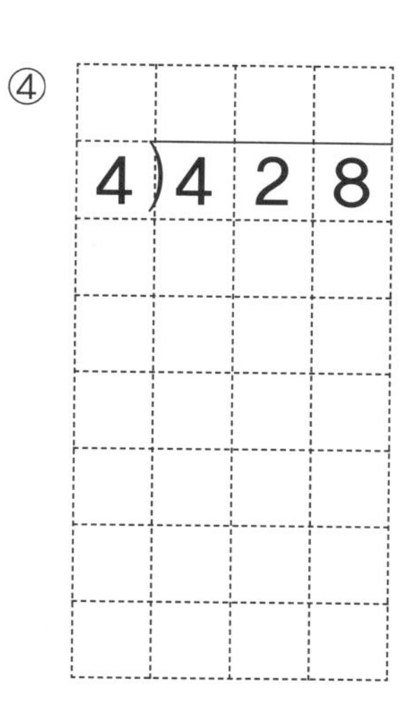

⑤

⑥
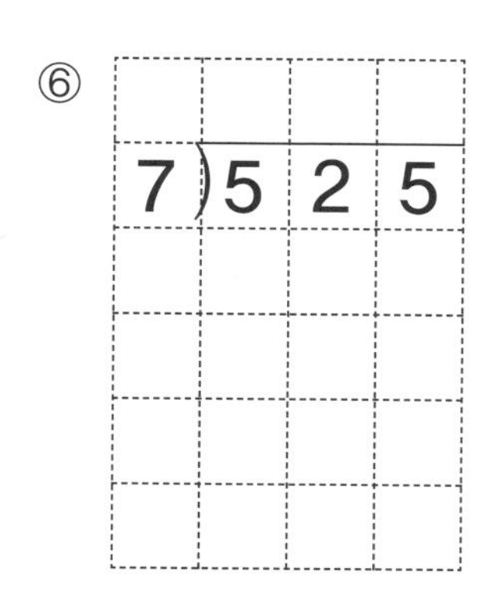

⑦
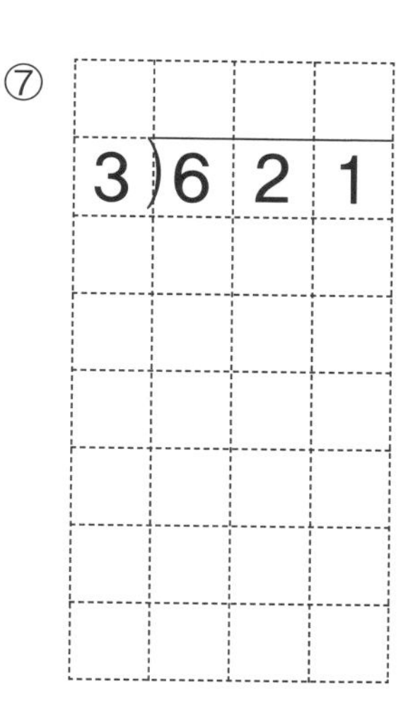

⑧
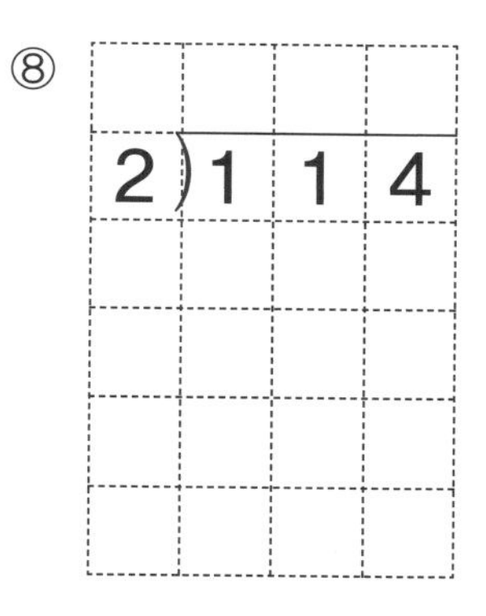

⑨

⑩ $5\overline{)630}$

⑪ $6\overline{)432}$

⑫ $9\overline{)477}$

● 표준완성시간 : 3~4분

B형

날짜	월 일
시간	분 초
오답 수	/ 12

(세 자리 수)÷(한 자리 수) ①

★ 나눗셈을 하시오.

① 648÷2

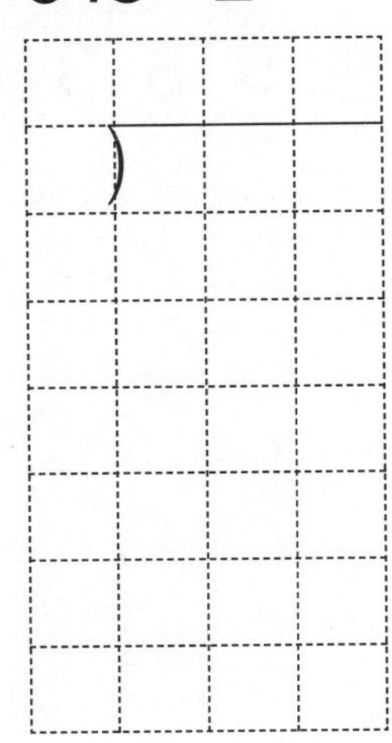

② 546÷6

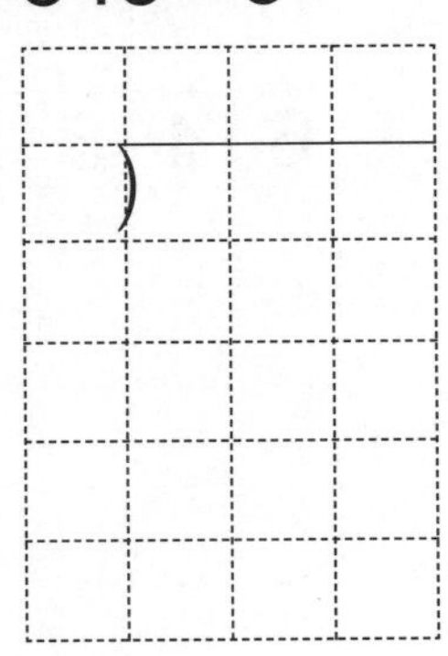

③ 108÷2

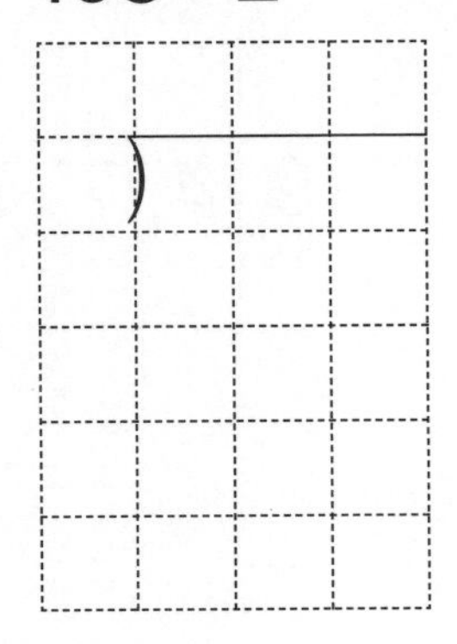

④ 412÷4

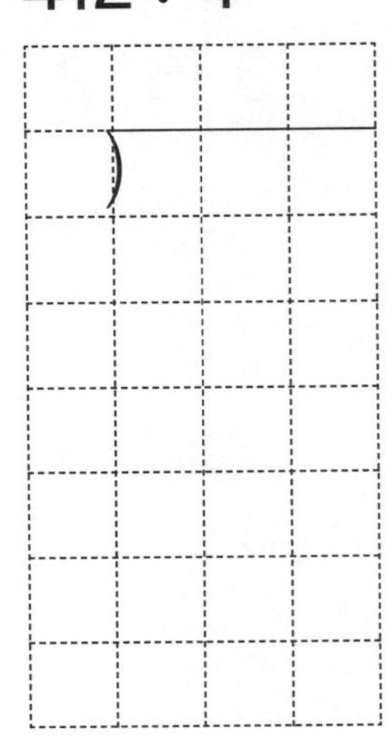

⑤ 752÷8

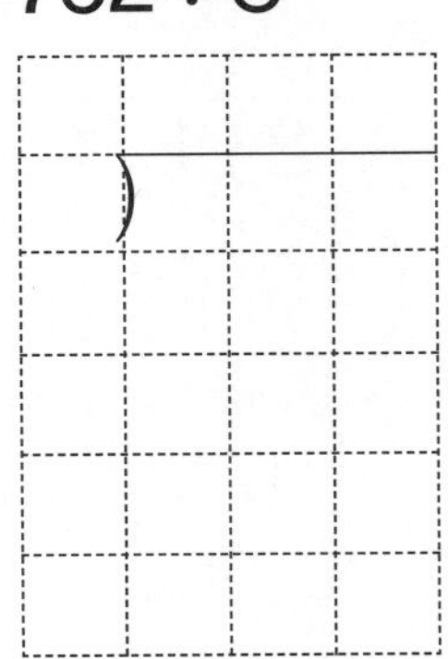

⑥ 380÷4

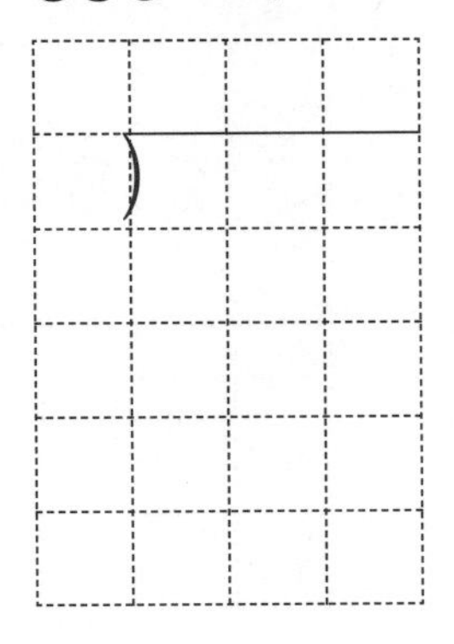

⑦ 501÷3

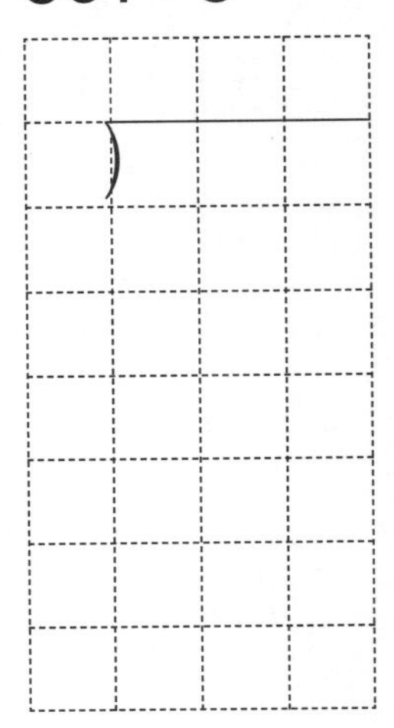

⑧ 413÷7

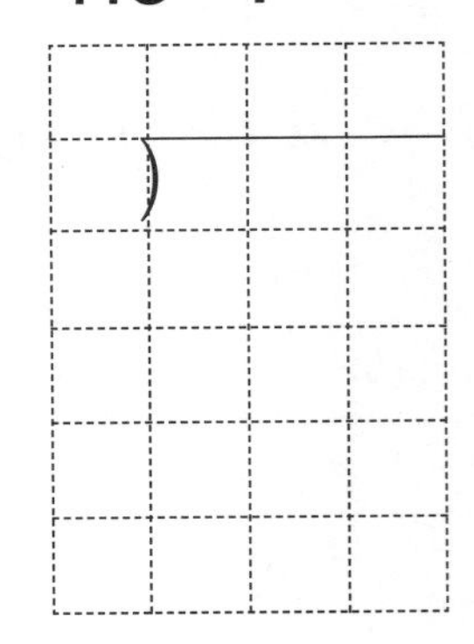

⑨ 295÷5

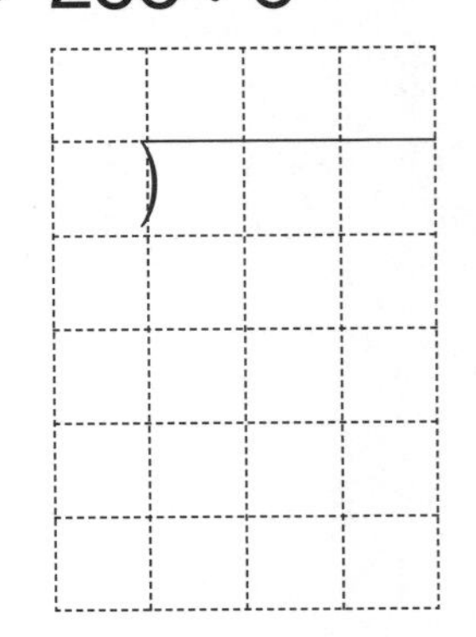

⑩ 726÷6

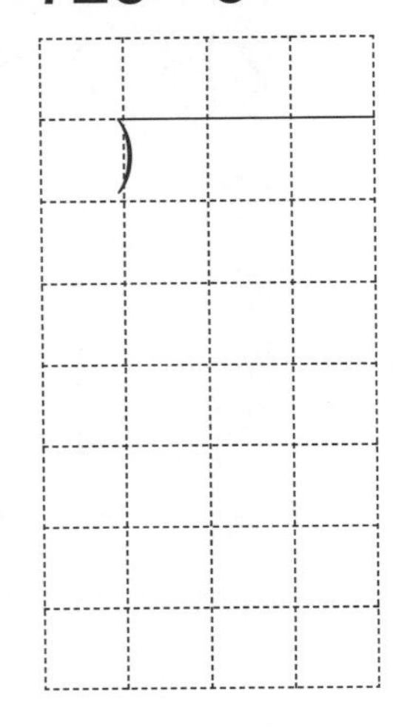

⑪ 195÷3

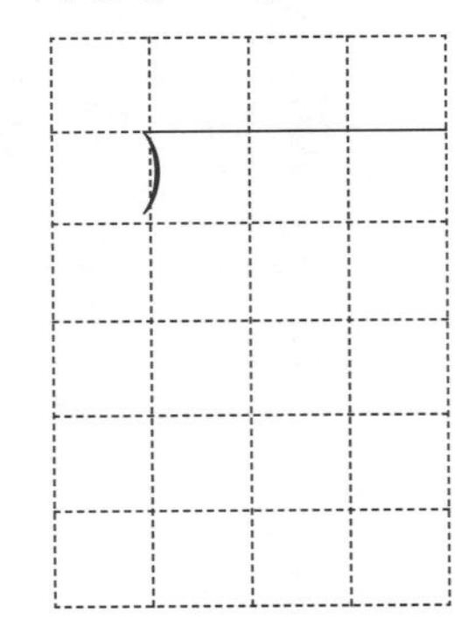

⑫ 621÷9

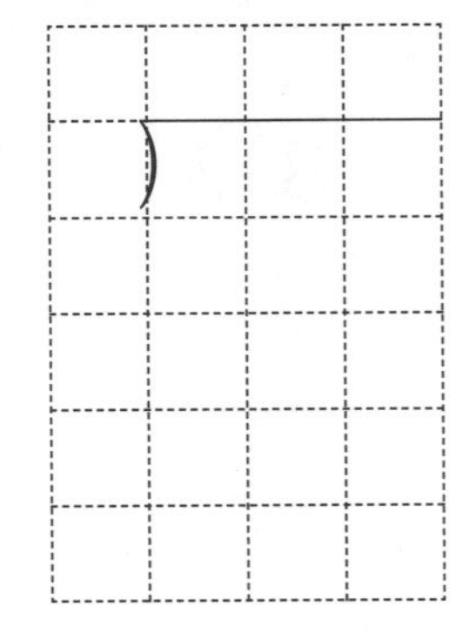

(세 자리 수)÷(한 자리 수) ①

● 표준완성시간 : 3~4분

날짜	월 일
시간	분 초
오답 수	/ 12

★ 나눗셈을 하시오.

① $3\overline{)639}$

④ $4\overline{)408}$

⑦ $2\overline{)436}$

⑩ $6\overline{)744}$

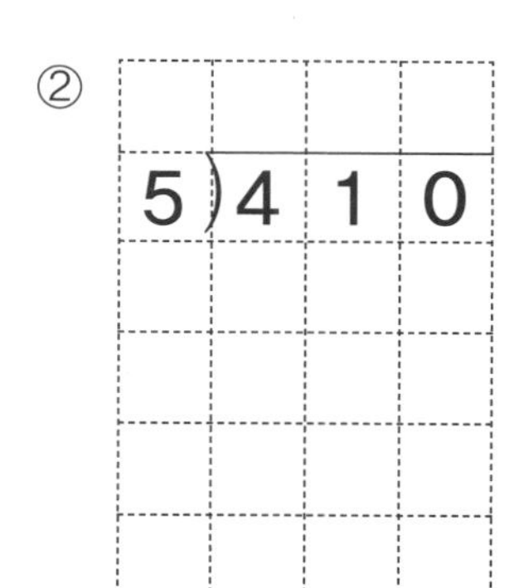

② $5\overline{)410}$

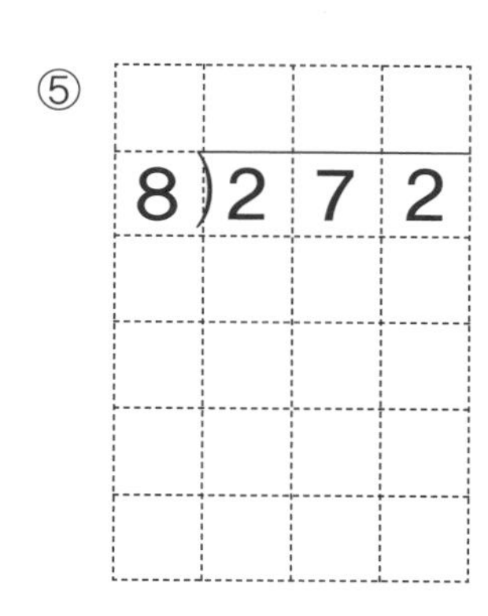

⑤ $8\overline{)272}$

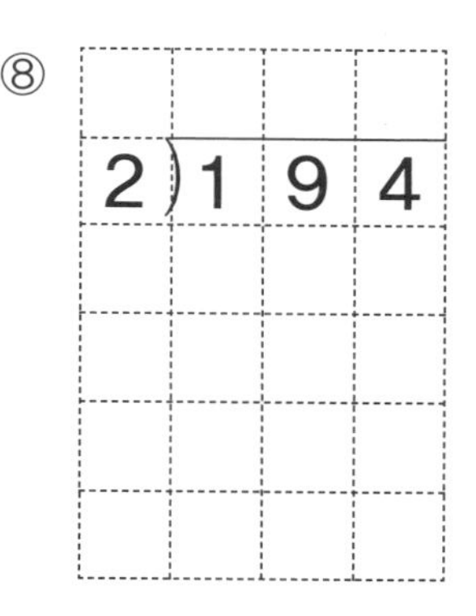

⑧ $2\overline{)194}$

⑪ $7\overline{)434}$

③ $9\overline{)774}$

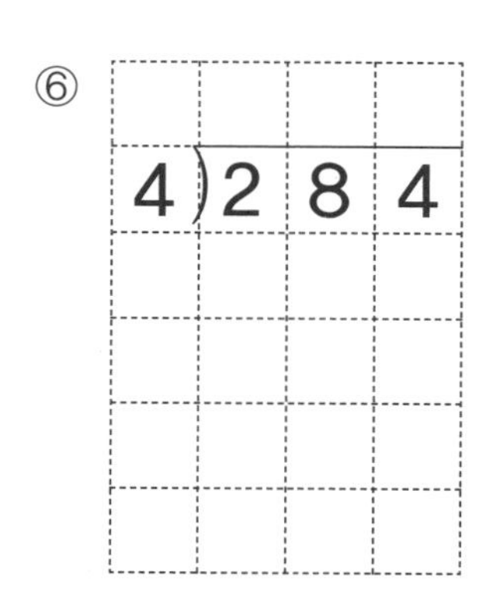

⑥ $4\overline{)284}$

⑨ $3\overline{)207}$

⑫ $6\overline{)378}$

● 표준완성시간 : 3~4분

B형

날짜	월 일
시간	분 초
오답 수	/ 12

(세 자리 수)÷(한 자리 수) ①

★ 나눗셈을 하시오.

① 804÷4

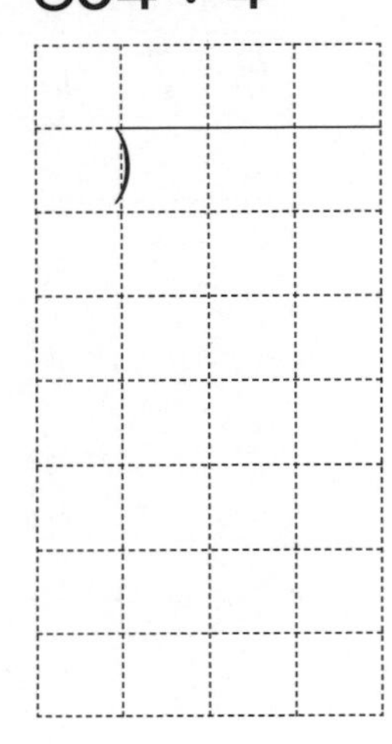

② 423÷9

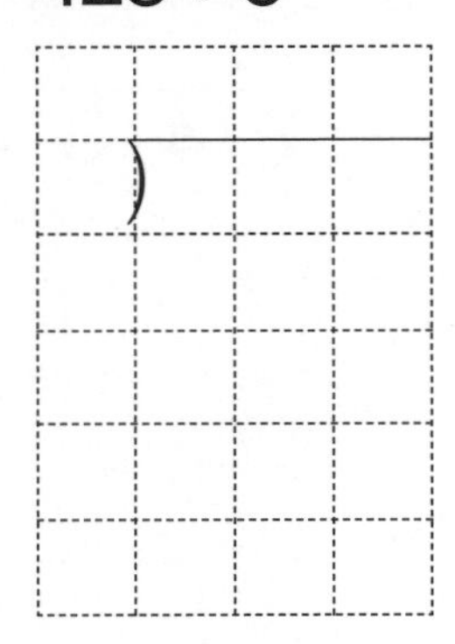

③ 212÷4

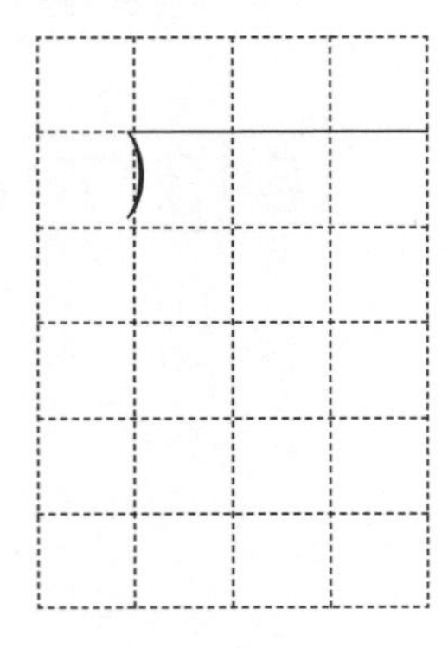

④ 276÷2

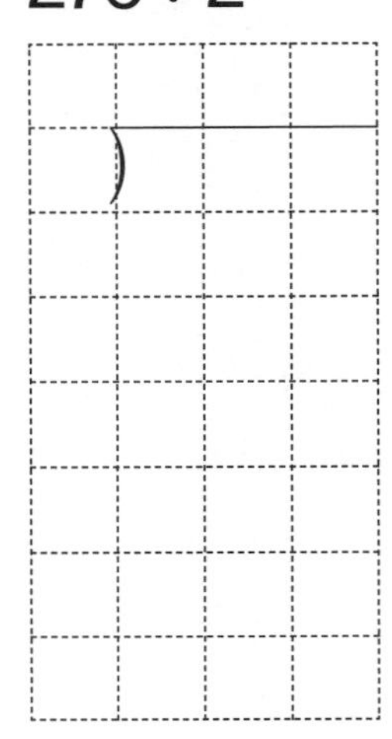

⑤ 402÷6

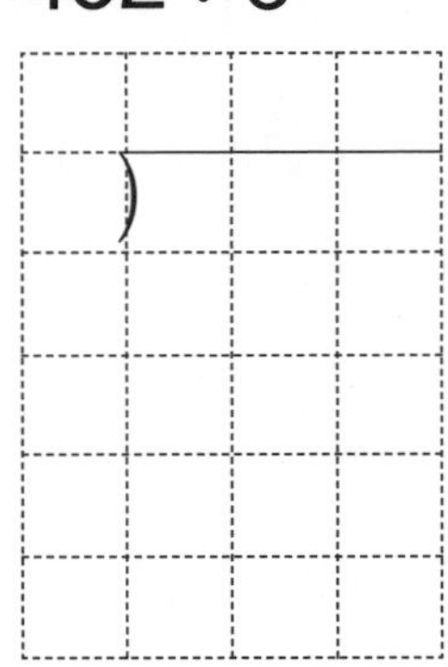

⑥ 345÷5

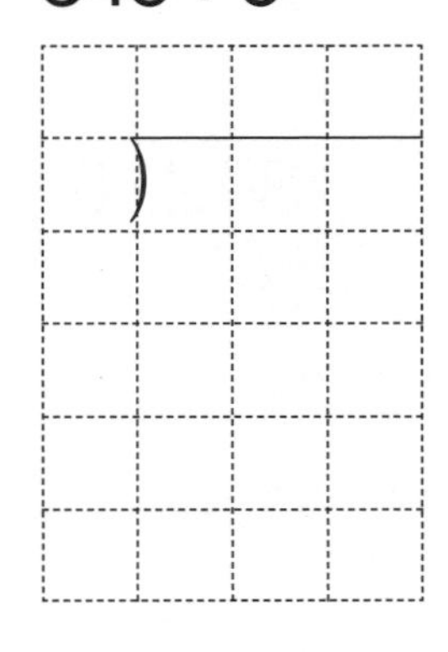

⑦ 471÷3

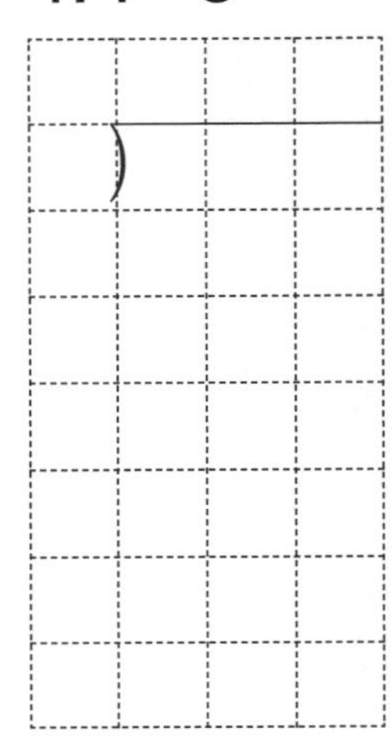

⑧ 134÷2

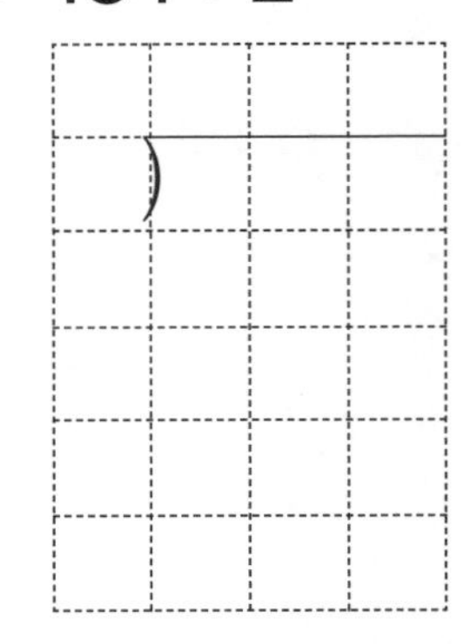

⑨ 192÷3

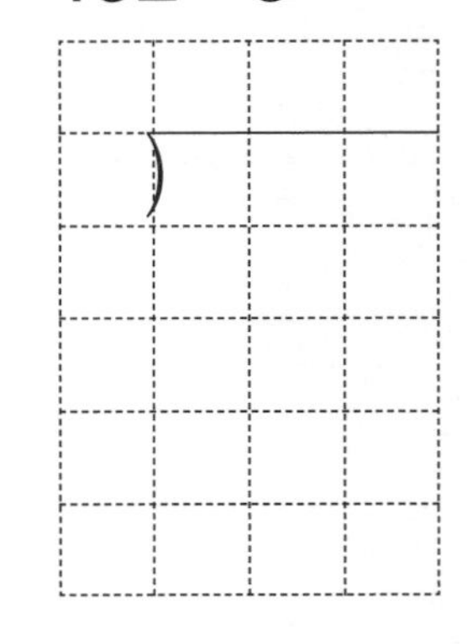

⑩ 816÷6

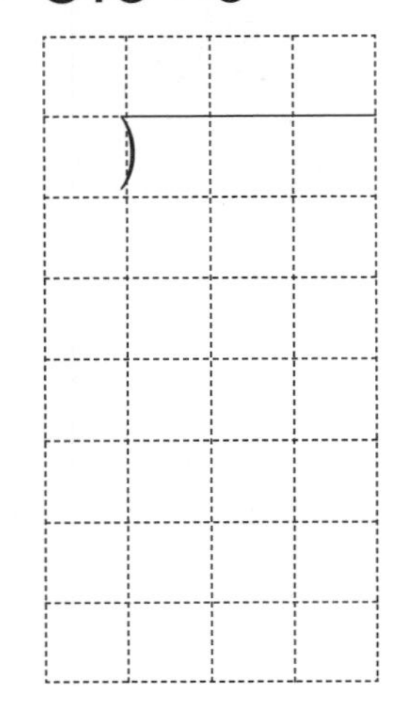

⑪ 567÷7

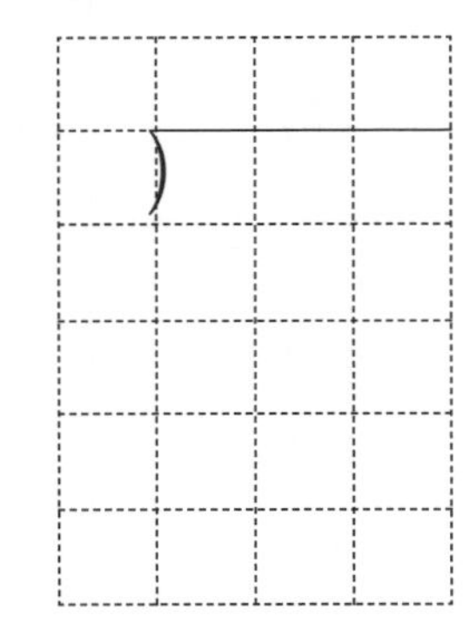

⑫ 416÷8

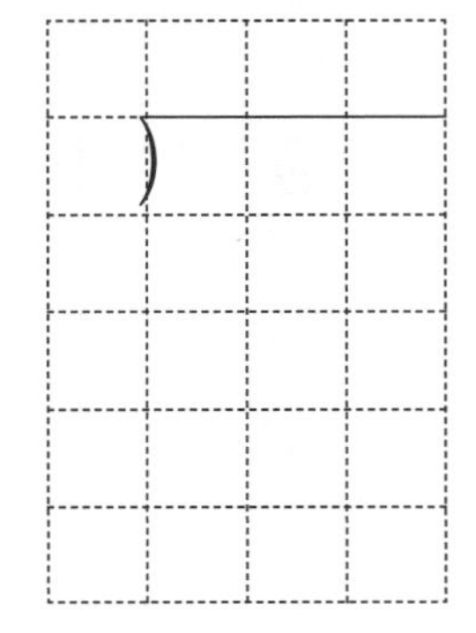

(세 자리 수)÷(한 자리 수) ①

● 표준완성시간 : 3~4분

날짜	월	일
시간	분	초
오답 수	/	12

★ 나눗셈을 하시오.

① $6\overline{)822}$

④ $4\overline{)916}$

⑦ $5\overline{)705}$

⑩ $3\overline{)723}$

② $3\overline{)168}$

⑤ $2\overline{)182}$

⑧ $7\overline{)259}$

⑪ $6\overline{)318}$

③ $8\overline{)296}$

⑥ $9\overline{)504}$

⑨ $5\overline{)270}$

⑫ $4\overline{)312}$

● 표준완성시간 : 3~4분

날짜	월	일
시간	분	초
오답 수	/	12

B형

(세 자리 수)÷(한 자리 수) ①

★ 나눗셈을 하시오.

① $562 \div 2$

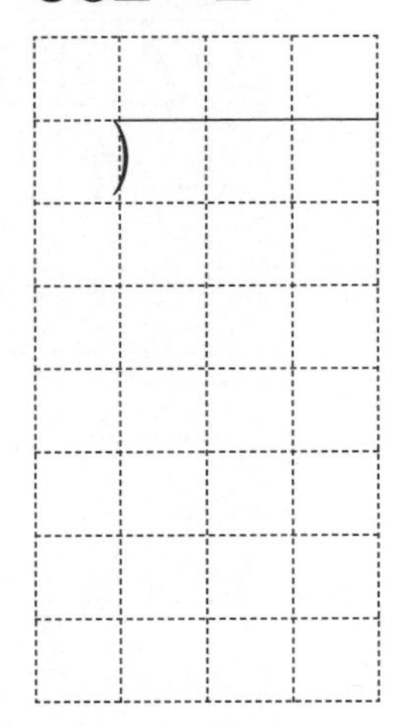

② $185 \div 5$

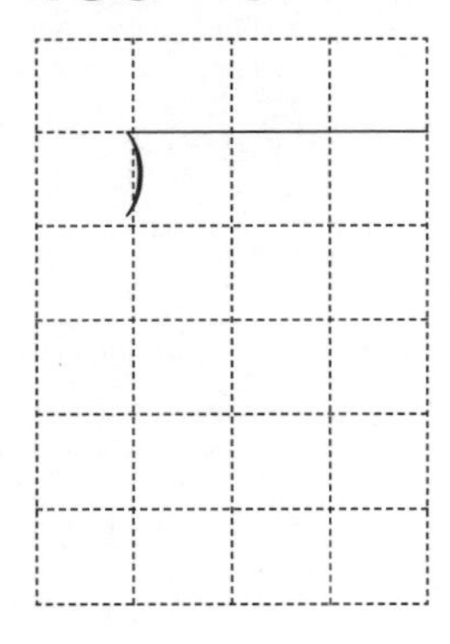

③ $356 \div 4$

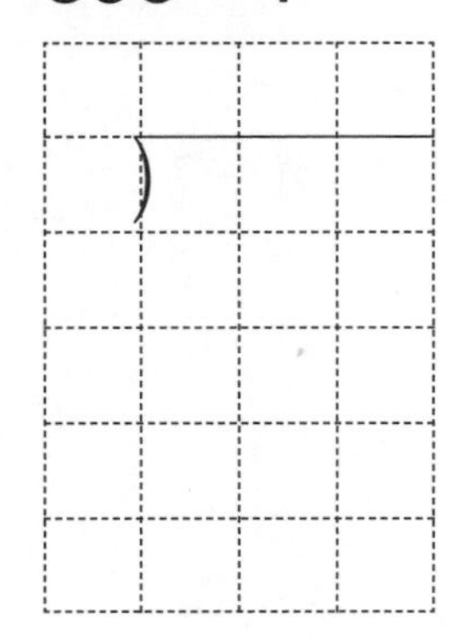

④ $716 \div 4$

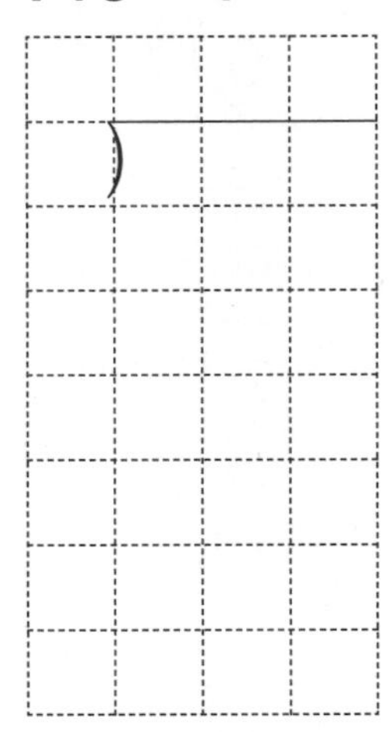

⑤ $297 \div 3$

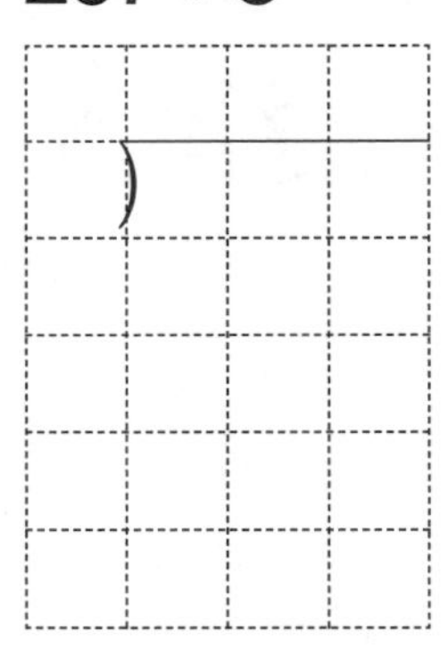

⑥ $492 \div 6$

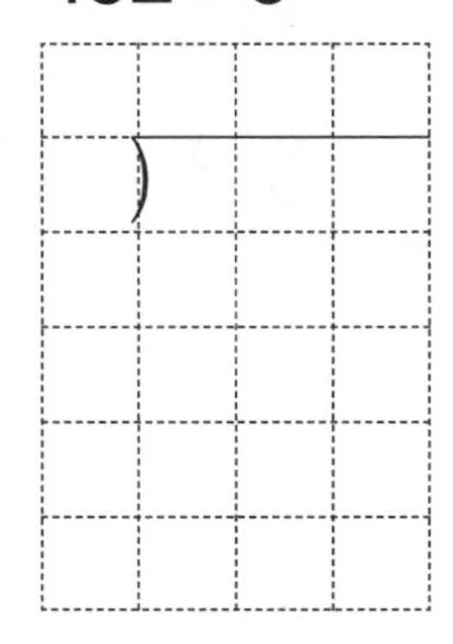

⑦ $531 \div 3$

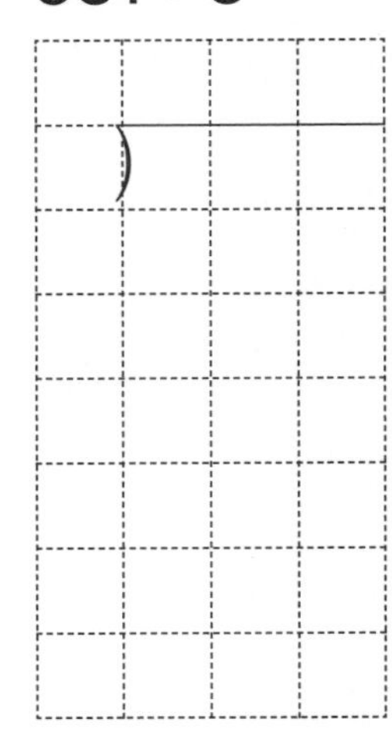

⑧ $178 \div 2$

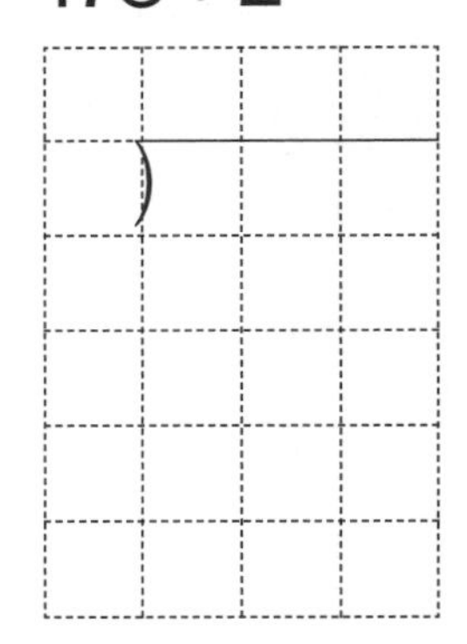

⑨ $522 \div 9$

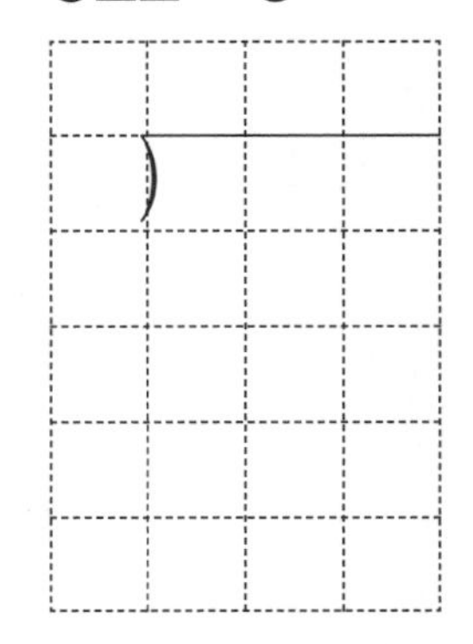

⑩ $875 \div 7$

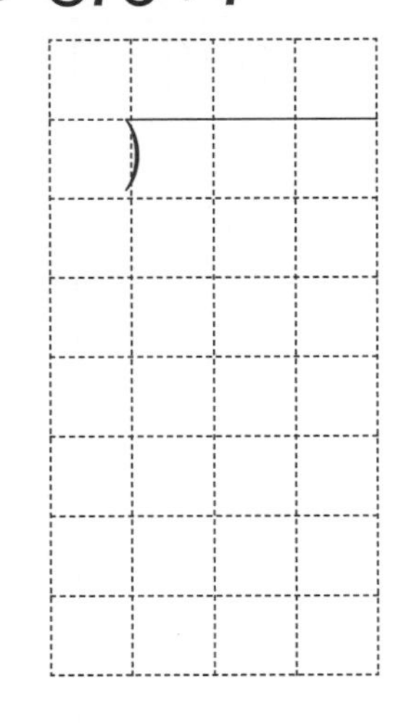

⑪ $504 \div 8$

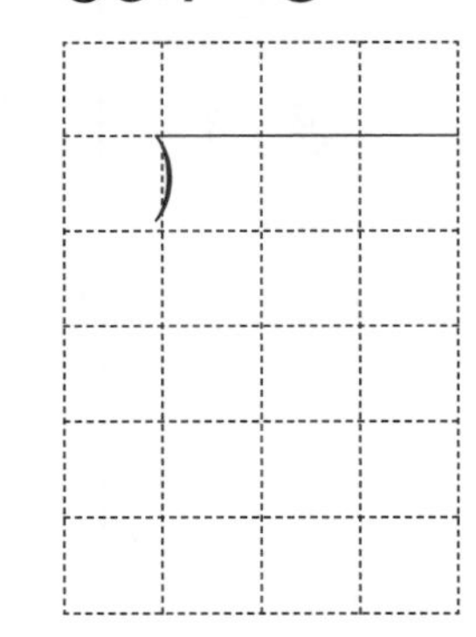

⑫ $602 \div 7$

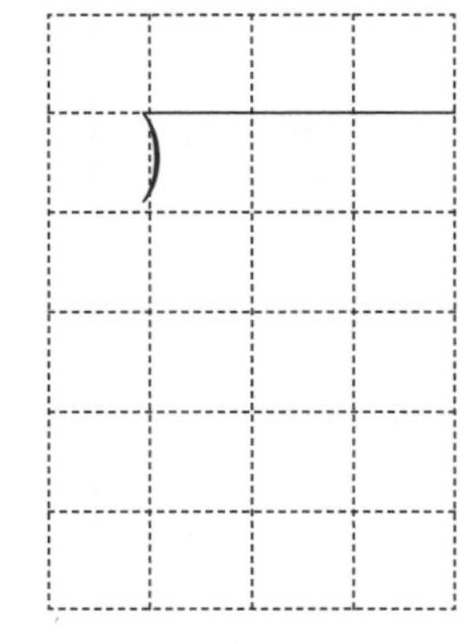

(세 자리 수)÷(한 자리 수) ①

● 표준완성시간 : 3~4분

날짜	월	일
시간	분	초
오답 수	/	12

★ 나눗셈을 하시오.

① $5\overline{)570}$

④ $6\overline{)780}$

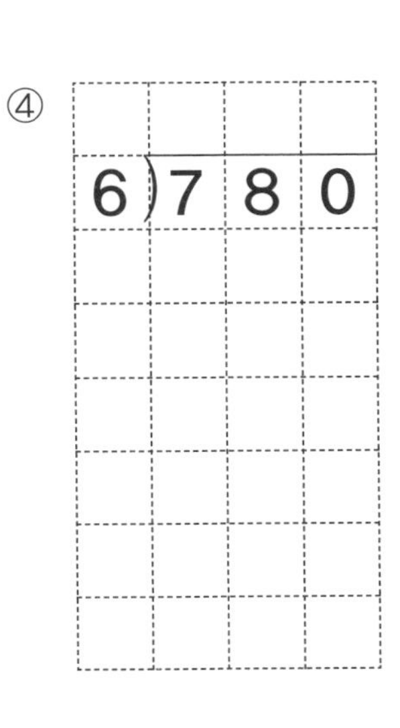

⑦ $3\overline{)825}$

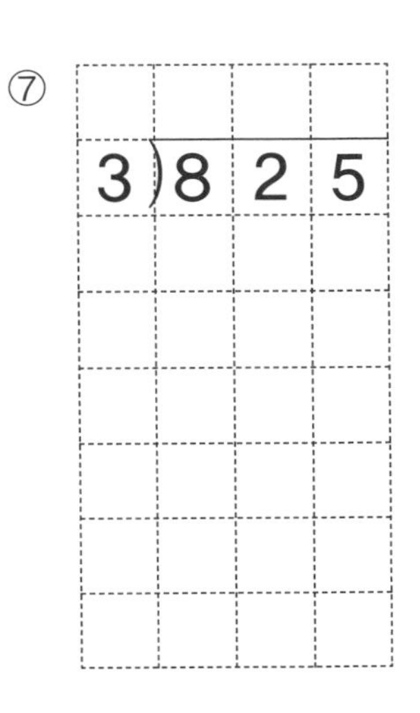

⑩ $4\overline{)524}$

② $8\overline{)216}$

⑤ $2\overline{)152}$

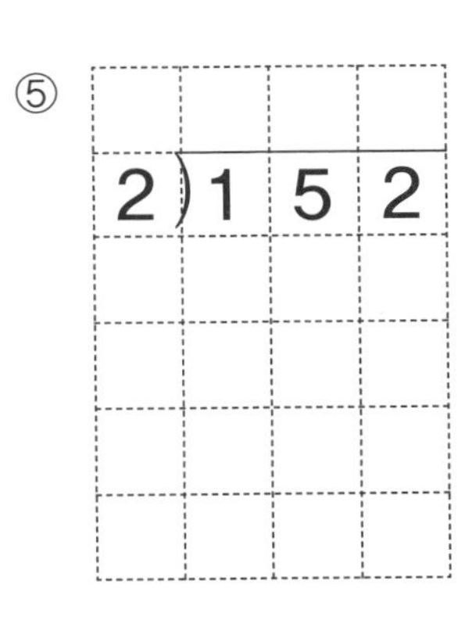

⑧ $4\overline{)192}$

⑪ $7\overline{)518}$

③ $3\overline{)261}$

⑥ $5\overline{)435}$

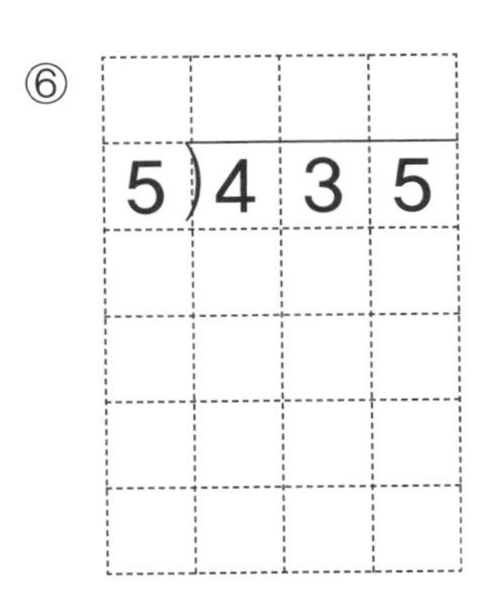

⑨ $9\overline{)801}$

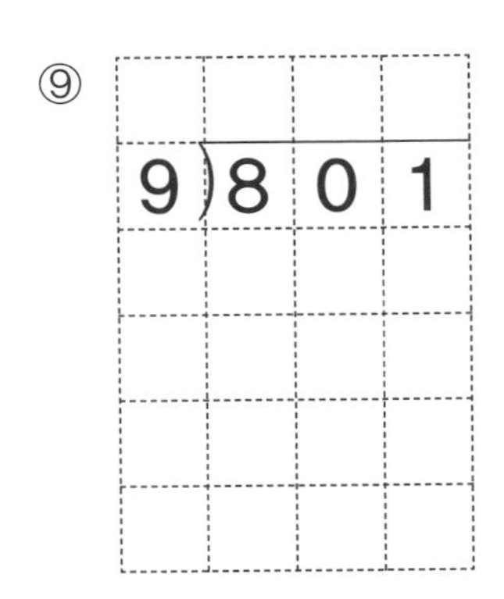

⑫ $6\overline{)576}$

● 표준완성시간 : 3~4분

B형	
날짜	월 일
시간	분 초
오답 수	/ 12

(세 자리 수)÷(한 자리 수) ①

★ 나눗셈을 하시오.

① 918÷9

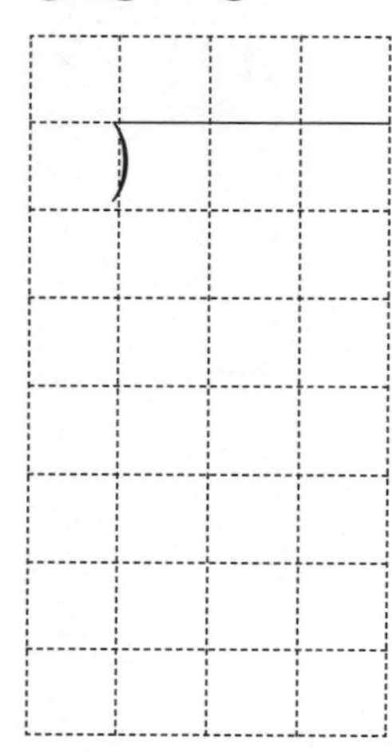

② 504÷7

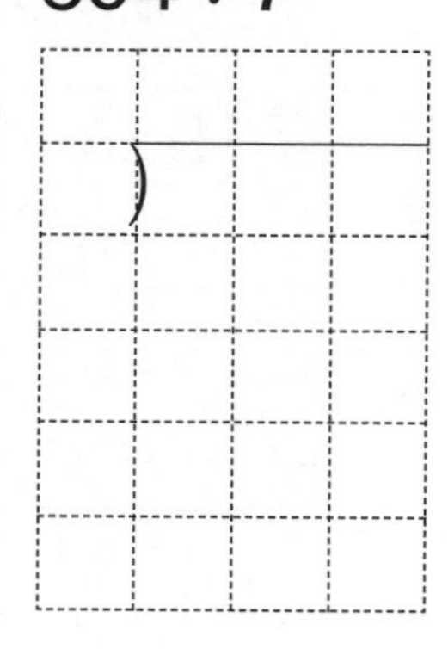

③ 162÷3

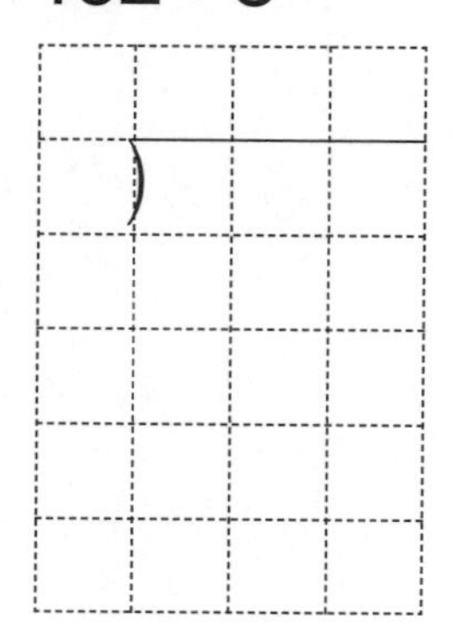

④ 746÷2

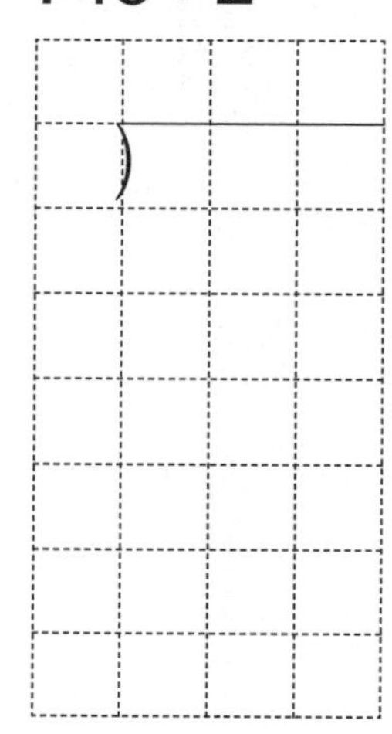

⑤ 194÷2

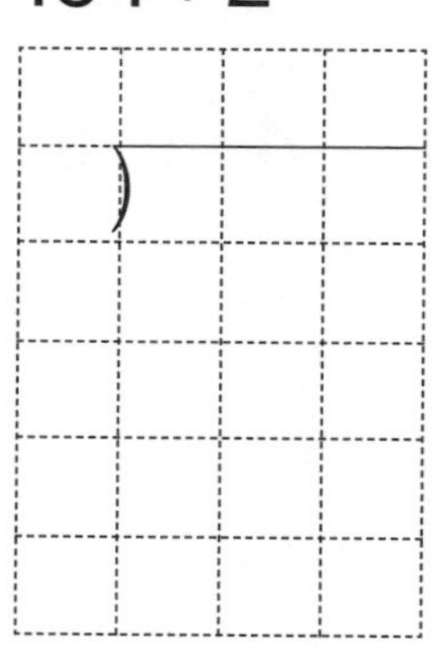

⑥ 215÷5

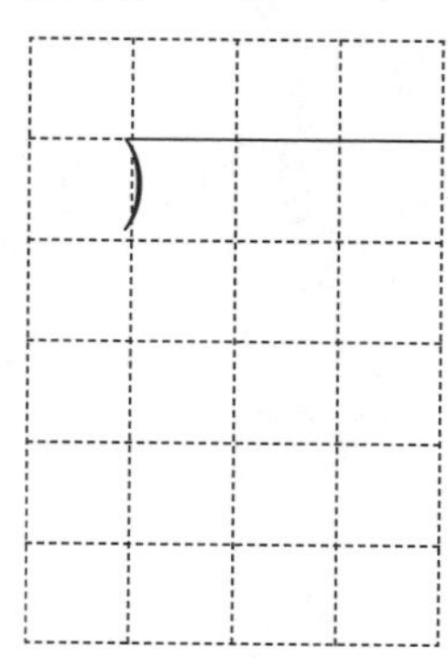

⑦ 565÷5

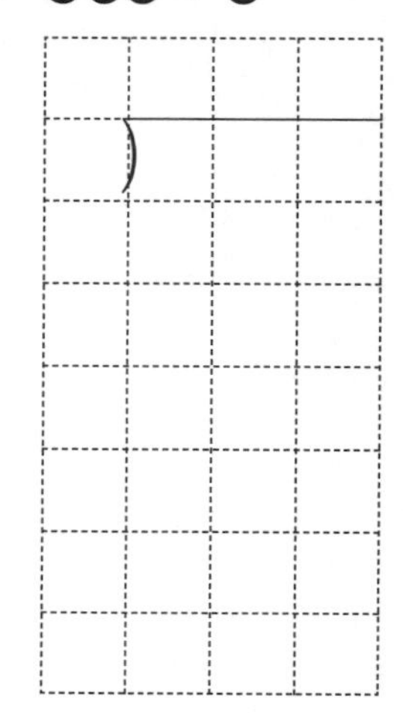

⑧ 684÷9

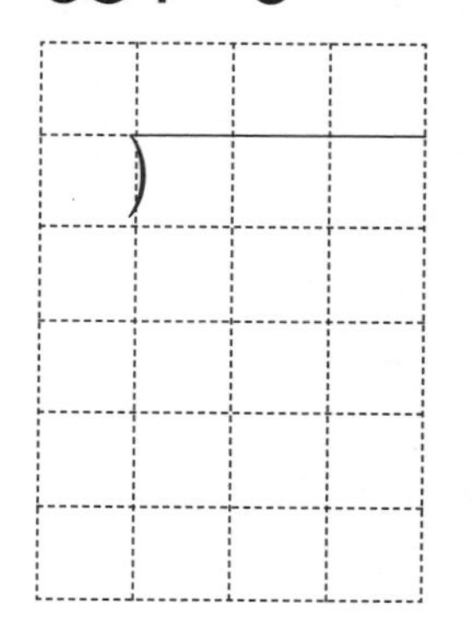

⑨ 282÷6

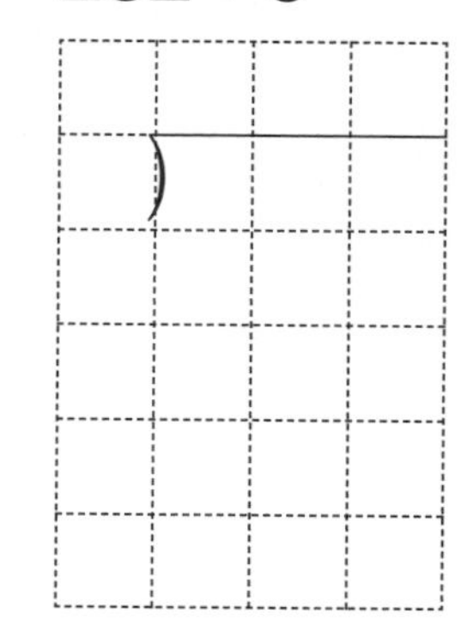

⑩ 624÷4

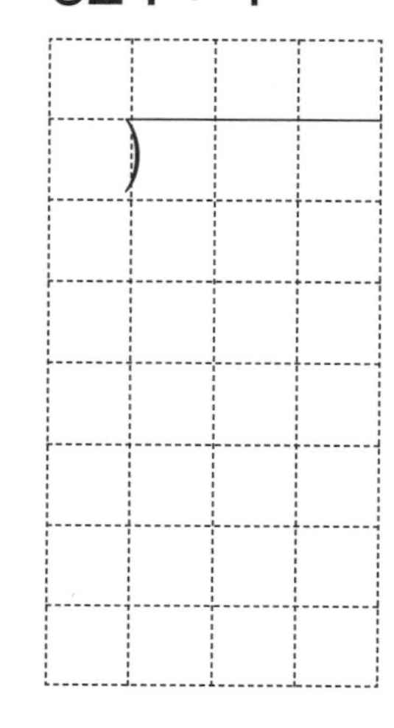

⑪ 108÷4

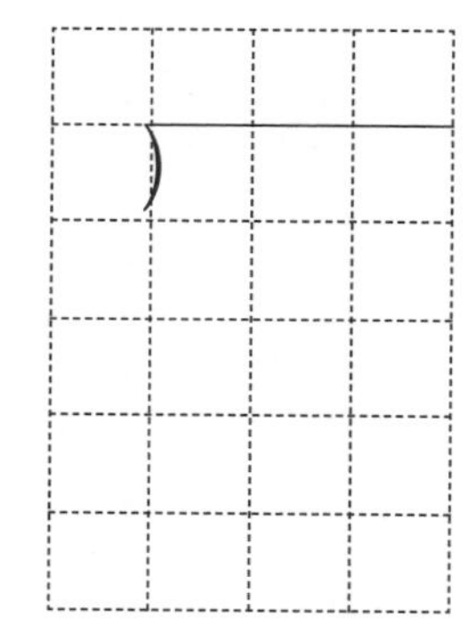

⑫ 696÷8

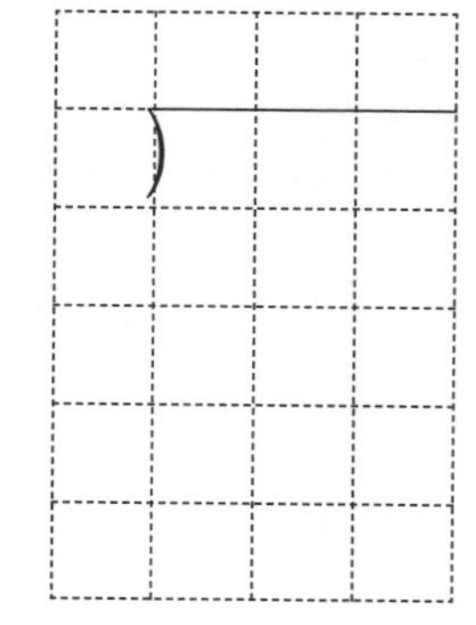

(세 자리 수)÷(한 자리 수) ①

● 표준완성시간 : 3~4분

날짜	월 일
시간	분 초
오답 수	/ 12

★ 나눗셈을 하시오.

① 2)394

④ 5)600

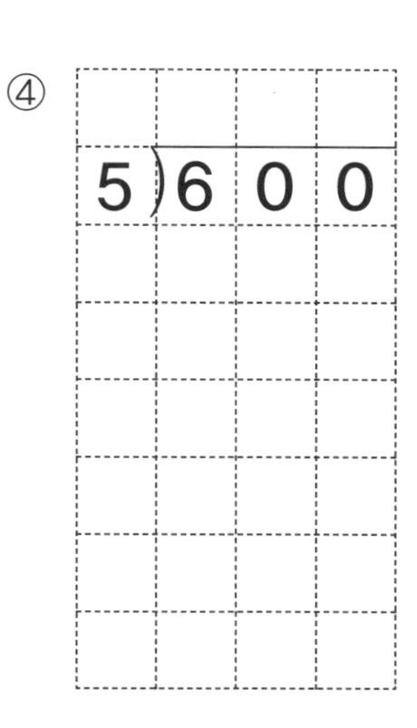

⑦ 4)784

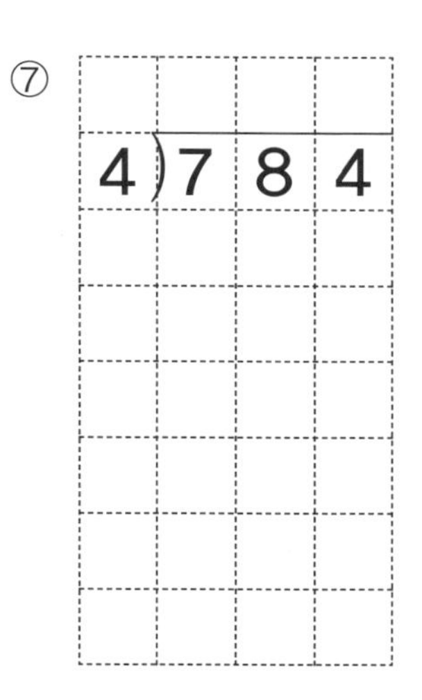

⑩ 6)642

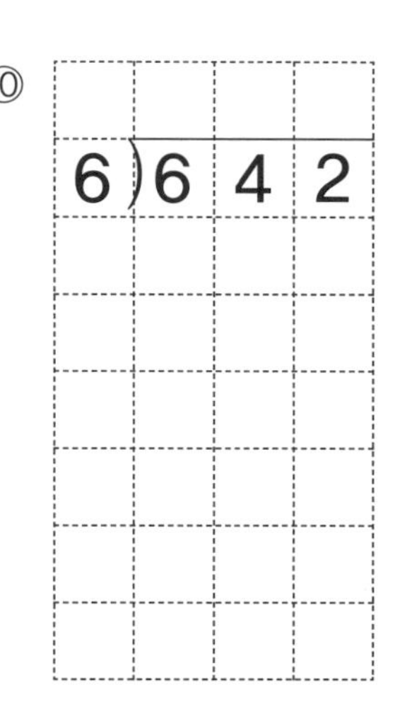

② 3)105

⑤ 5)330

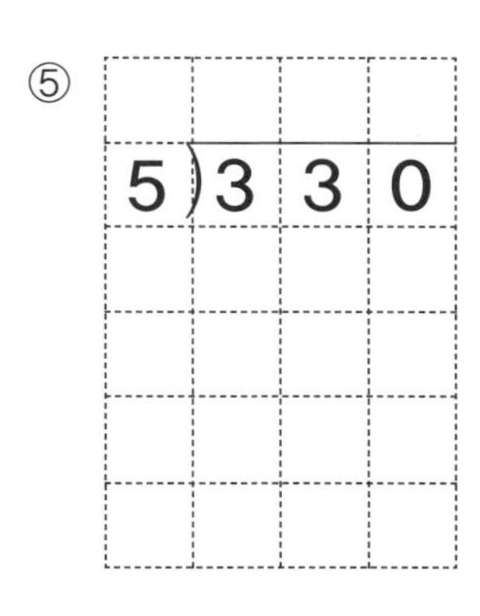

⑧ 4)276

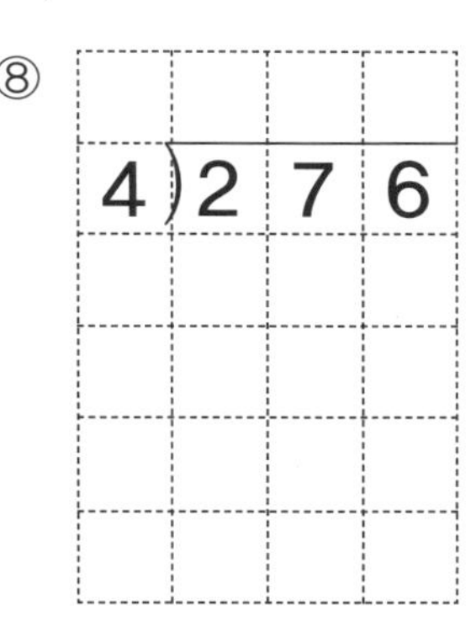

⑪ 7)616

③ 2)176

⑥ 6)414

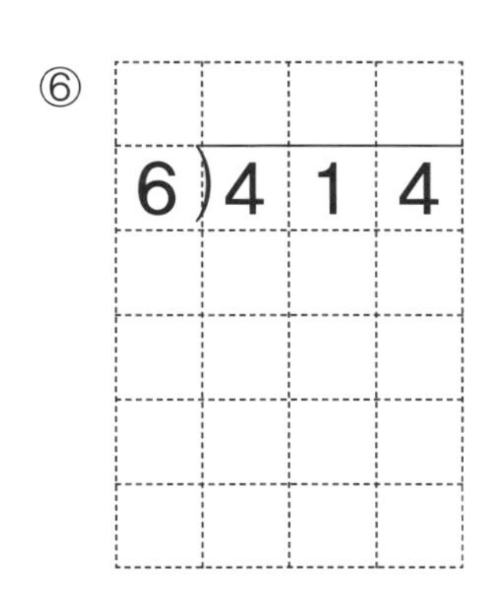

⑨ 8)536

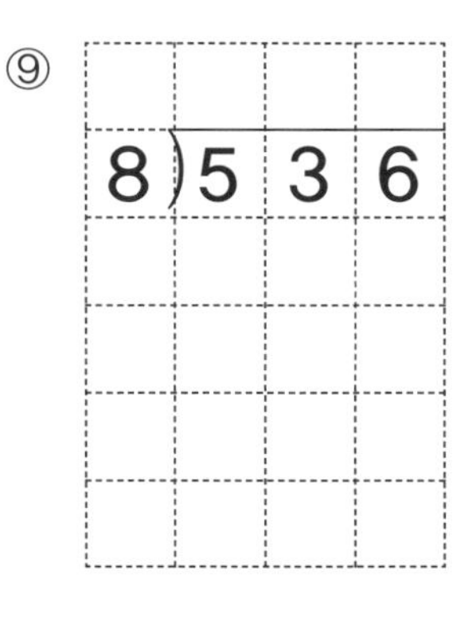

⑫ 9)387

● 표준완성시간 : 3~4분

B형

날짜	월 일
시간	분 초
오답 수	/ 12

(세 자리 수)÷(한 자리 수) ①

★ 나눗셈을 하시오.

① $728 \div 7$

② $158 \div 2$

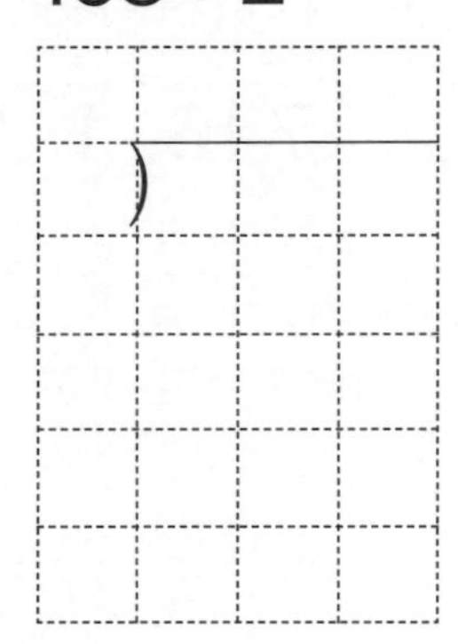

③ $308 \div 4$

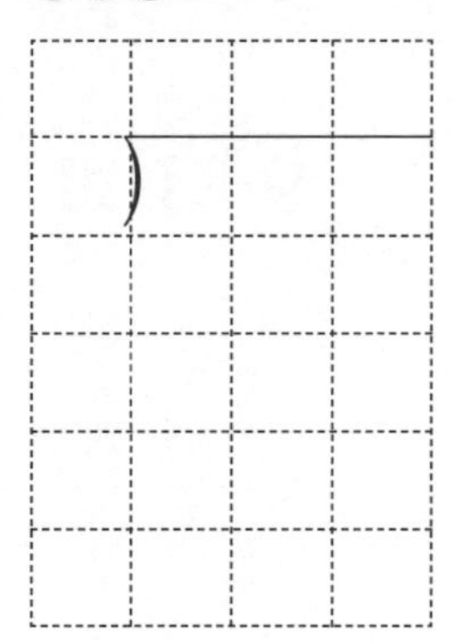

④ $516 \div 3$

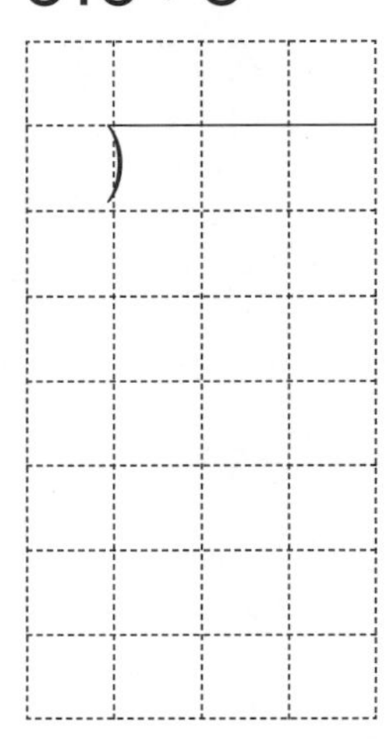

⑤ $280 \div 5$

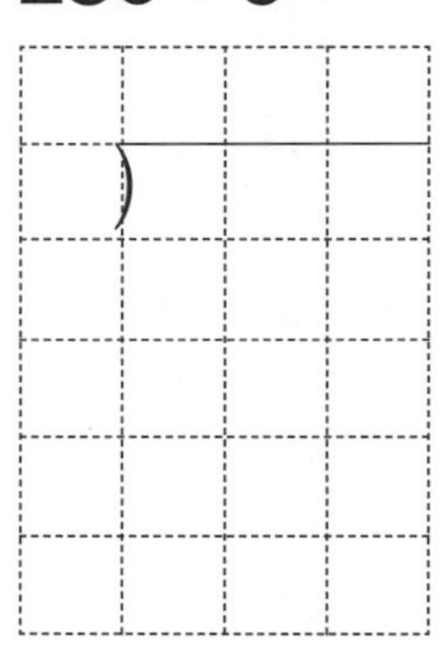

⑥ $464 \div 8$

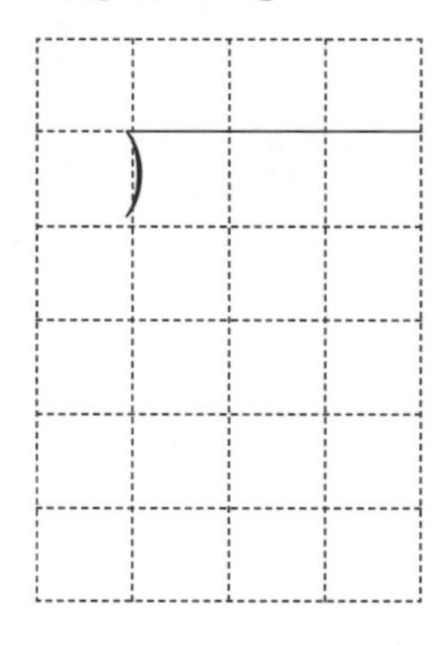

⑦ $904 \div 8$

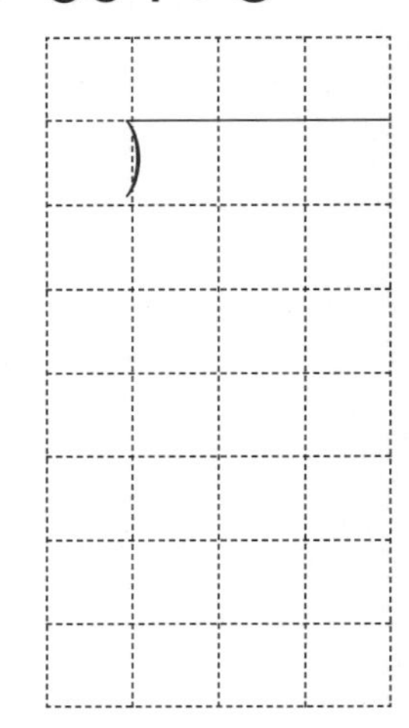

⑧ $354 \div 6$

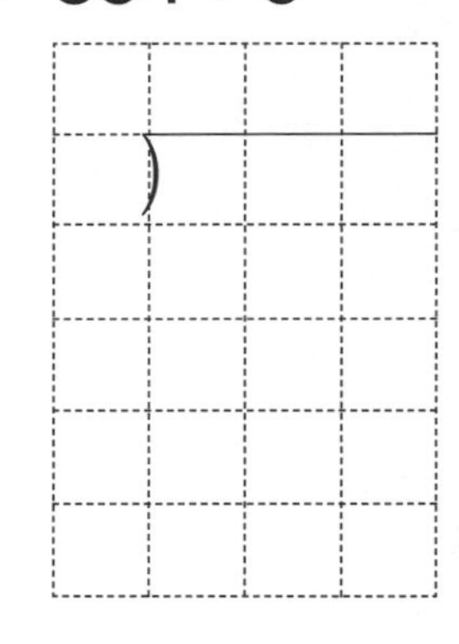

⑨ $711 \div 9$

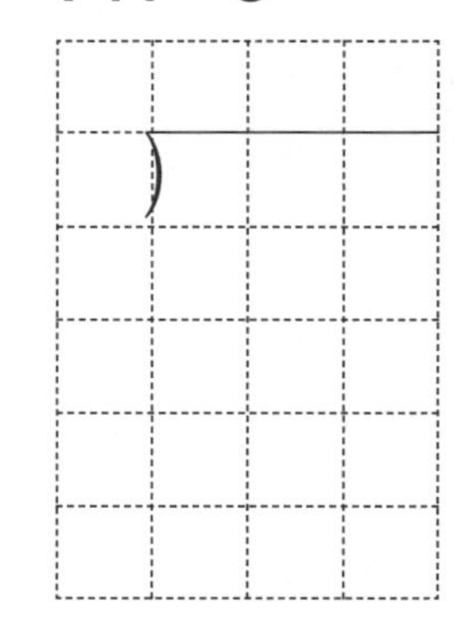

⑩ $918 \div 6$

⑪ $255 \div 3$

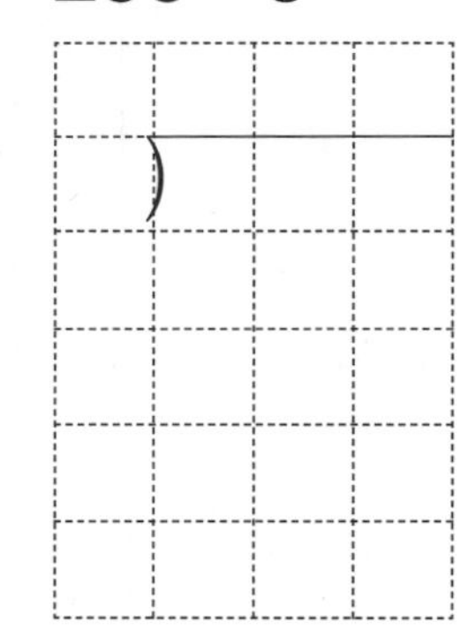

⑫ $399 \div 7$

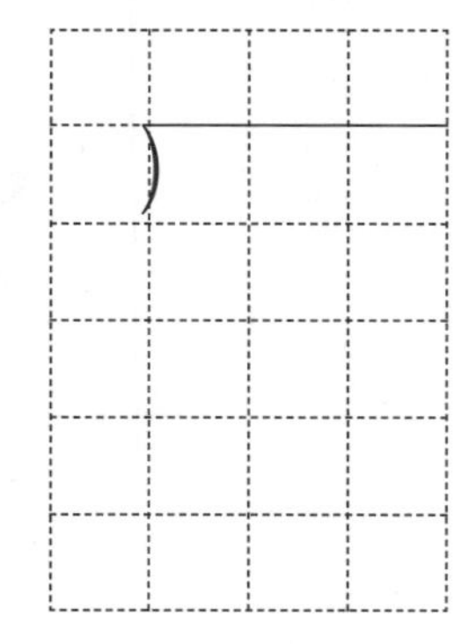

(세 자리 수)÷(한 자리 수) ②

● **결과 기록지**

① 1~5일차 학습에 걸린 시간을 각각 재서 그래프에 점을 찍습니다.
② 점과 점을 연결하여 기록의 변화를 확인합니다.
③ 오답 수를 세어 오답 수 칸에 씁니다.

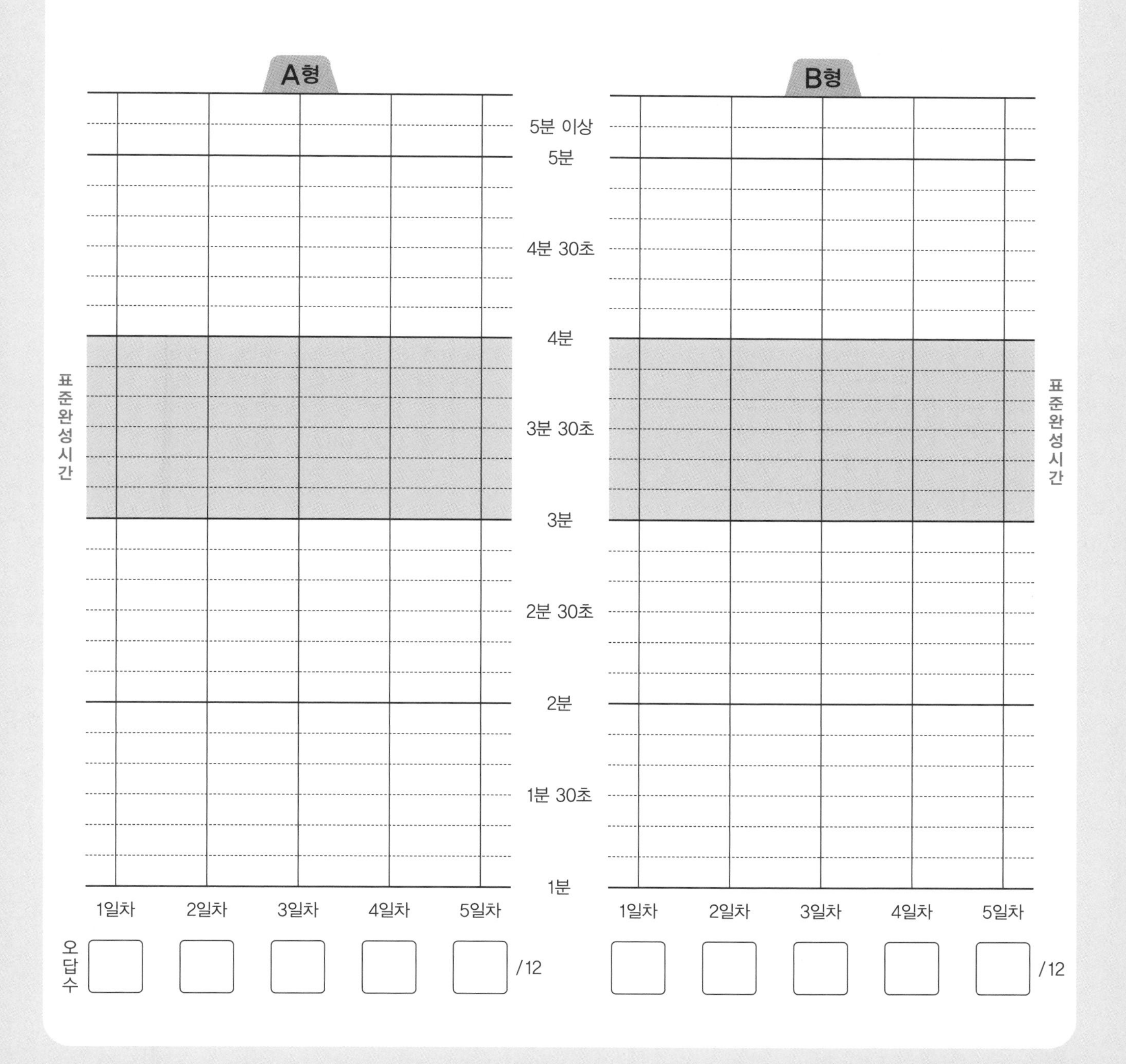

(세 자리 수)÷(한 자리 수) ②

● 나머지가 있는 (세 자리 수)÷(한 자리 수)

(세 자리 수)÷(한 자리 수)의 계산은 백의 자리부터 차례로 나눗셈의 몫을 구합니다. 몫을 구하고 남은 수가 나누는 수보다 작아서 더 이상 나눌 수 없을 때 그 남은 수를 '나머지'라 하고 일의 자리 숫자 아래에 써줍니다.

몫이 세 자리 수인 나눗셈의 예

	1	1	2
5)	5	6	4
	5		
		6	
		5	
		1	4
		1	0
			4

일의 자리까지 구한 몫이 112이고, 남은 수가 4입니다. 4는 나누는 수 5보다 작으므로 나머지가 됩니다.

몫이 두 자리 수인 나눗셈의 예

		6	1
7)	4	3	2
	4	2	
		1	2
			7
			5

일의 자리까지 구한 몫이 61이고, 남은 수가 5입니다. 5는 나누는 수 7보다 작으므로 나머지가 됩니다.

몫이 세 자리 수인 가로셈의 예

374÷3=124···2

	1	2	4
3)	3	7	4
	3		
		7	
		6	
		1	4
		1	2
			2

몫이 두 자리 수인 가로셈의 예

293÷6=48···5

		4	8
6)	2	9	3
	2	4	
		5	3
		4	8
			5

(세 자리 수)÷(한 자리 수) ②

● 표준완성시간 : 3~4분

날짜	월 일
시간	분 초
오답 수	/ 12

★ 나눗셈을 하시오.

① $2\overline{)423}$

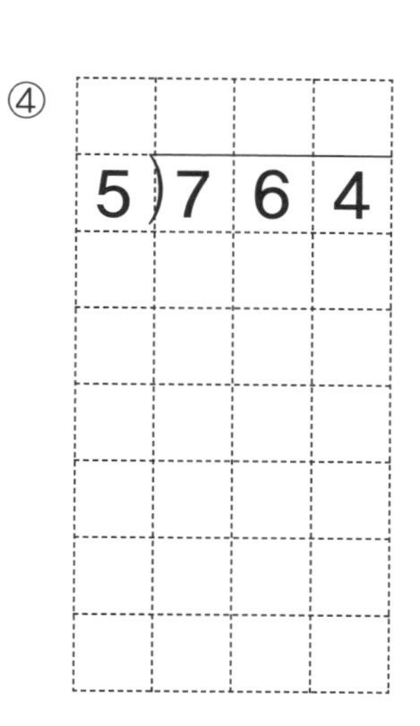

④ $5\overline{)764}$

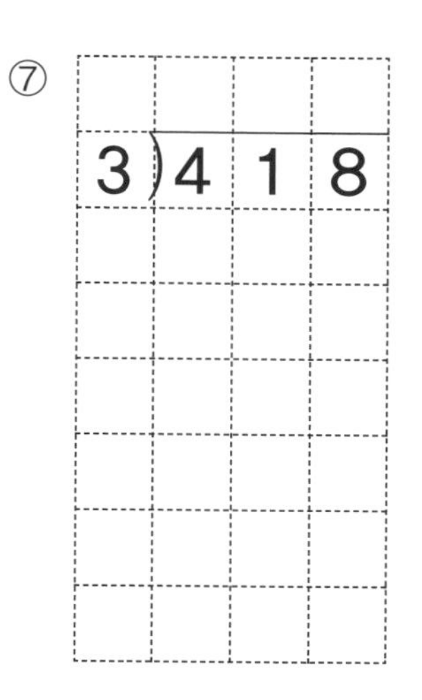

⑦ $3\overline{)418}$

⑩ $4\overline{)622}$

② $5\overline{)136}$

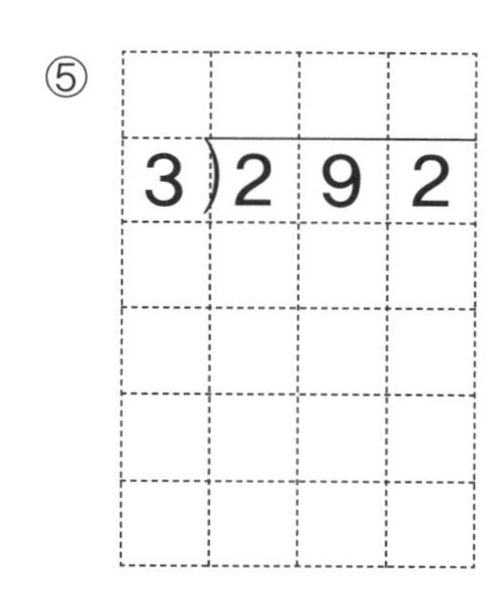

⑤ $3\overline{)292}$

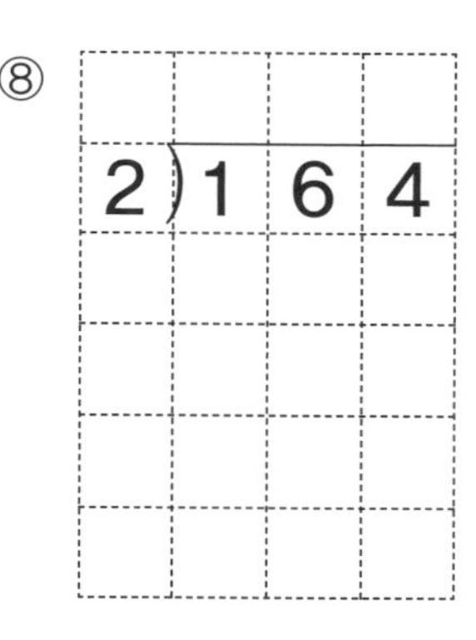

⑧ $2\overline{)164}$

⑪ $6\overline{)467}$

③ $7\overline{)354}$

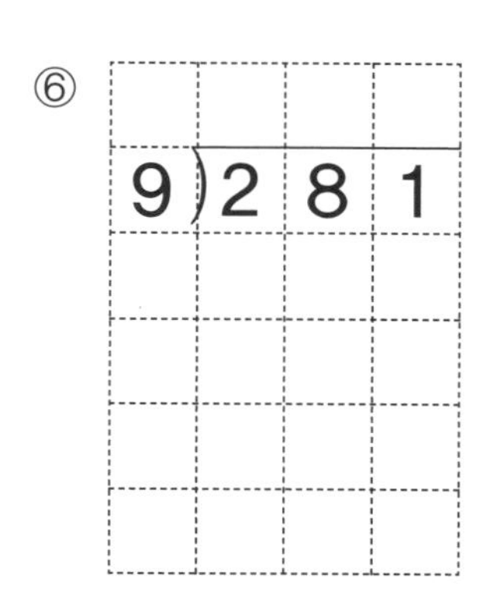

⑥ $9\overline{)281}$

⑨ $8\overline{)516}$

⑫ $4\overline{)198}$

● 표준완성시간 : 3~4분

B형

날짜	월	일
시간	분	초
오답 수	/	12

(세 자리 수)÷(한 자리 수) ②

★ 나눗셈을 하시오.

① 599÷5

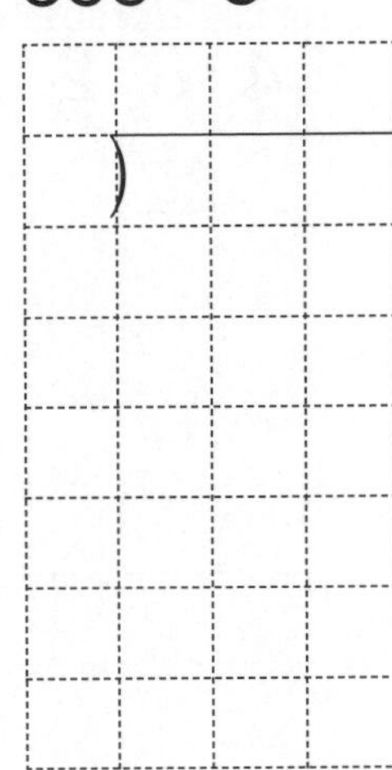

④ 407÷2

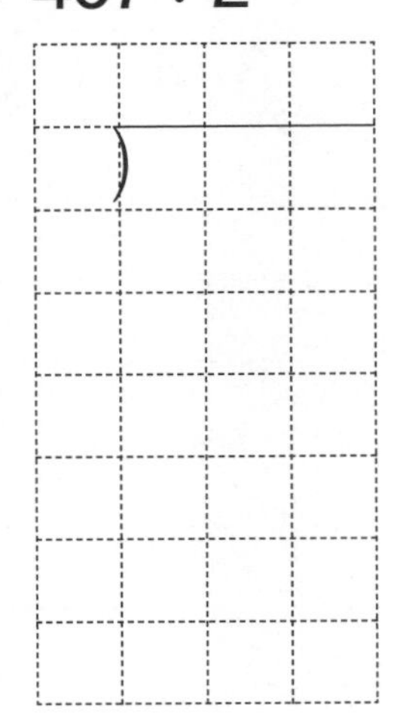

⑦ 864÷7

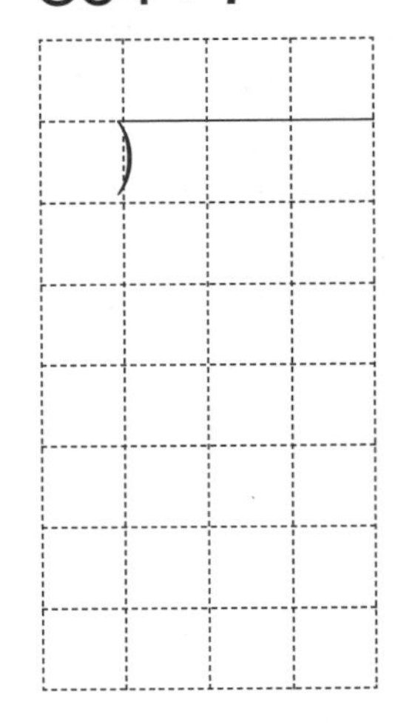

⑩ 545÷4

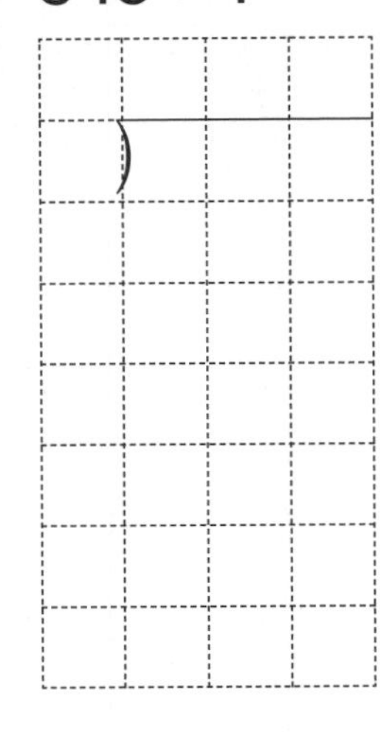

② 394÷6

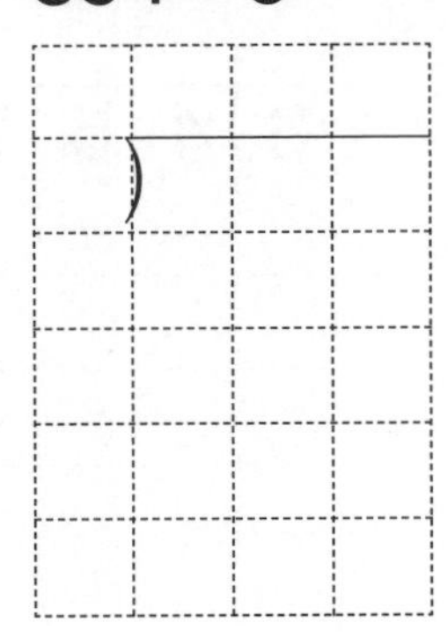

⑤ 828÷9

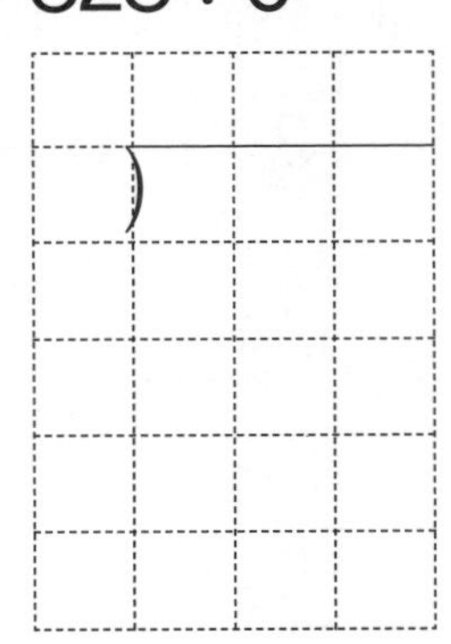

⑧ 117÷2

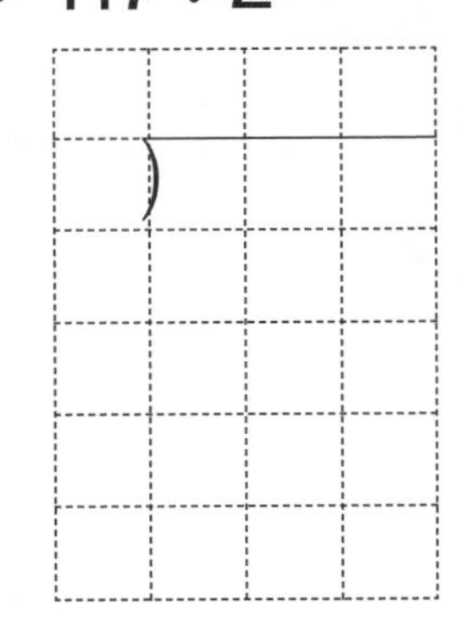

⑪ 279÷4

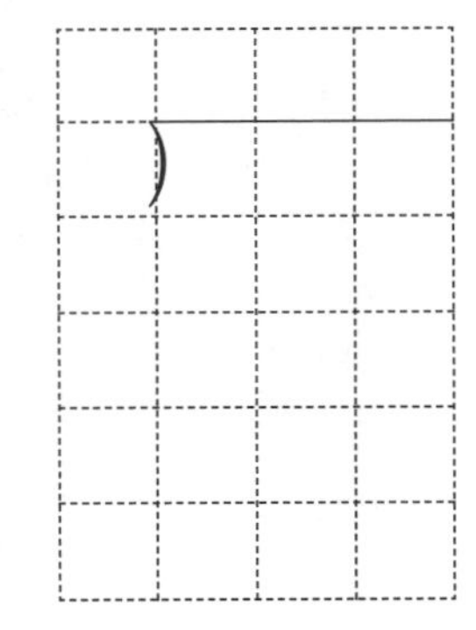

③ 522÷8

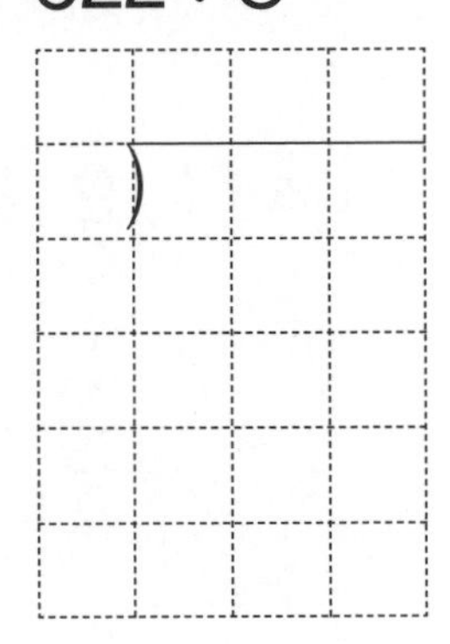

⑥ 149÷3

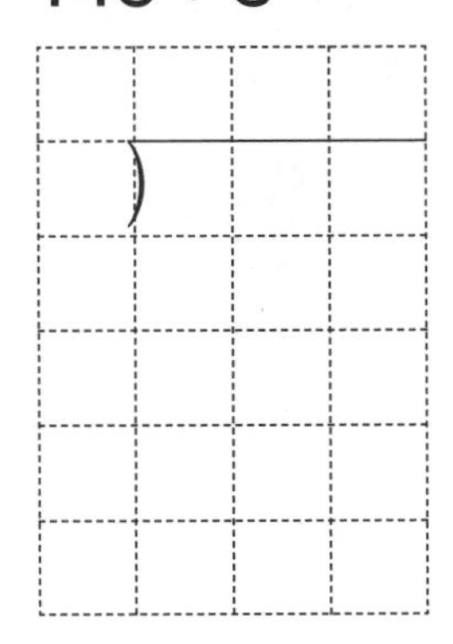

⑨ 286÷5

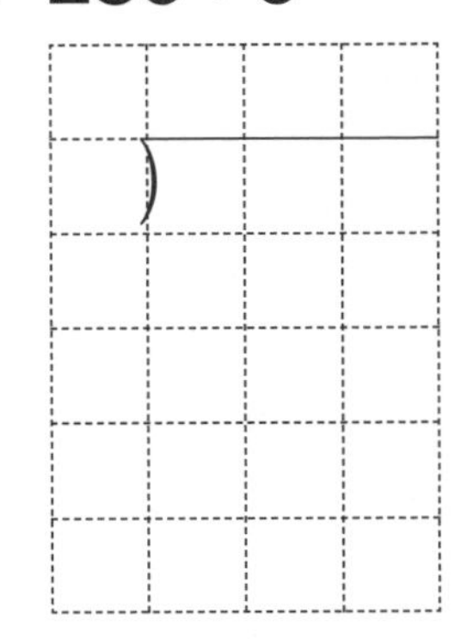

⑫ 415÷7

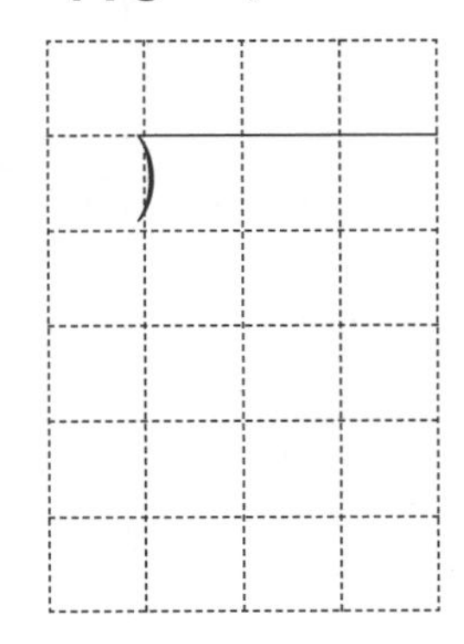

(세 자리 수)÷(한 자리 수) ②

● 표준완성시간 : 3~4분

날짜	월	일
시간	분	초
오답 수		/ 12

A형

★ 나눗셈을 하시오.

① $4\overline{)827}$

② $2\overline{)108}$

③ $3\overline{)197}$

④ $6\overline{)725}$

⑤ $7\overline{)254}$

⑥ $4\overline{)342}$

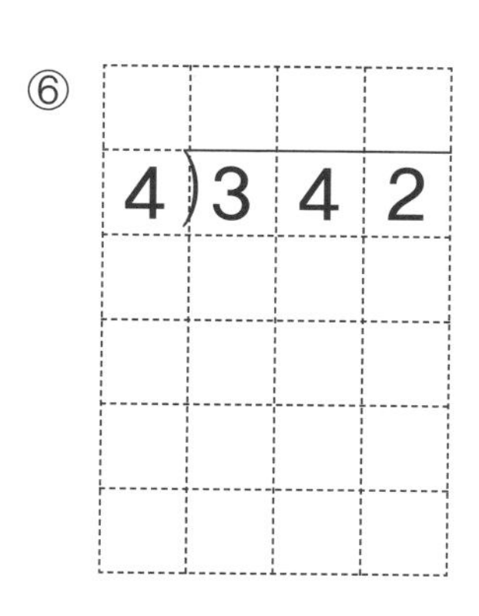

⑦ $8\overline{)932}$

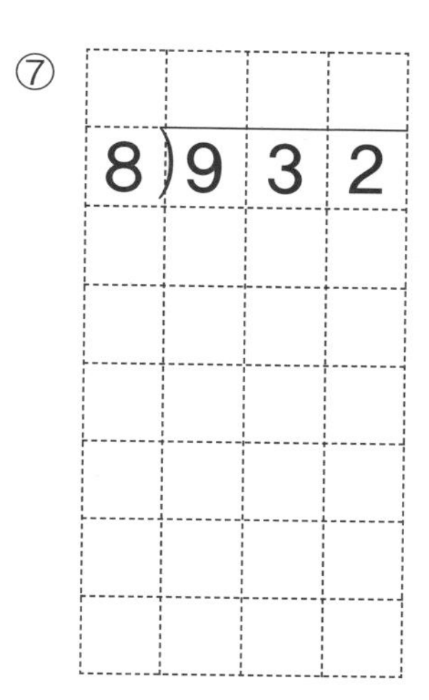

⑧ $5\overline{)466}$

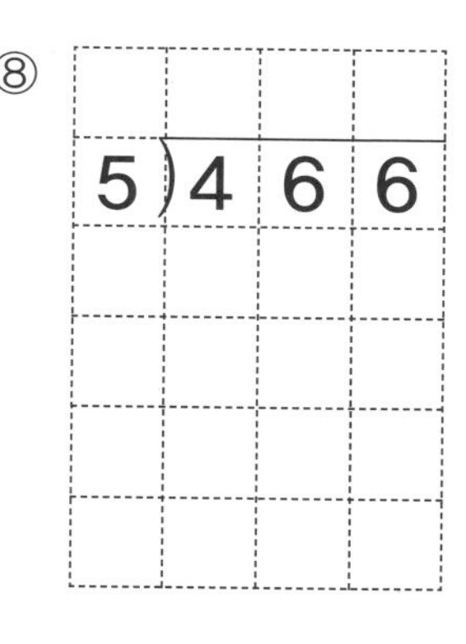

⑨ $6\overline{)505}$

⑩ $3\overline{)713}$

⑪ $9\overline{)357}$

⑫ $8\overline{)429}$

● 표준완성시간 : 3~4분

B형	
날짜	월 일
시간	분 초
오답 수	/ 12

(세 자리 수)÷(한 자리 수) ②

★ 나눗셈을 하시오.

① 641÷3

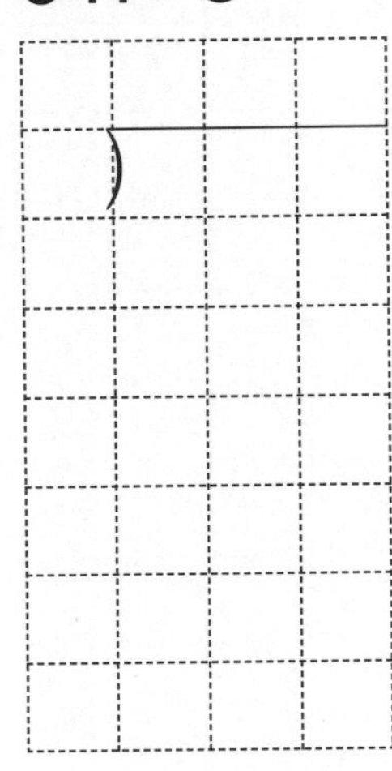

② 167÷4

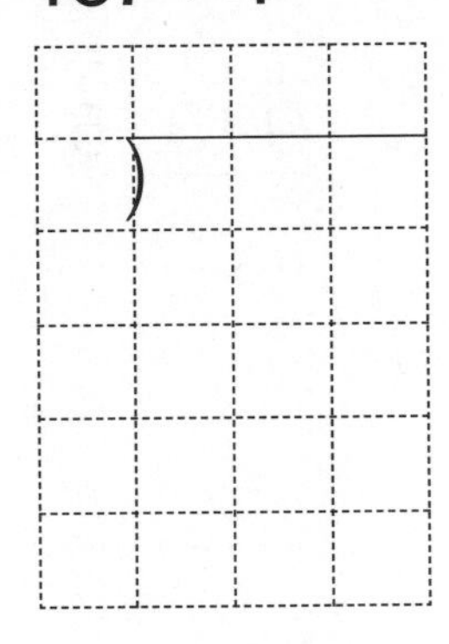

③ 139÷2

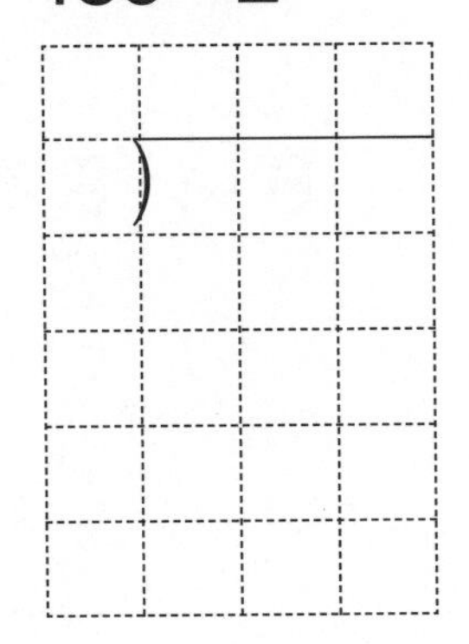

④ 608÷5

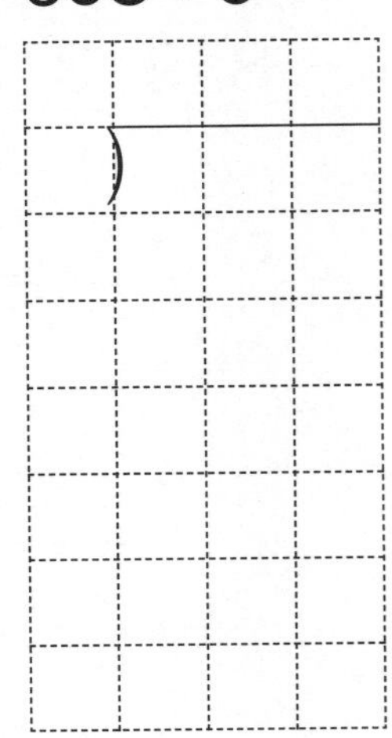

⑤ 244÷3

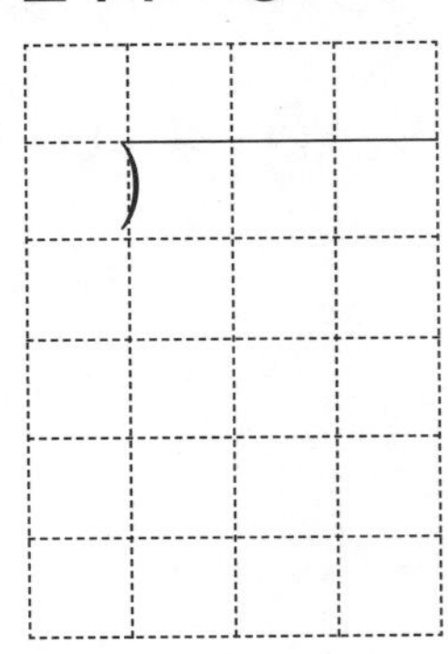

⑥ 415÷9

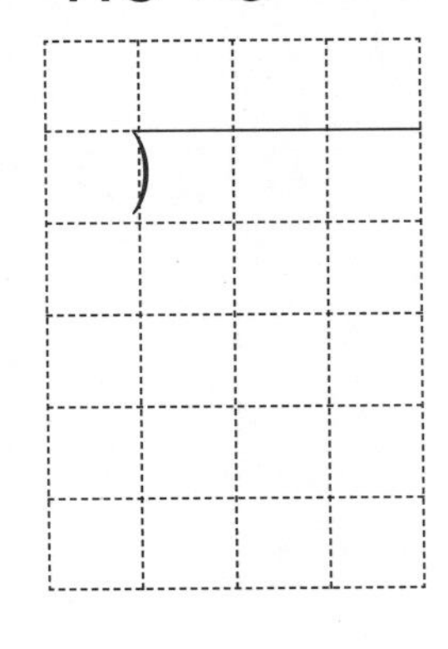

⑦ 814÷7

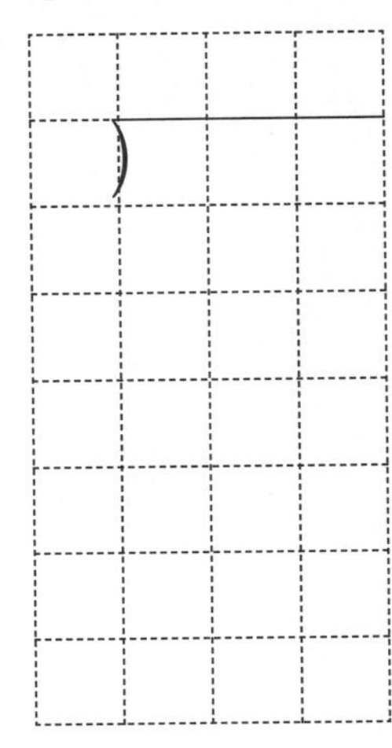

⑧ 304÷6

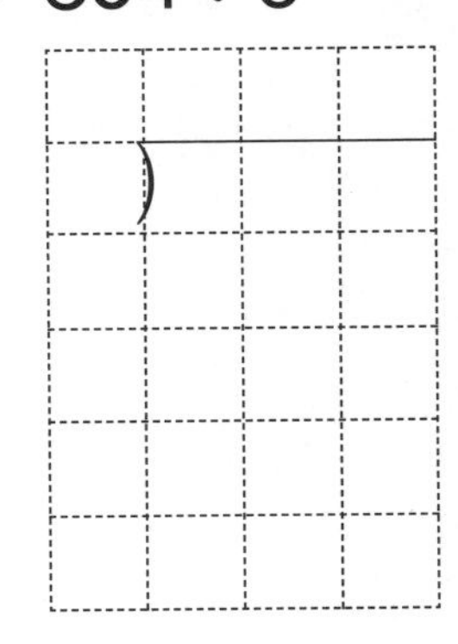

⑨ 368÷8

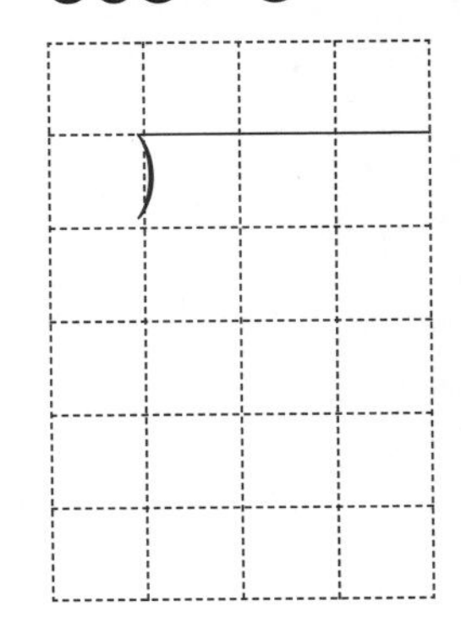

⑩ 723÷2

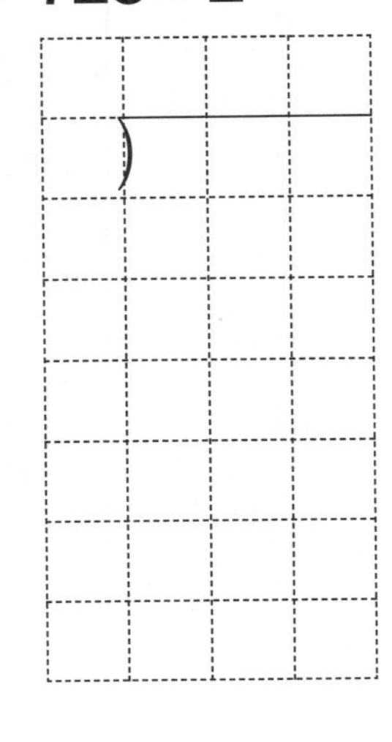

⑪ 292÷5

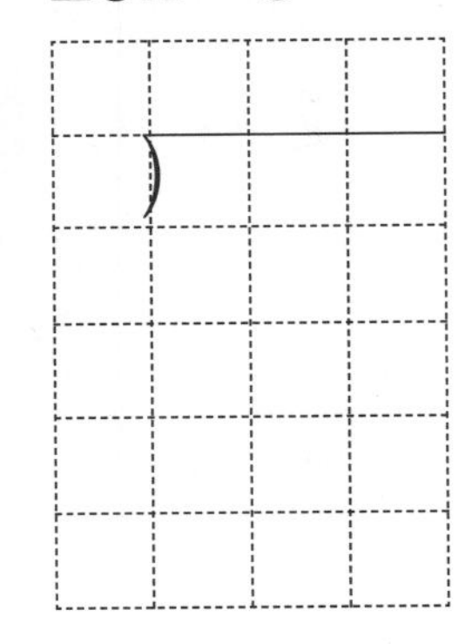

⑫ 263÷7

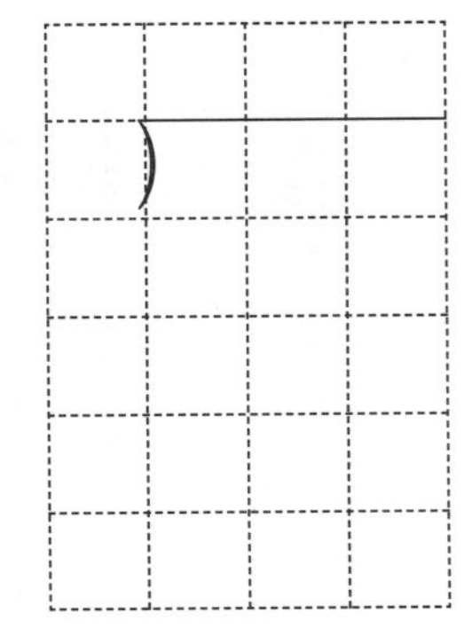

(세 자리 수)÷(한 자리 수) ②

● 표준완성시간 : 3~4분

날짜	월 일
시간	분 초
오답 수	/ 12

A형

★ 나눗셈을 하시오.

① $4\overline{)468}$

④ $5\overline{)513}$

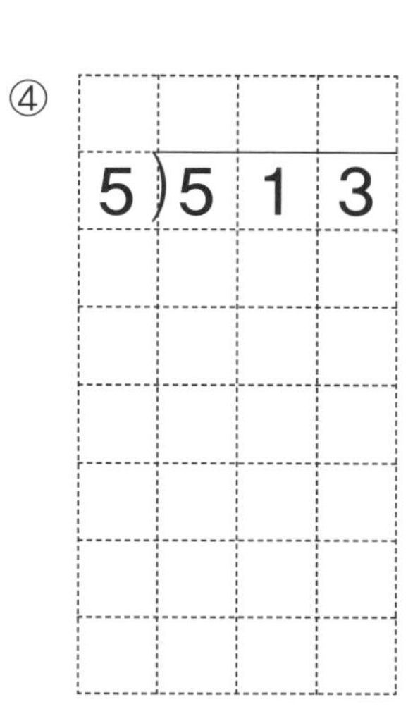

⑦ $2\overline{)361}$

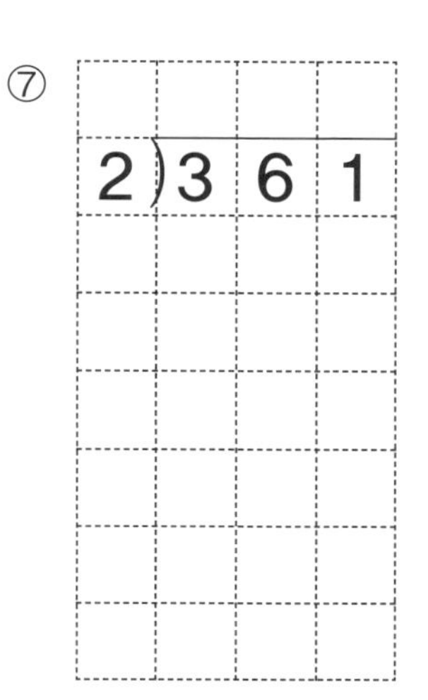

⑩ $6\overline{)815}$

② $3\overline{)218}$

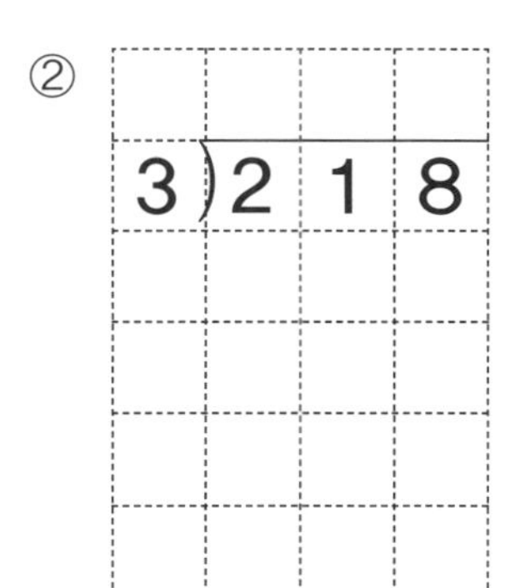

⑤ $8\overline{)254}$

⑧ $4\overline{)182}$

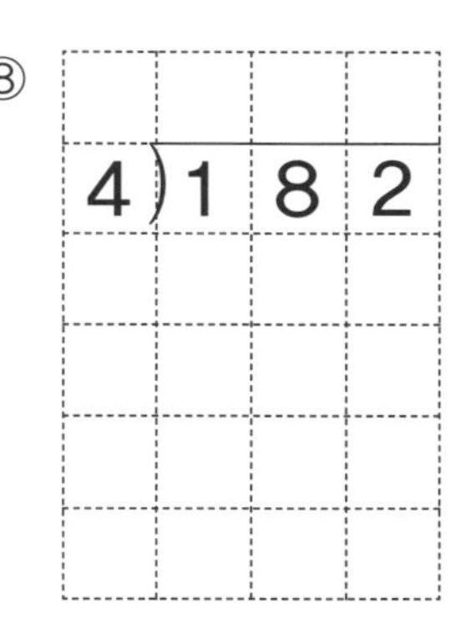

⑪ $2\overline{)157}$

③ $5\overline{)354}$

⑥ $9\overline{)526}$

⑨ $7\overline{)400}$

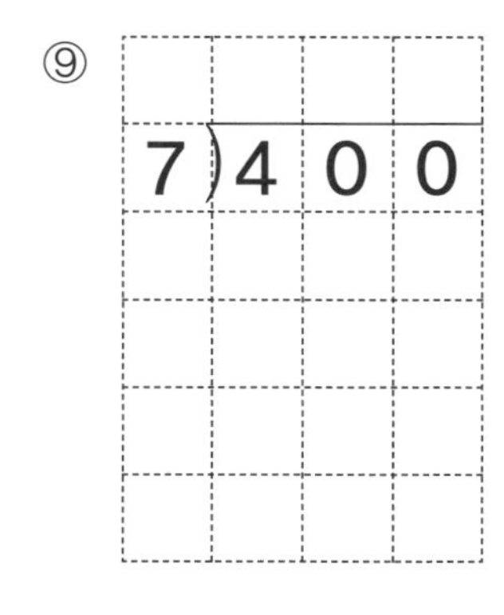

⑫ $6\overline{)327}$

● 표준완성시간 : 3~4분

B형

날짜	월 일
시간	분 초
오답 수	/ 12

(세 자리 수)÷(한 자리 수) ②

★ 나눗셈을 하시오.

① $343 \div 2$

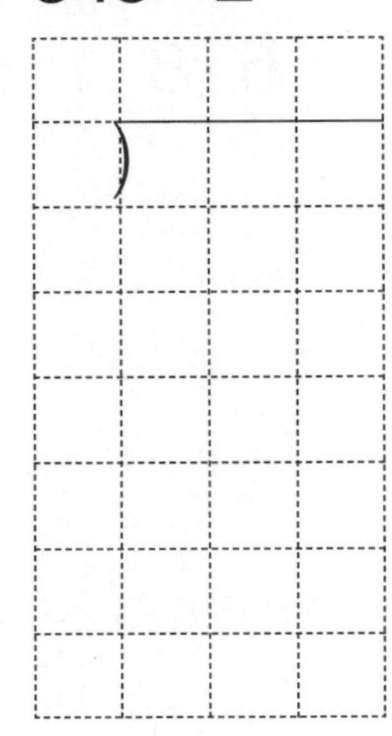

② $258 \div 4$

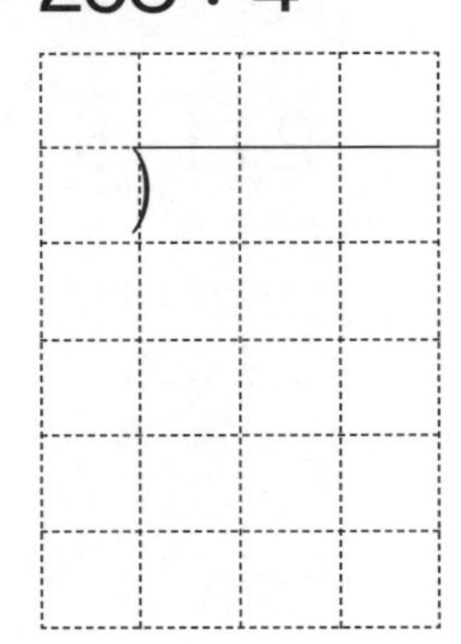

③ $145 \div 2$

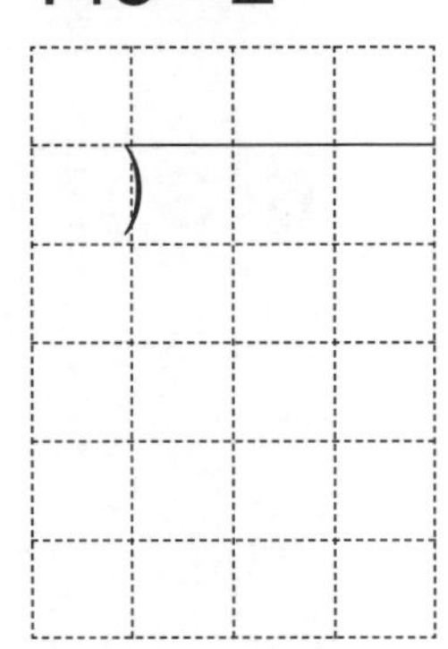

④ $657 \div 6$

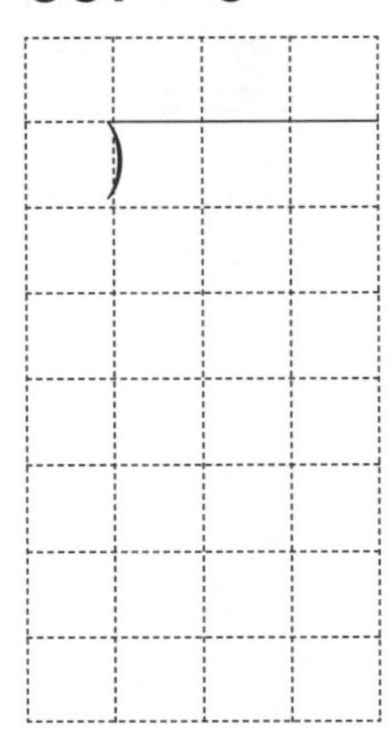

⑤ $197 \div 5$

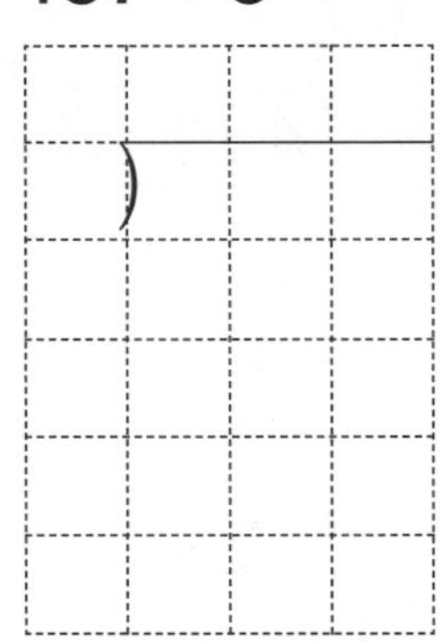

⑥ $186 \div 3$

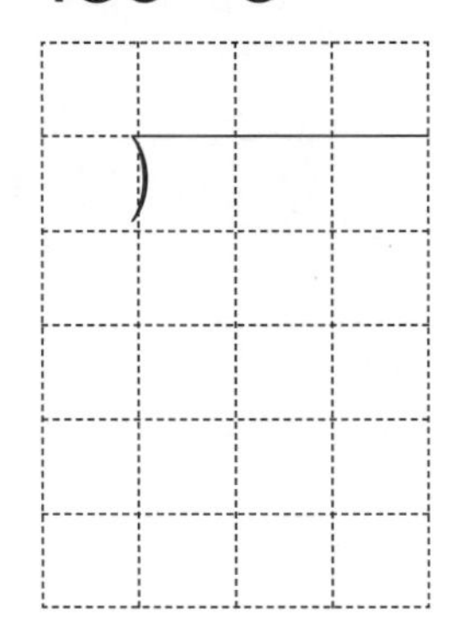

⑦ $860 \div 7$

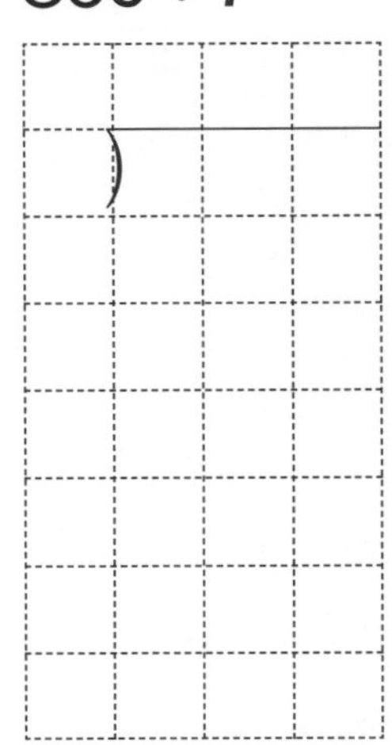

⑧ $546 \div 8$

⑨ $406 \div 6$

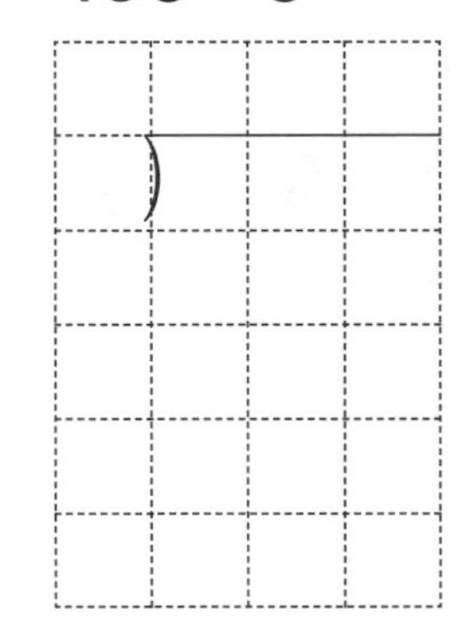

⑩ $463 \div 3$

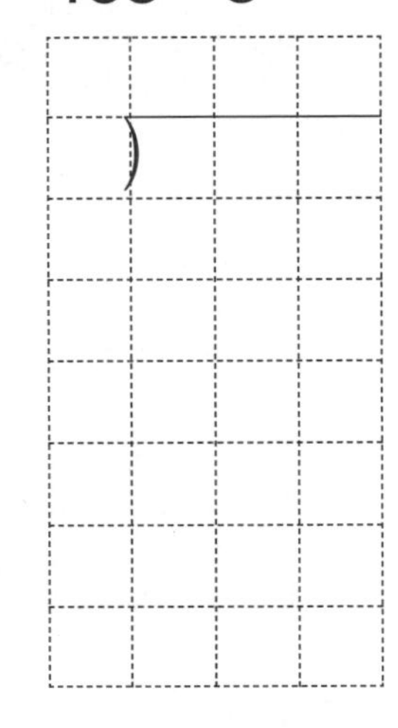

⑪ $641 \div 9$

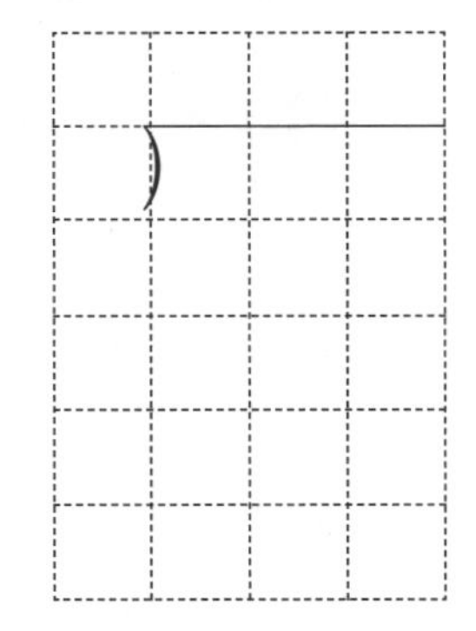

⑫ $521 \div 7$

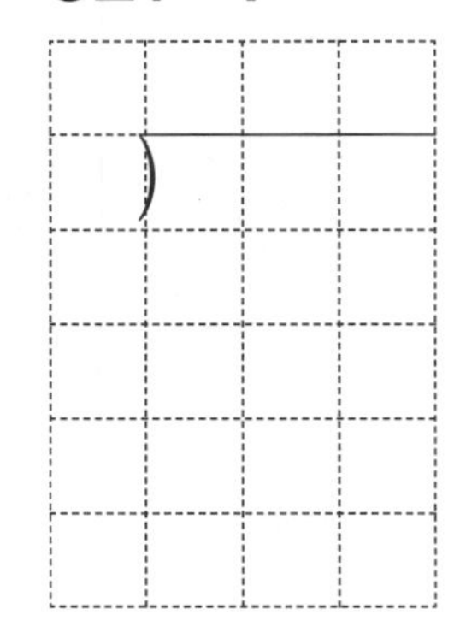

(세 자리 수)÷(한 자리 수) ②

● 표준완성시간 : 3~4분

날짜	월 일
시간	분 초
오답 수	/ 12

A형

★ 나눗셈을 하시오.

① 5)643

② 6)310

③ 3)275

④ 4)514

⑤
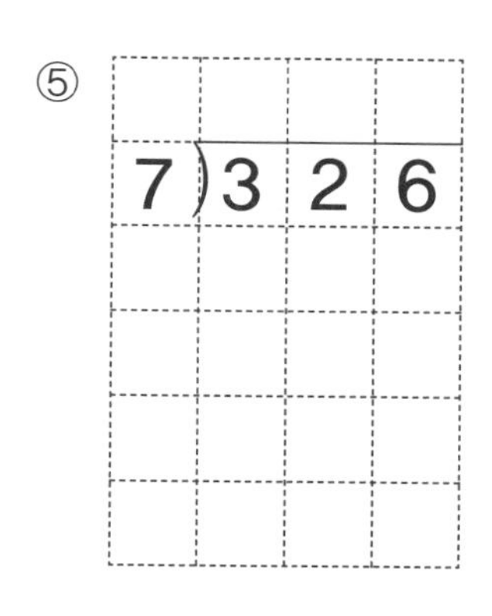

⑥
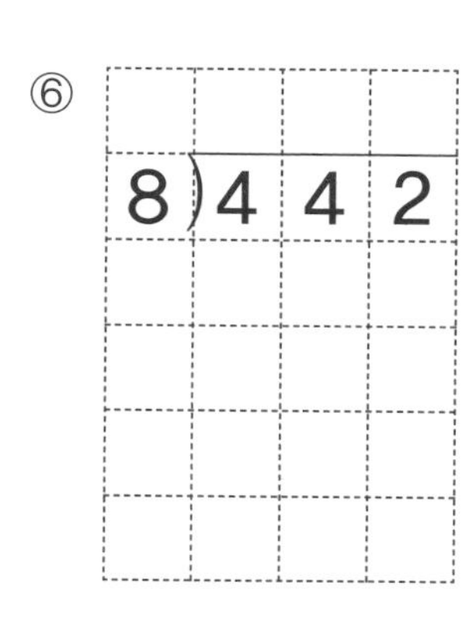

⑦

⑧ 9)295

⑨ 5)263

⑩ 6)704

⑪ 2)191

⑫ 4)352

● 표준완성시간 : 3~4분

B형

날짜	월	일
시간	분	초
오답 수	/	12

(세 자리 수)÷(한 자리 수) ②

★ 나눗셈을 하시오.

① $625 \div 4$

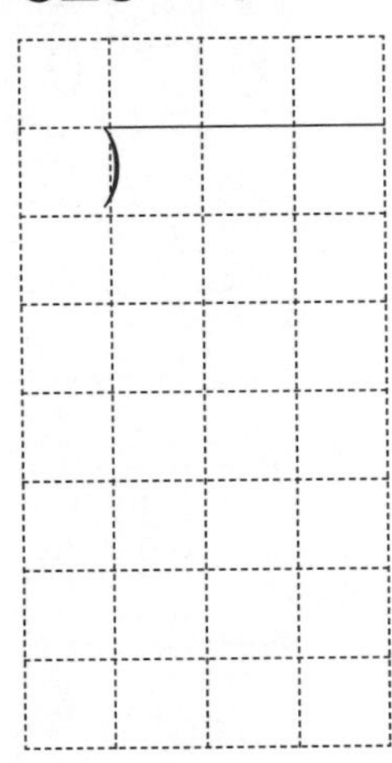

④ $800 \div 6$

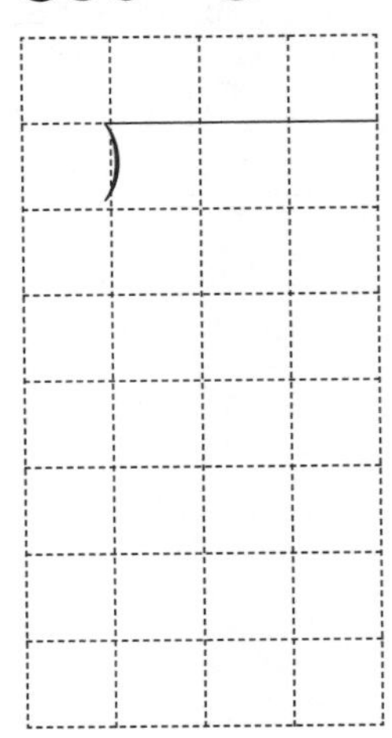

⑦ $490 \div 3$

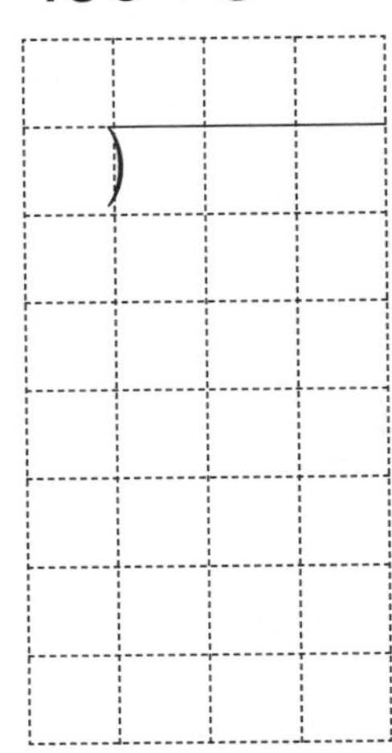

⑩ $765 \div 5$

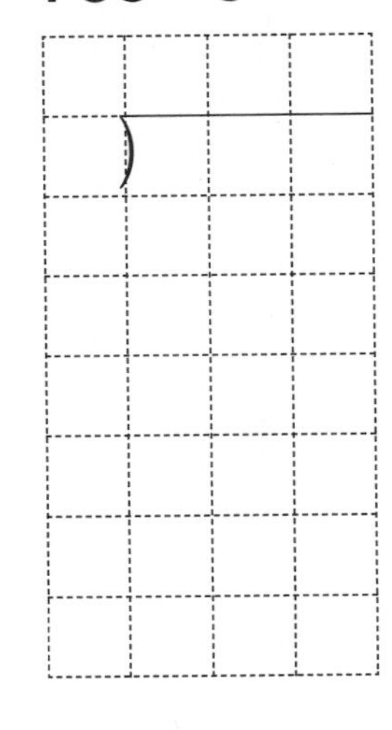

② $177 \div 2$

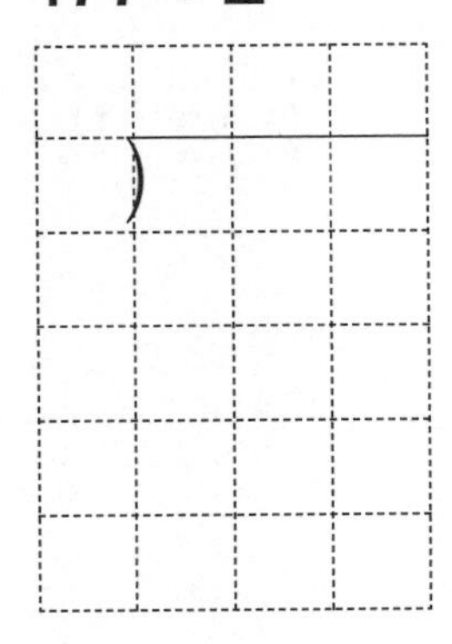

⑤ $503 \div 7$

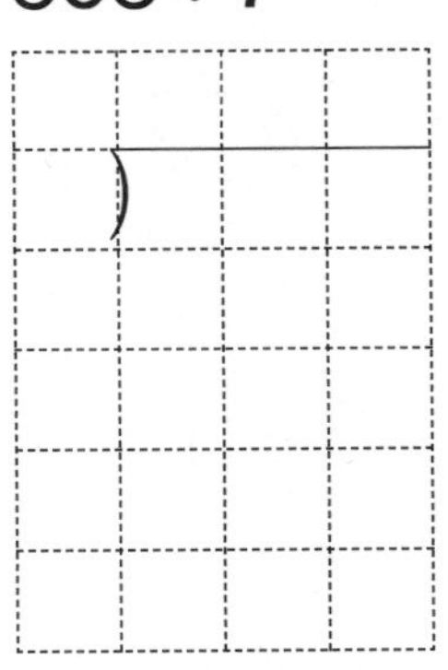

⑧ $625 \div 8$

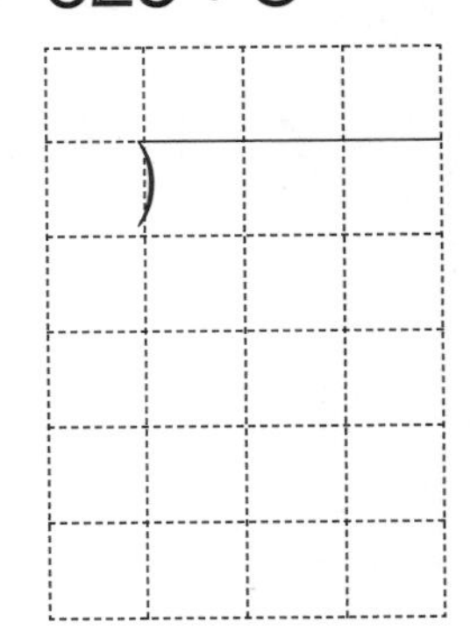

⑪ $218 \div 4$

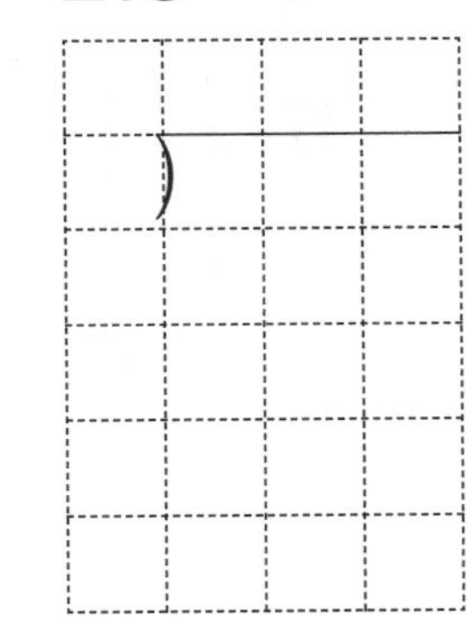

③ $299 \div 3$

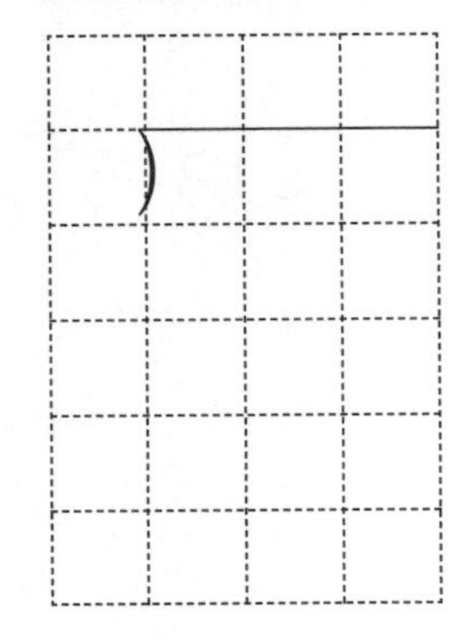

⑥ $333 \div 5$

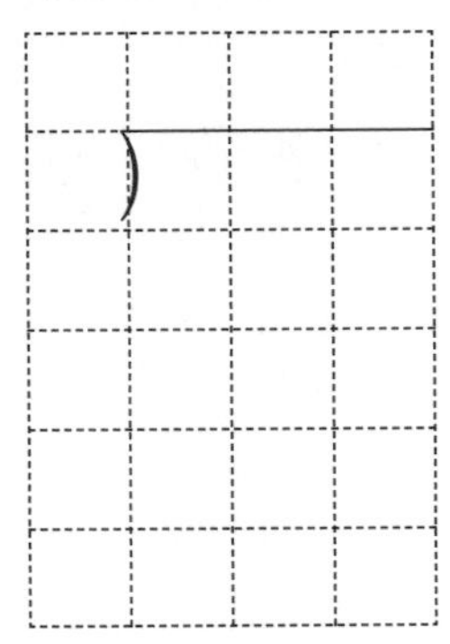

⑨ $439 \div 6$

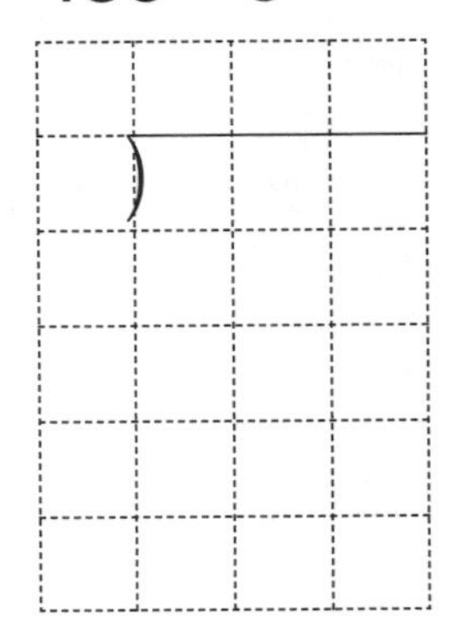

⑫ $552 \div 9$

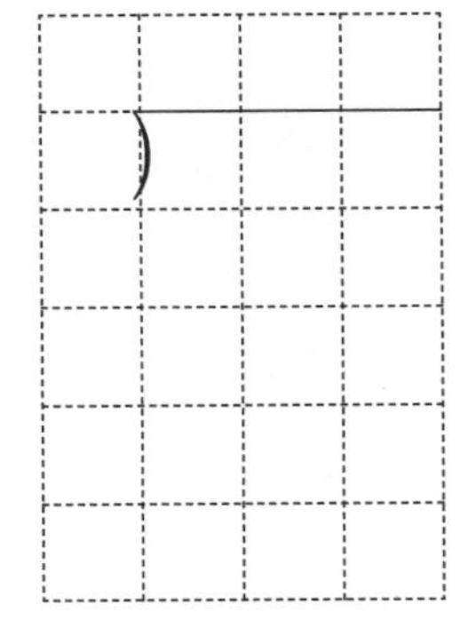

(세 자리 수)÷(한 자리 수) ②

● 표준완성시간 : 3~4분

날짜	월 일
시간	분 초
오답 수	/ 12

A형

★ 나눗셈을 하시오.

① 2)525

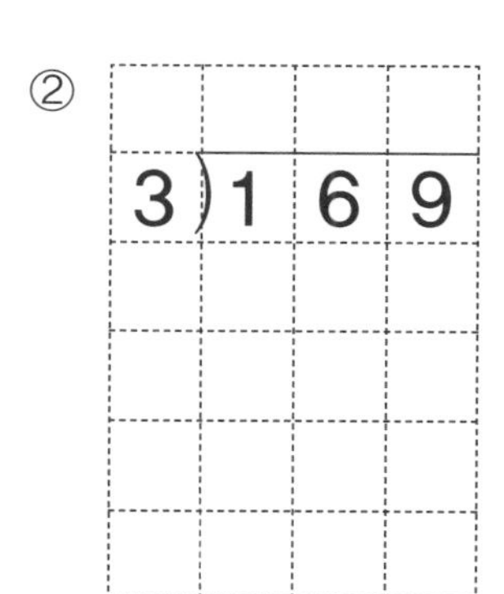

③ 5)318

④ 9)956

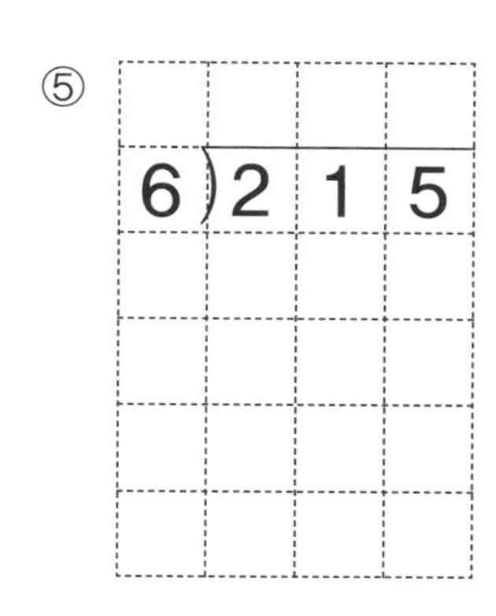

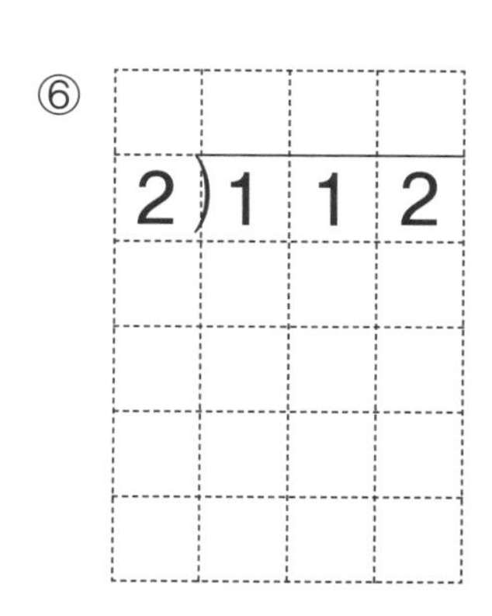

⑦ 3)589

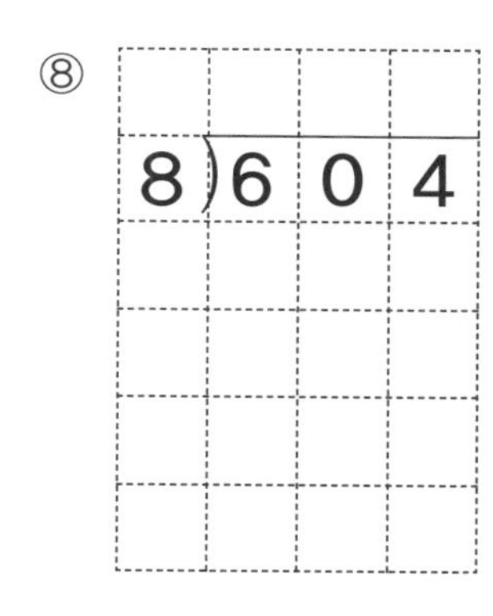

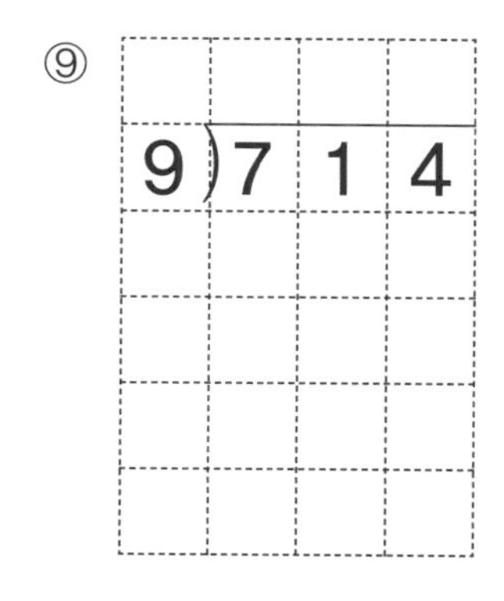

⑩ 7)907

⑪ 4)229

⑫ 7)646

● 표준완성시간 : 3~4분

B형

날짜	월 일
시간	분 초
오답 수	/ 12

(세 자리 수)÷(한 자리 수) ②

★ 나눗셈을 하시오.

① 734÷5

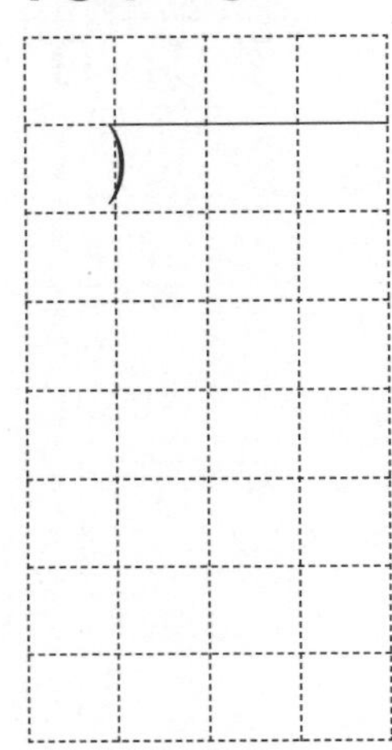

② 129÷2

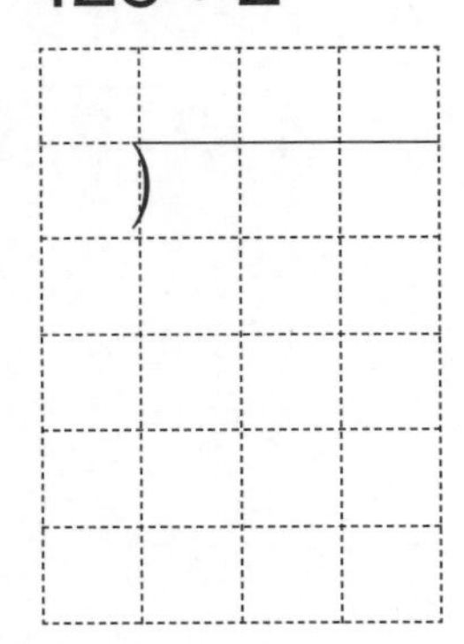

③ 429÷5

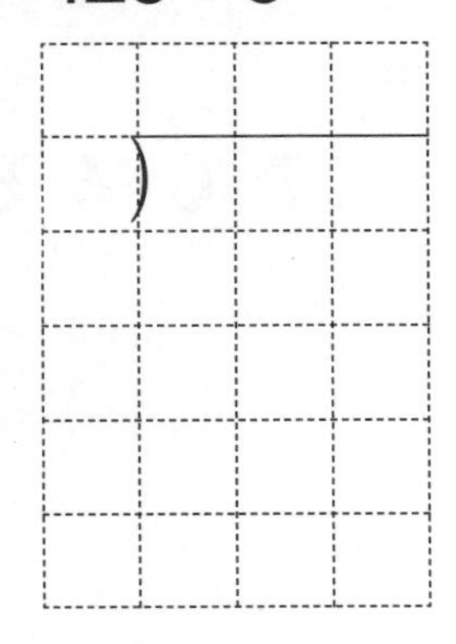

④ 705÷4

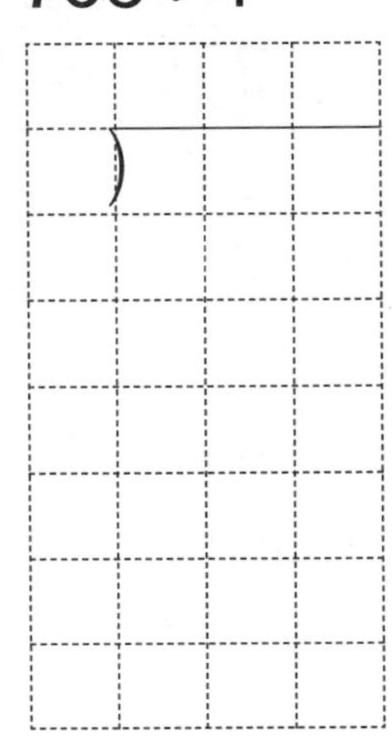

⑤ 816÷9

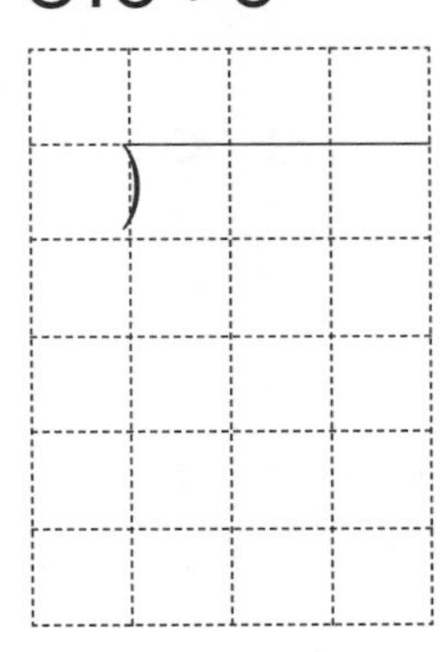

⑥ 329÷4

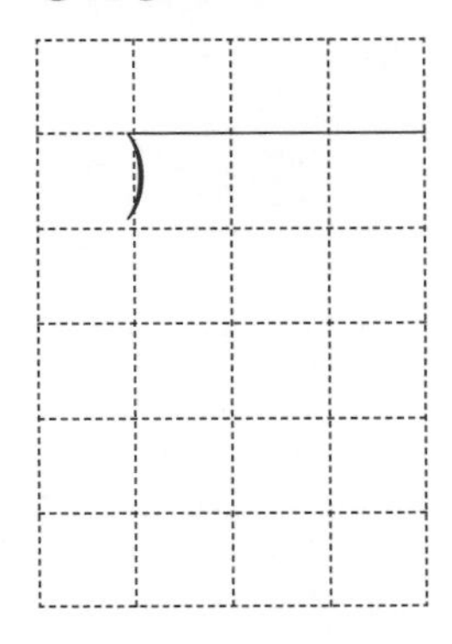

⑦ 689÷6

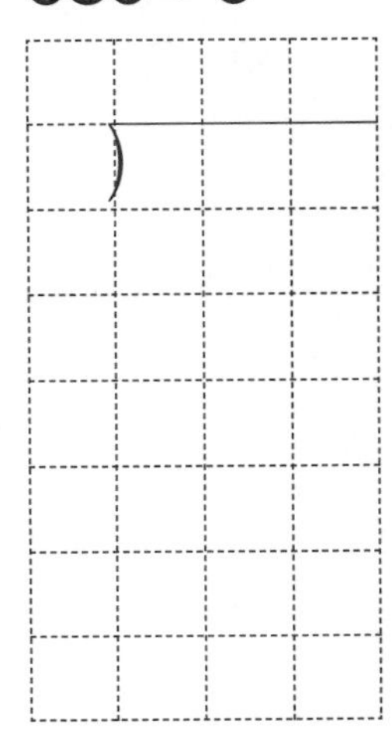

⑧ 276÷6

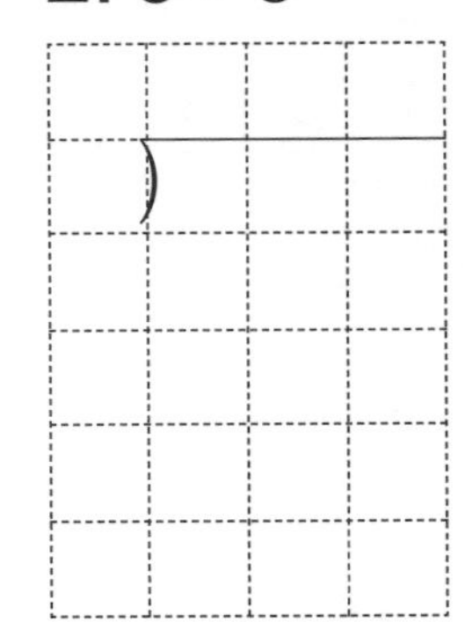

⑨ 185÷7

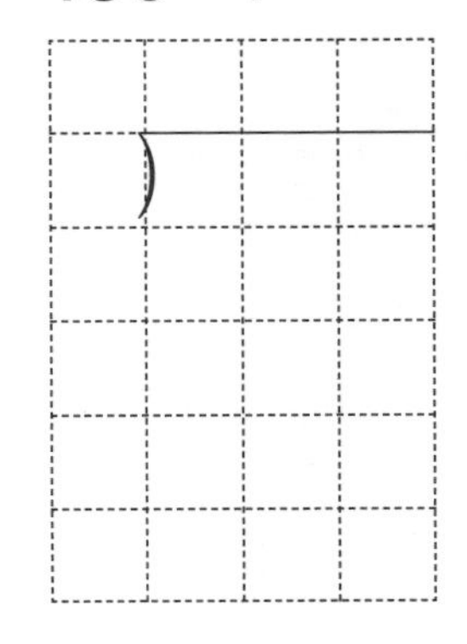

⑩ 734÷3

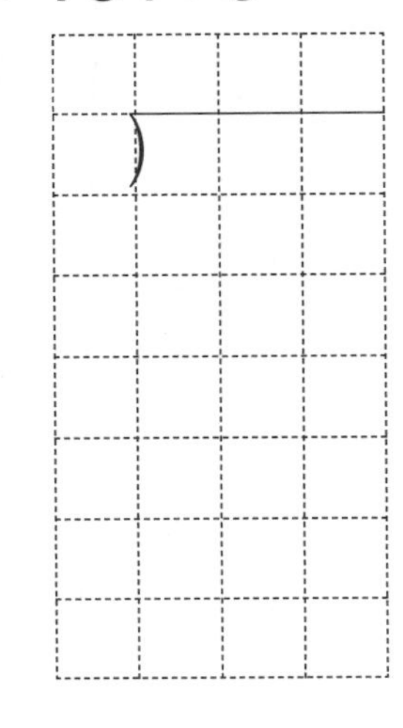

⑪ 175÷3

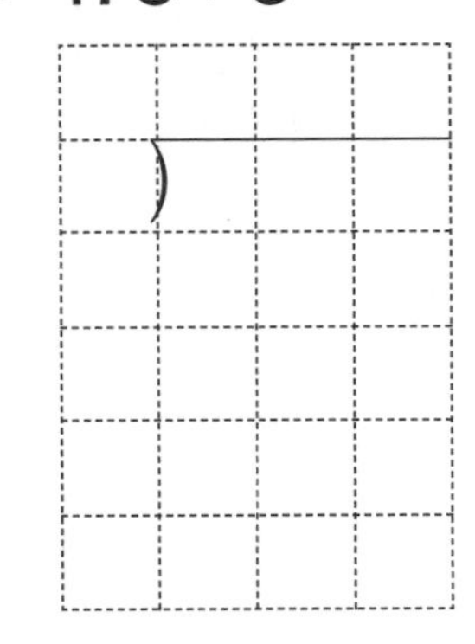

⑫ 394÷8

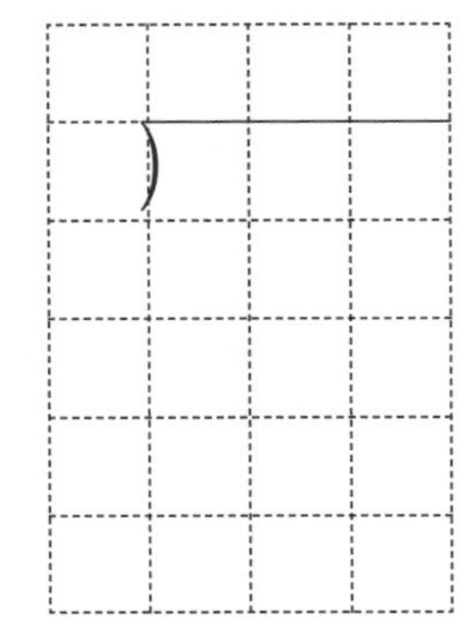

몇십으로 나누기

● **결과 기록지**

① 1~5일차 학습에 걸린 시간을 각각 재서 그래프에 점을 찍습니다.
② 점과 점을 연결하여 기록의 변화를 확인합니다.
③ 오답 수를 세어 오답 수 칸에 씁니다.

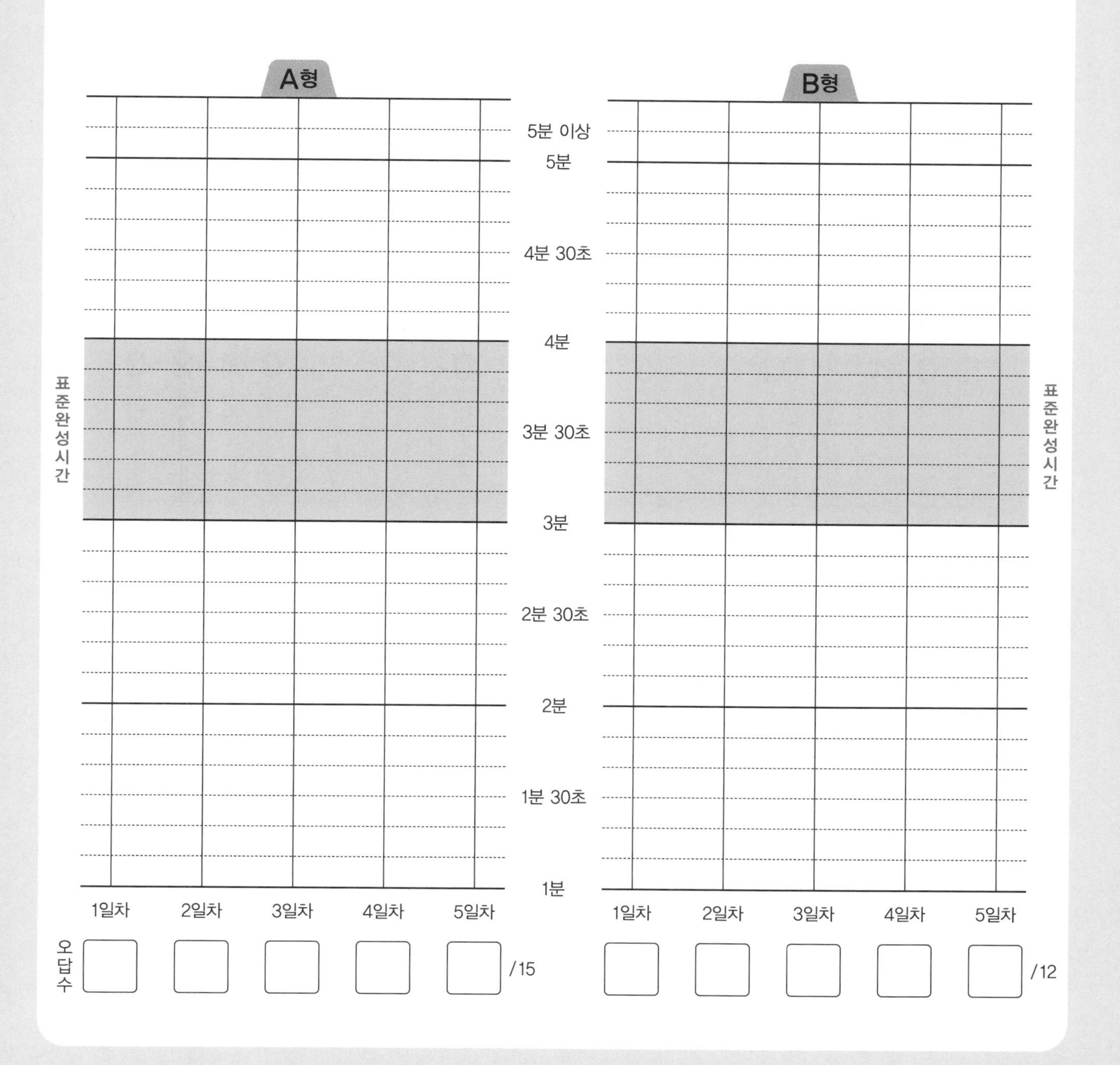

몇십으로 나누기

● 몇십으로 나누기

420÷50에서 나뉠 수 420에 50이 몇 번 들어갈 수 있는지 어림해서 알아보면 몫을 쉽게 구할 수 있습니다.
몫을 7로 어림했을 때, 50이 7번이면 350이고 나머지가 70이 됩니다. 나머지 70이 나누는 수 50보다 크므로 7번보다 더 많이 들어갈 수 있습니다.
몫을 9로 어림했을 때, 50이 9번이면 450이고, 450은 나뉠 수 420보다 크므로 9번까지는 들어갈 수 없습니다.
50이 8번이면 400이므로 420에는 50이 8번 들어갈 수 있습니다.
따라서 420÷50의 몫은 8이고, 나머지는 20입니다.

보기

				7
5	0	)4	2	0
		3	5	0
			7	0

50이 7번이면 350이고 나머지가 70입니다. 나머지 70이 나누는 수 50보다 크므로 몫을 더 크게 생각해야 합니다.

⇨

				8
5	0	)4	2	0
		4	0	0
			2	0

50이 8번이면 400이고 20이 남습니다.

⇦

				9
5	0	)4	2	0
		4	5	0

50이 9번이면 450이고 나뉠 수 420보다 크므로 몫을 더 작게 생각해야 합니다.

몇십으로 나누기

● 표준완성시간 : 3~4분

날짜	월	일
시간	분	초
오답 수	/	15

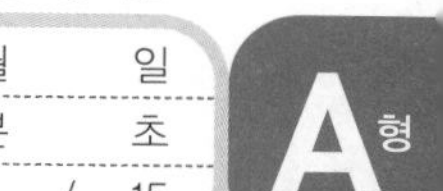

★ 나눗셈을 하시오.

① $40\overline{)140}$

②
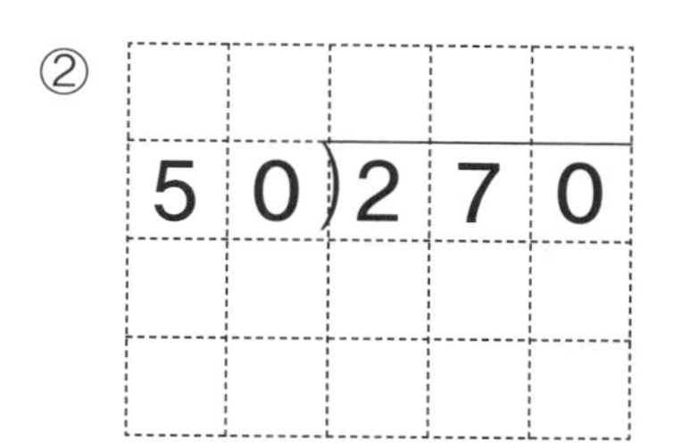
$50\overline{)270}$

③
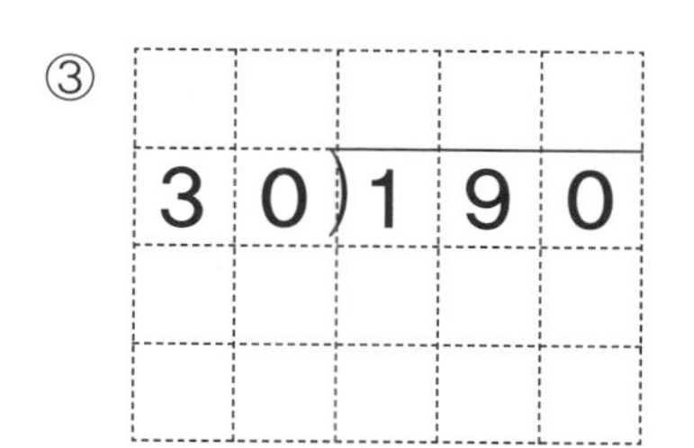
$30\overline{)190}$

④ $40\overline{)302}$

⑤ $70\overline{)350}$

⑥
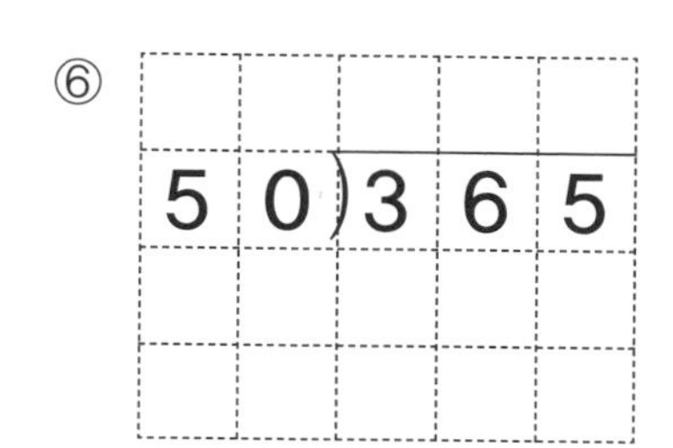
$50\overline{)365}$

⑦
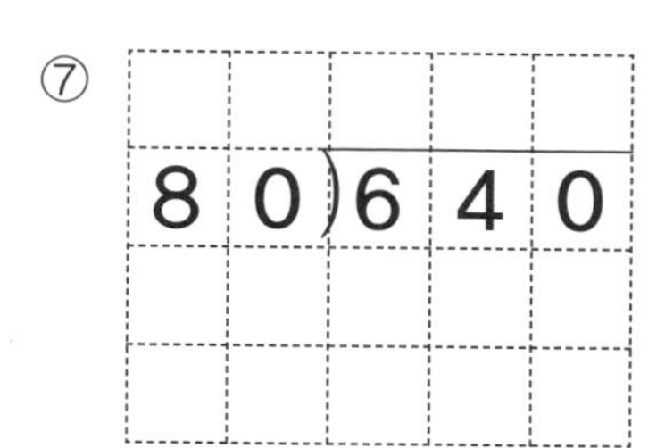
$80\overline{)640}$

⑧
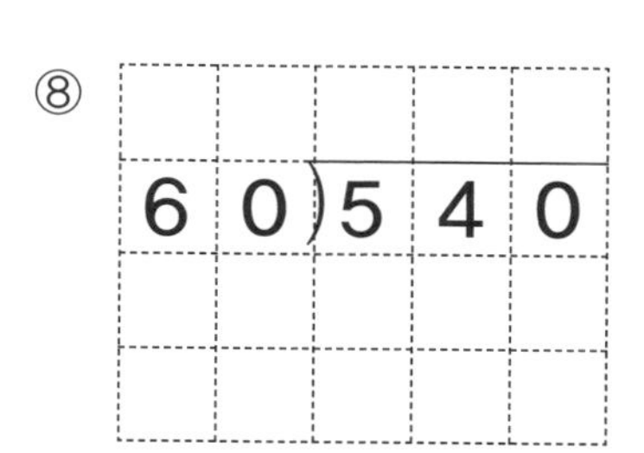
$60\overline{)540}$

⑨
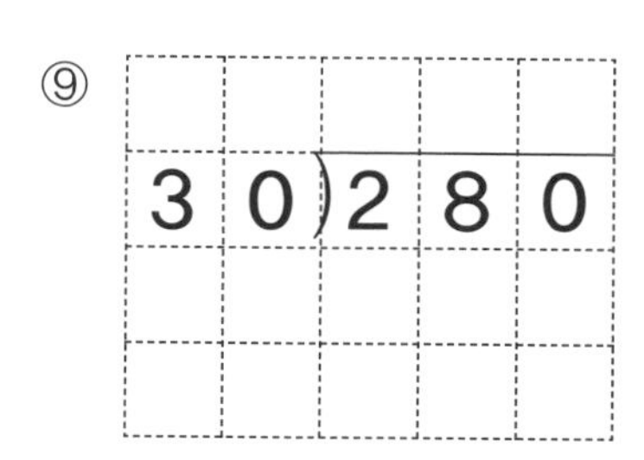
$30\overline{)280}$

⑩
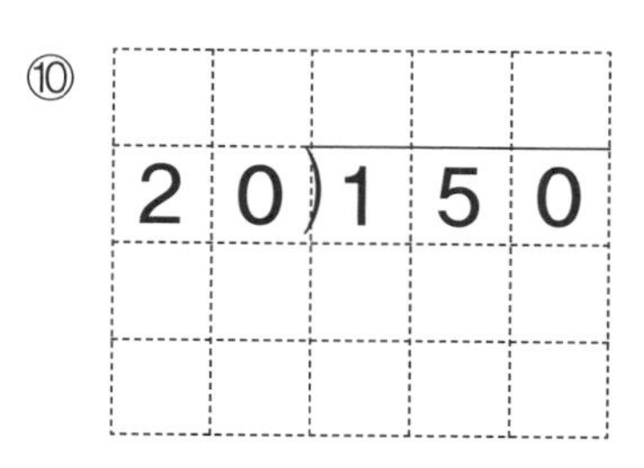
$20\overline{)150}$

⑪ $30\overline{)85}$

⑫
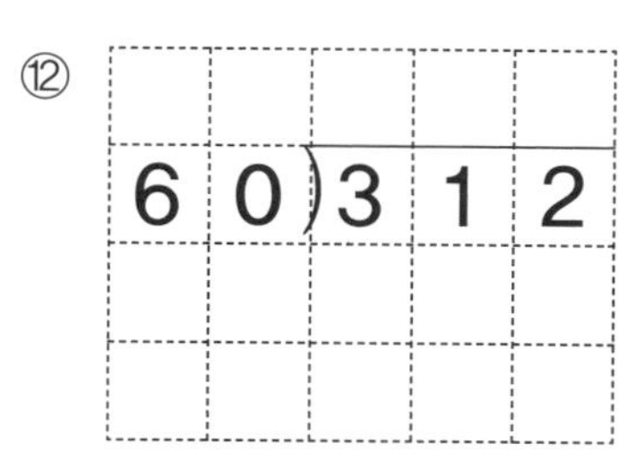
$60\overline{)312}$

⑬ $90\overline{)440}$

⑭ $20\overline{)94}$

⑮ $70\overline{)425}$

● 표준완성시간 : 3~4분

B형

날짜	월	일
시간	분	초
오답 수	/	12

몇십으로 나누기

★ 나눗셈을 하시오.

① 300÷60

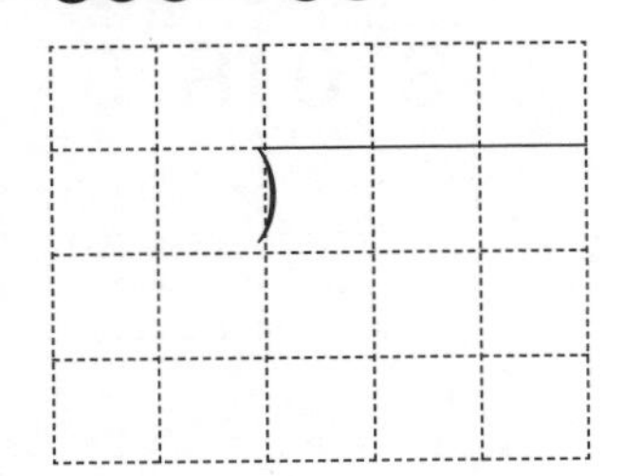

② 100÷50

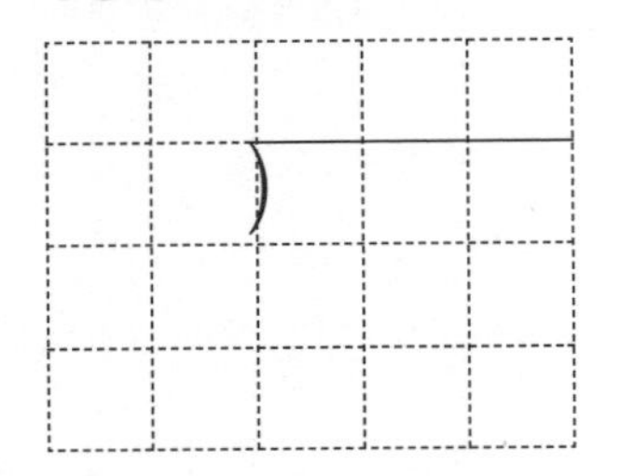

③ 250÷30

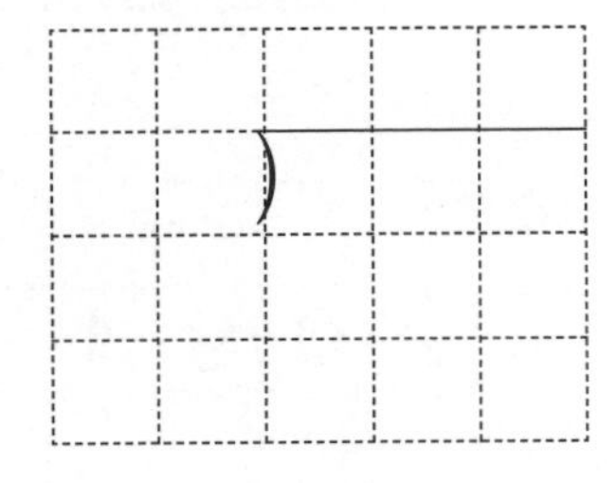

④ 140÷20

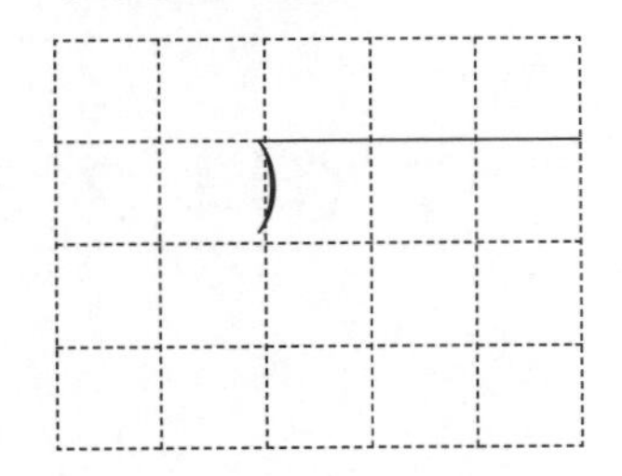

⑤ 270÷90

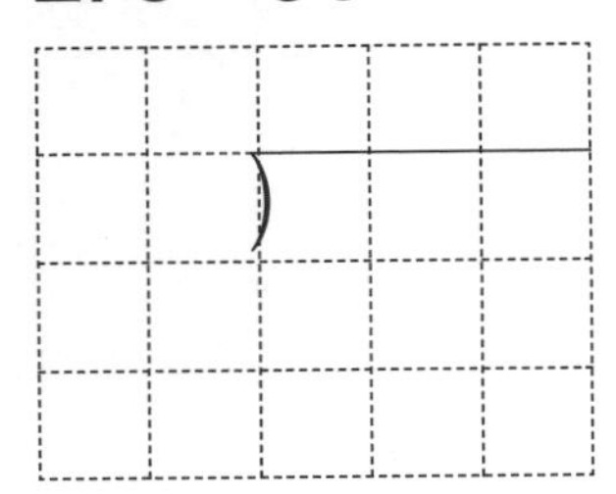

⑥ 512÷70

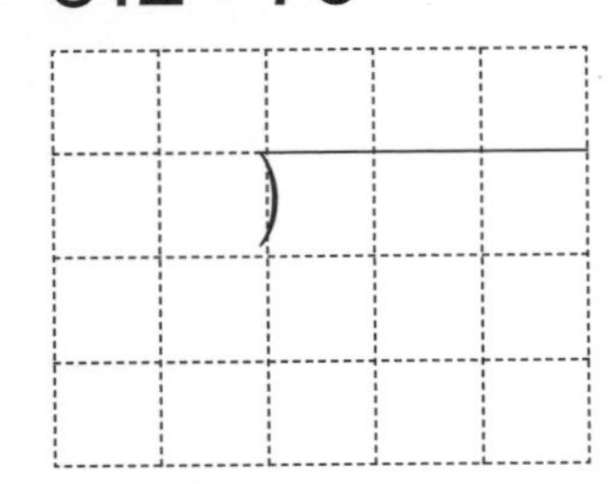

⑦ 385÷80

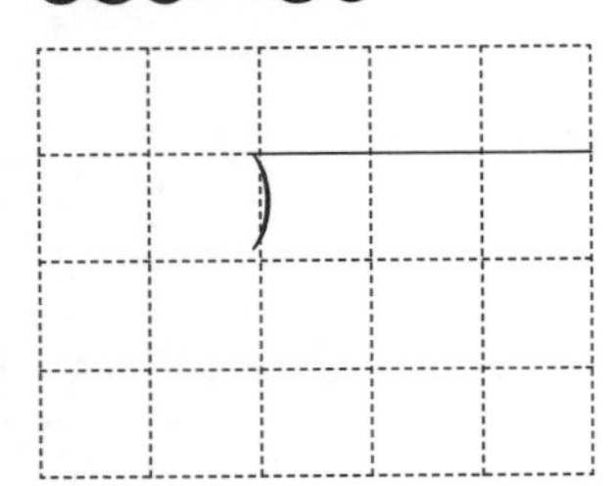

⑧ 90÷30

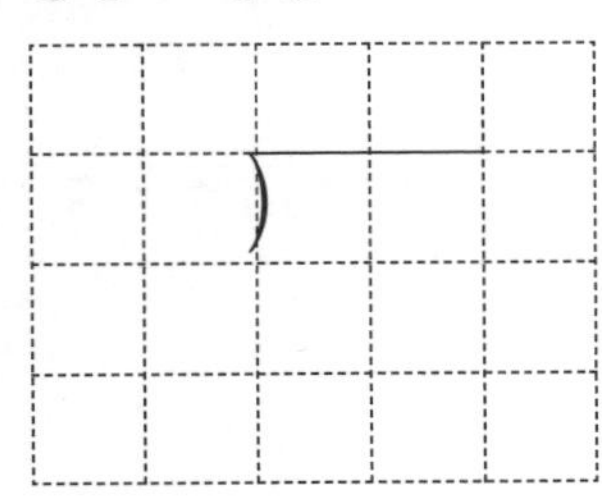

⑨ 496÷70

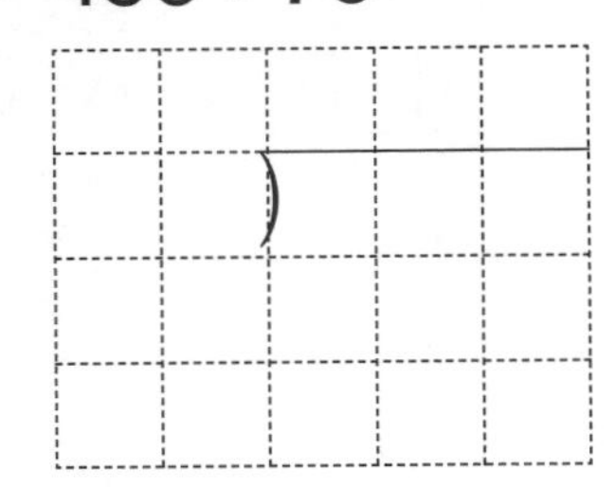

⑩ 624÷80

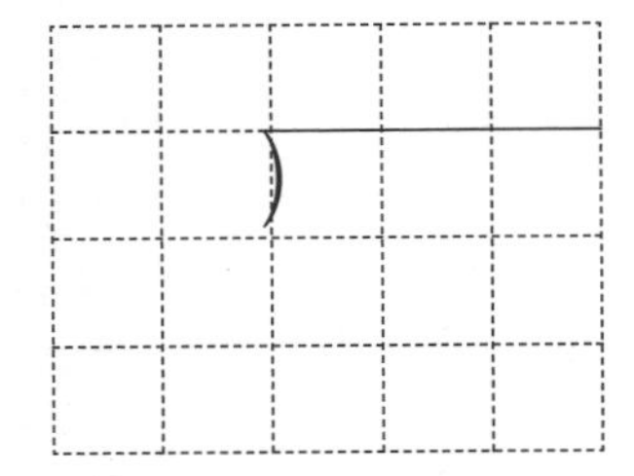

⑪ 509÷60

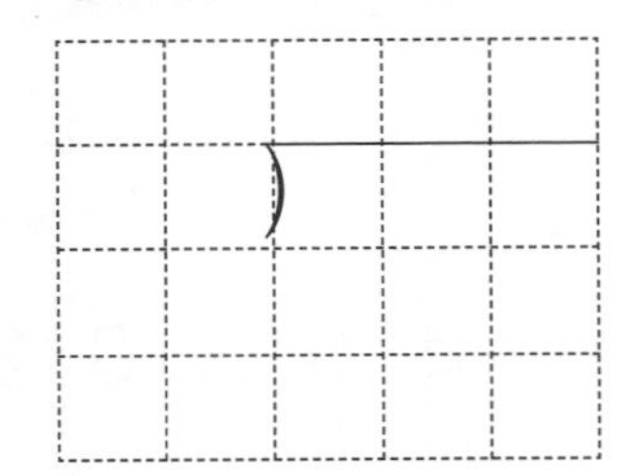

⑫ 361÷90

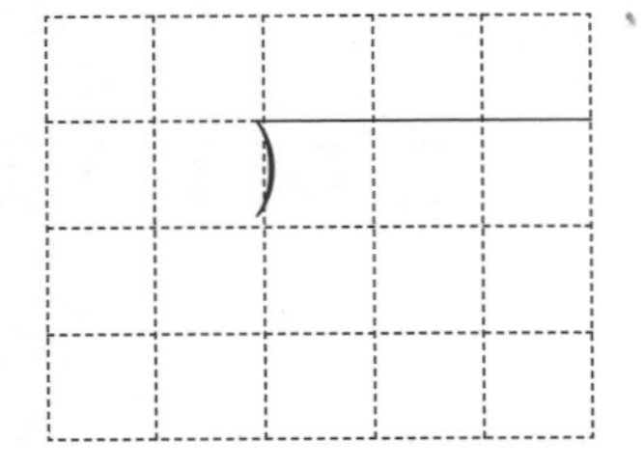

몇십으로 나누기

● 표준완성시간 : 3~4분

날짜	월 일
시간	분 초
오답 수	/ 15

A형

★ 나눗셈을 하시오.

① 80)480

② 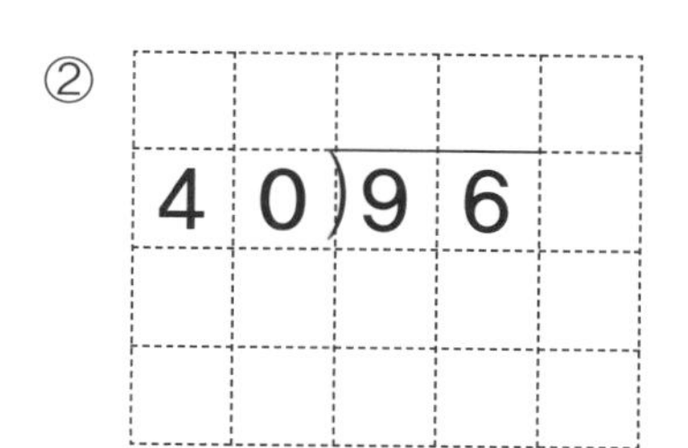

③ 20)180

④ 30)210

⑤ 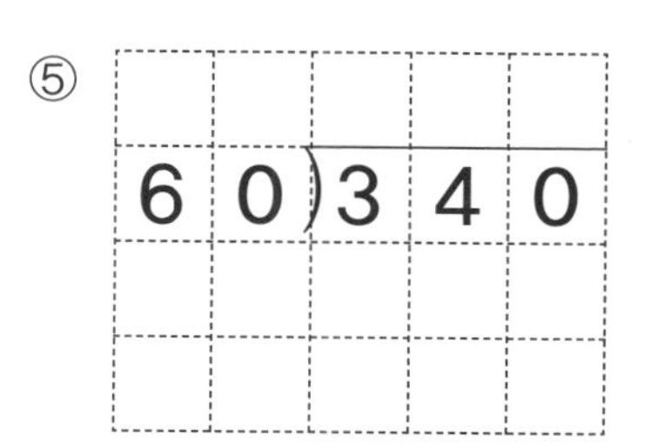

⑥ 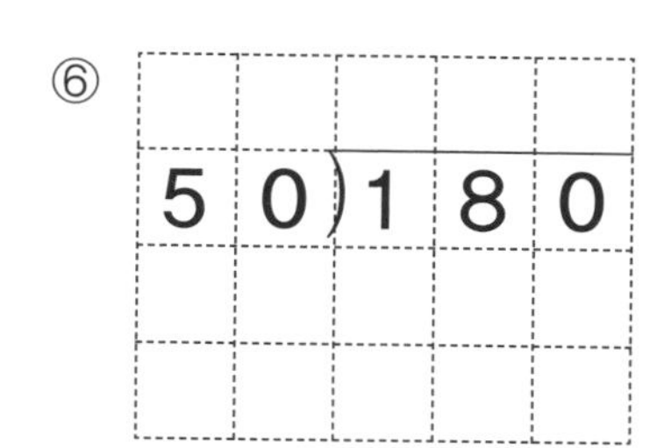

⑦ 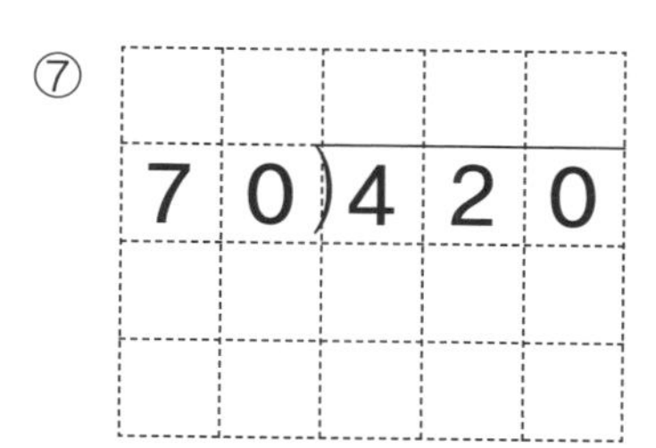

⑧ 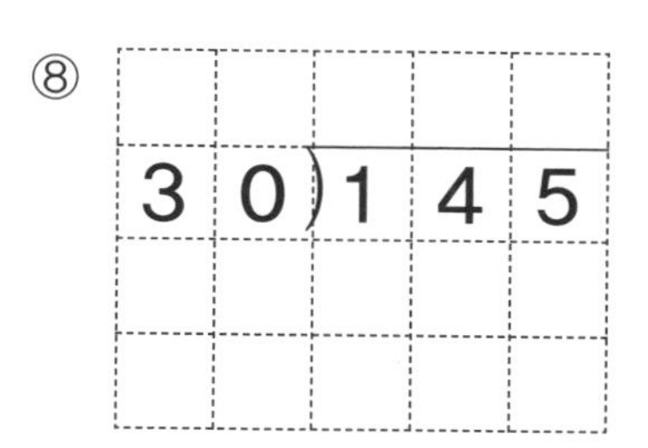

⑨ 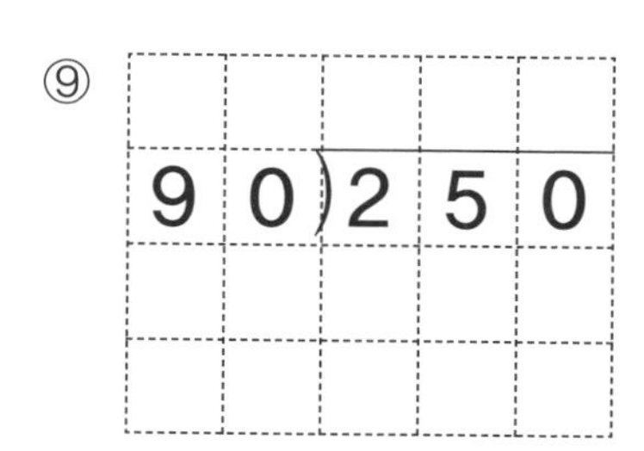

⑩ 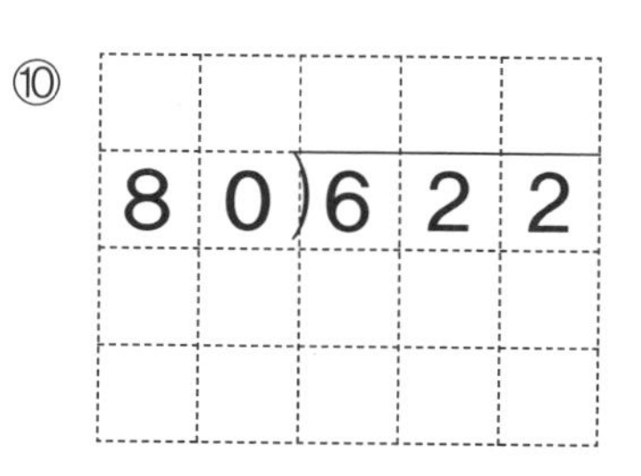

⑪ 60)548

⑫ 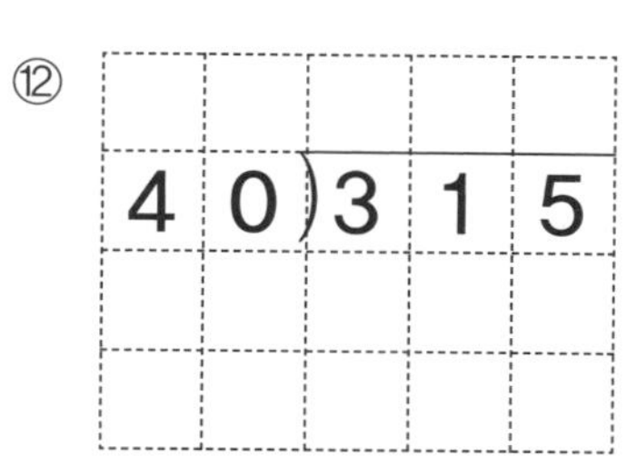

⑬ 50)291

⑭ 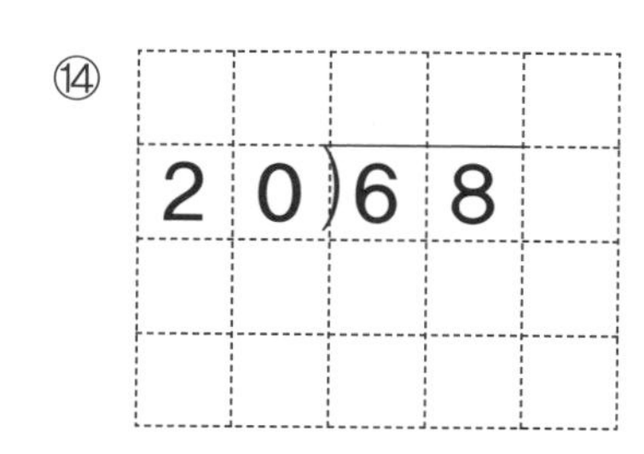

⑮ 70)537

● 표준완성시간 : 3~4분

B형

날짜	월	일
시간	분	초
오답 수	/ 12	

몇십으로 나누기

★ 나눗셈을 하시오.

① 500÷70

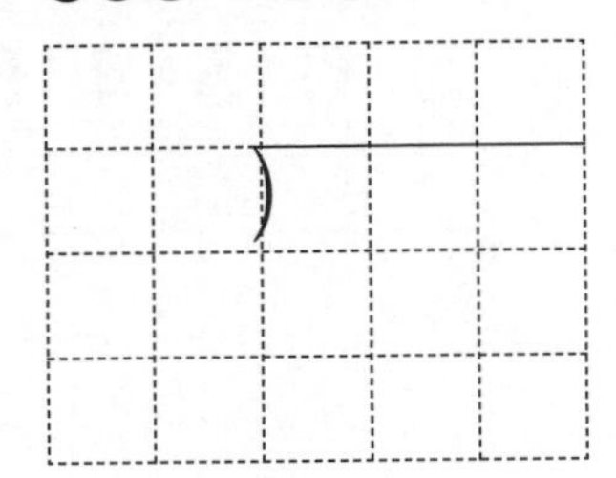

② 450÷90

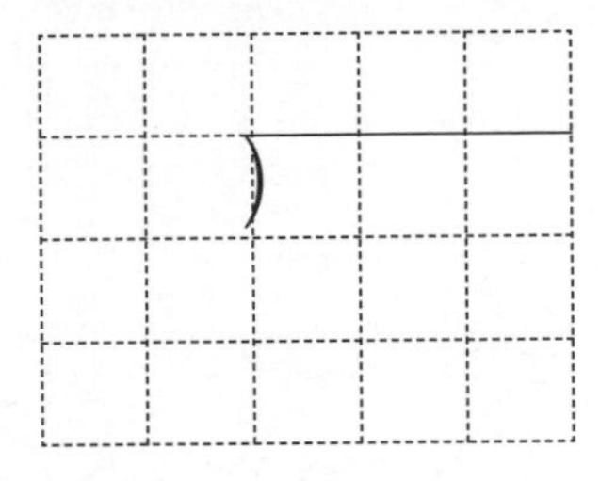

③ 320÷60

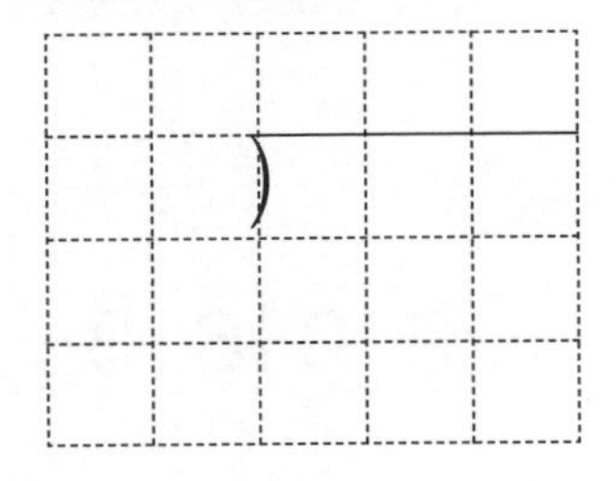

④ 211÷40

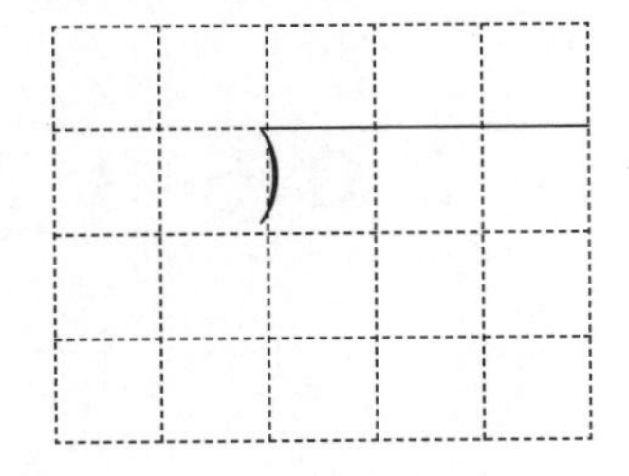

⑤ 74÷30

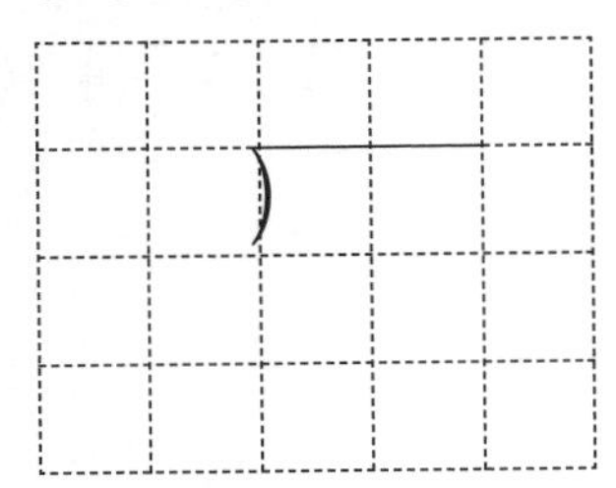

⑥ 165÷50

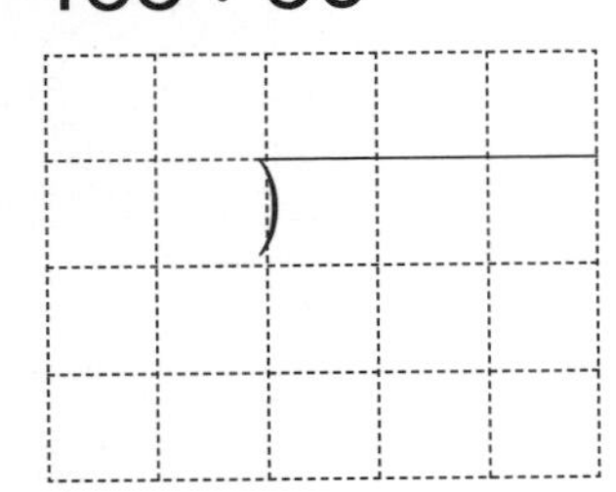

⑦ 210÷80

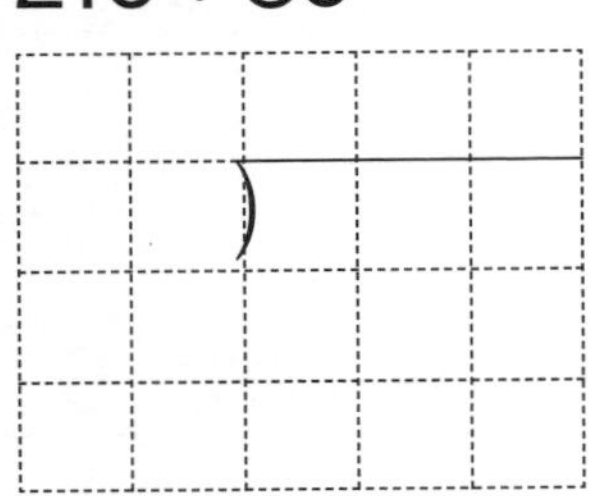

⑧ 96÷60

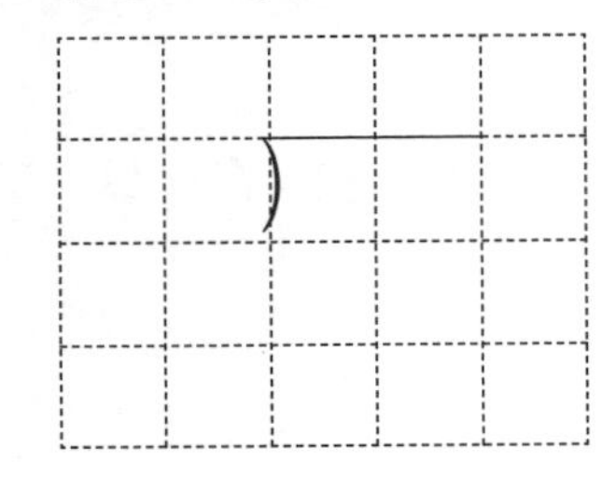

⑨ 175÷20

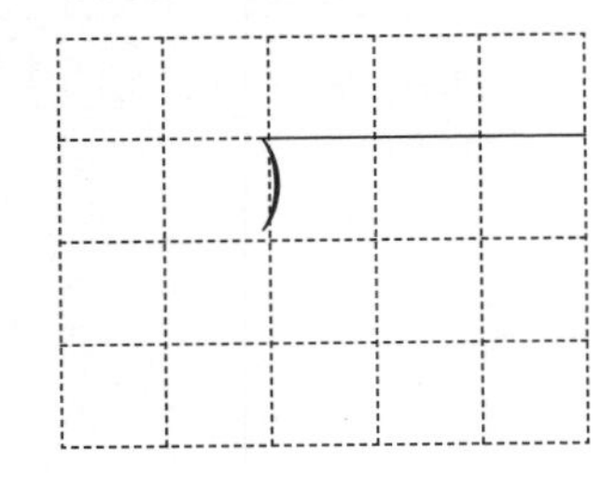

⑩ 290÷90

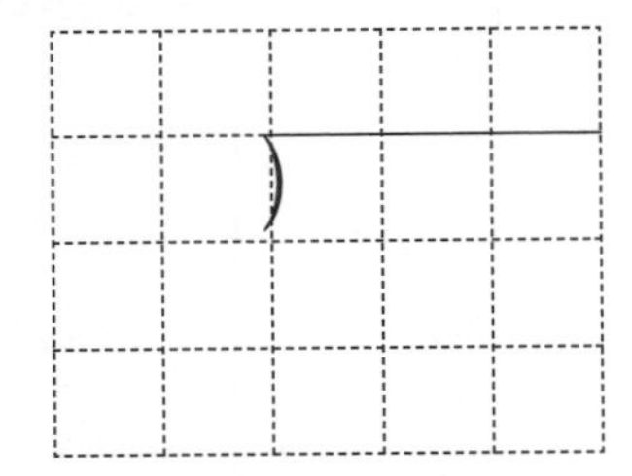

⑪ 404÷70

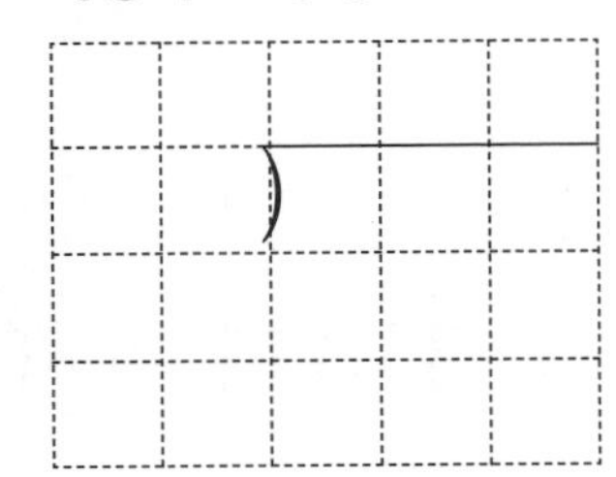

⑫ 672÷80

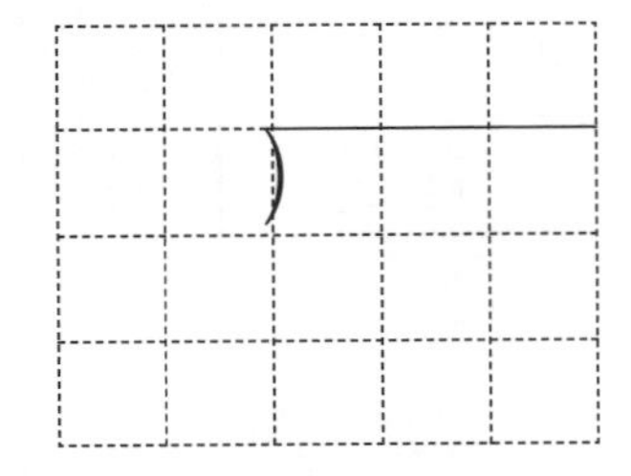

몇십으로 나누기

● 표준완성시간 : 3~4분

날짜	월	일
시간	분	초
오답 수	/	15

A형

★ 나눗셈을 하시오.

① 60)120

② 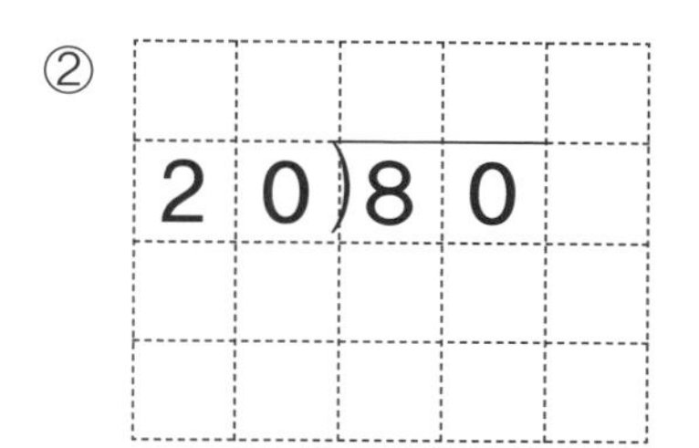

③ 40)182

④ 70)320

⑤ 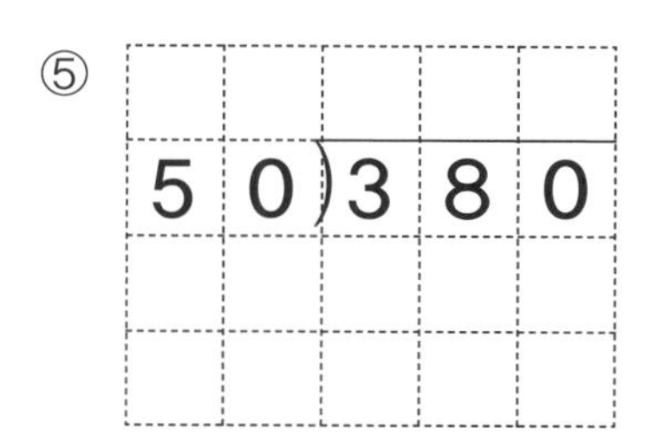

⑥ 30)150

⑦ 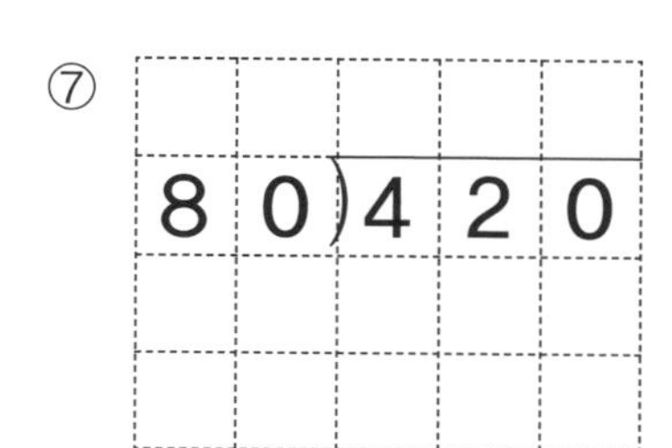

⑧ 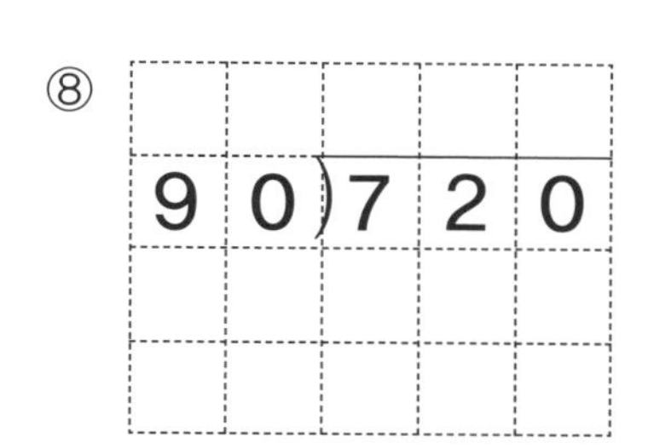

⑨ 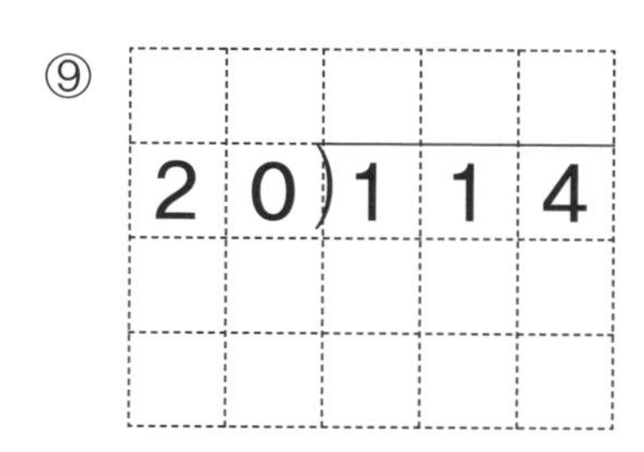

⑩ 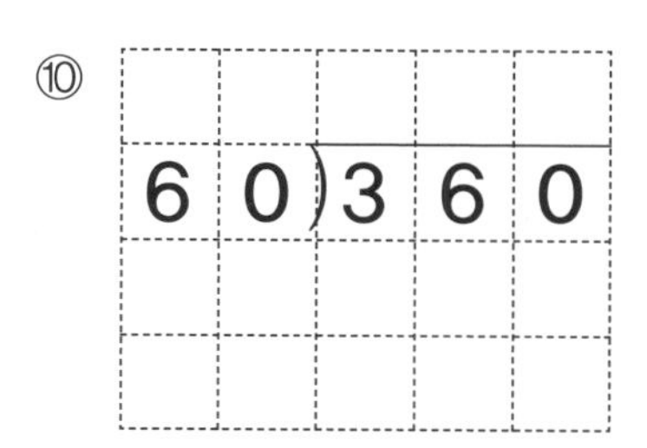

⑪ 40)350

⑫ 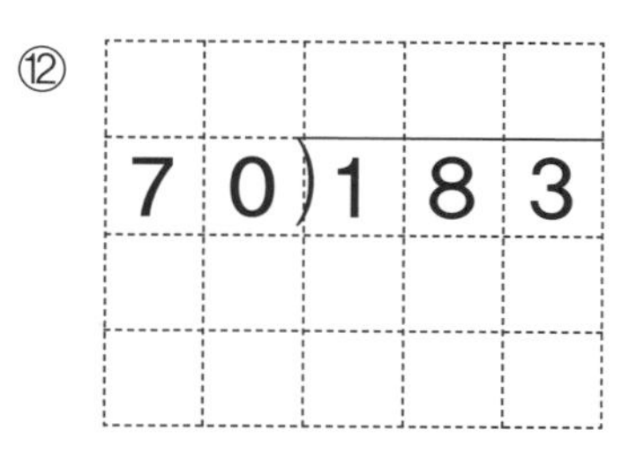

⑬ 30)105

⑭ 80)289

⑮ 90)541

● 표준완성시간 : 3~4분

B형	
날짜	월 일
시간	분 초
오답 수	/ 12

몇십으로 나누기

★ 나눗셈을 하시오.

① $240 \div 30$

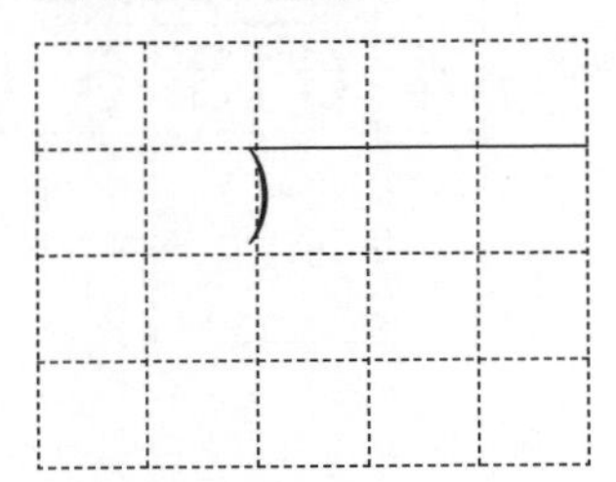

② $180 \div 80$

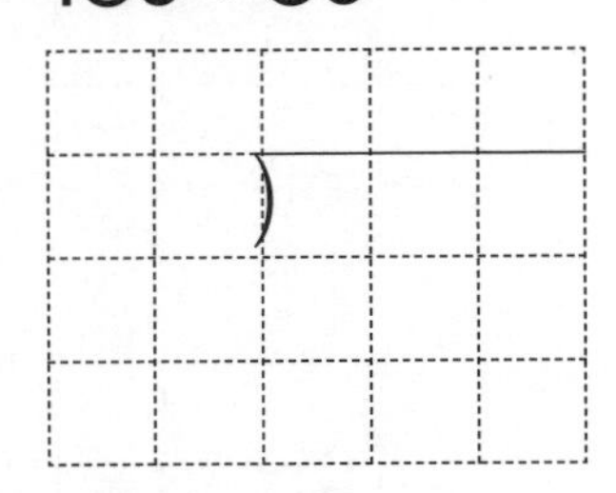

③ $155 \div 50$

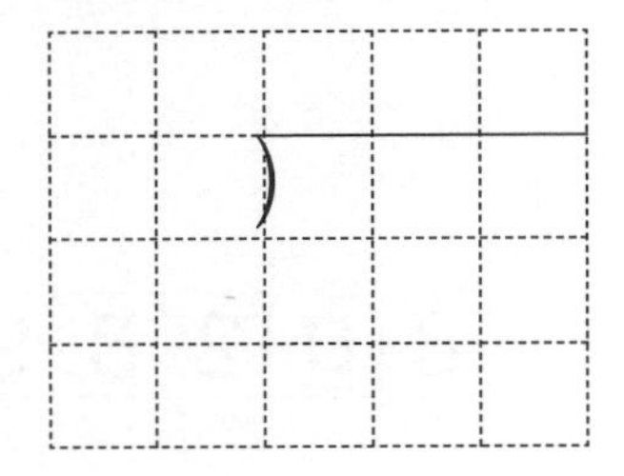

④ $76 \div 20$

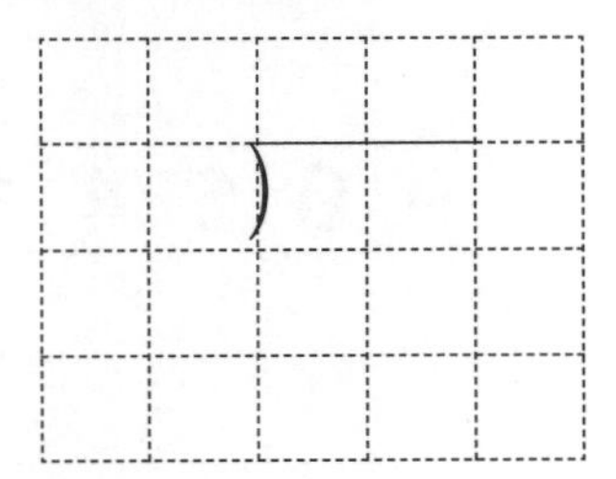

⑤ $340 \div 40$

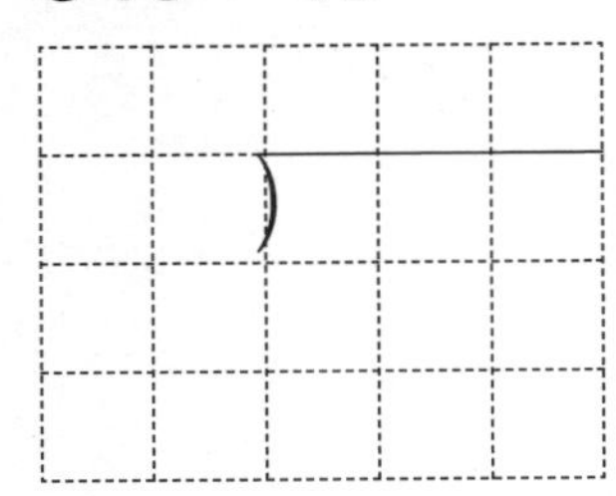

⑥ $590 \div 90$

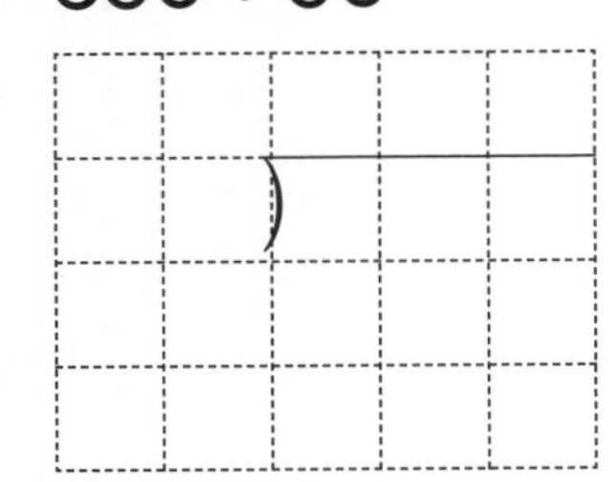

⑦ $492 \div 60$

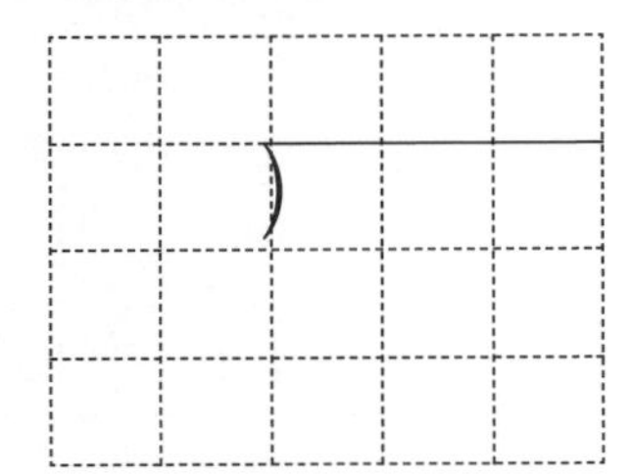

⑧ $97 \div 70$

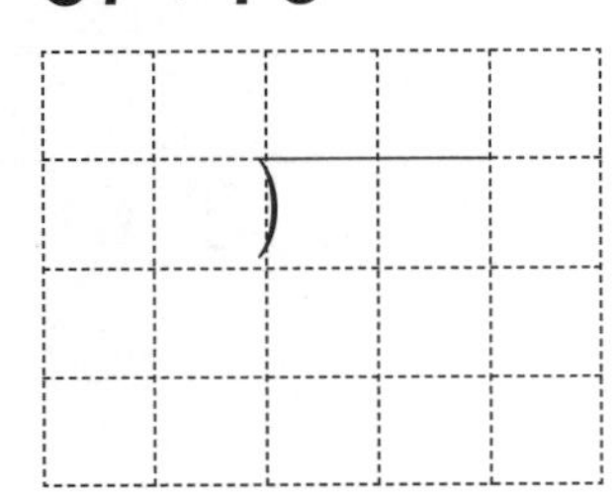

⑨ $130 \div 80$

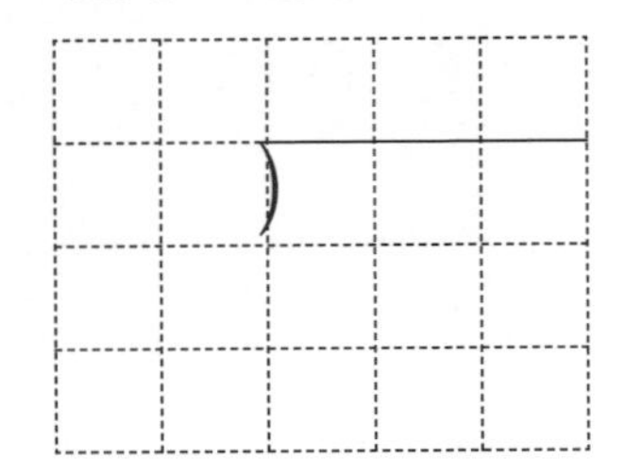

⑩ $208 \div 50$

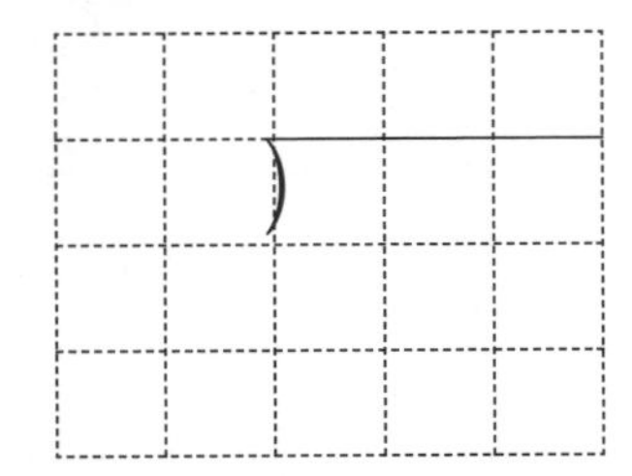

⑪ $336 \div 40$

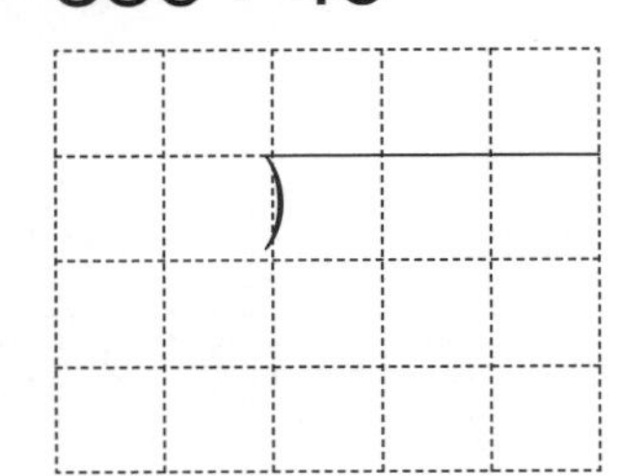

⑫ $514 \div 60$

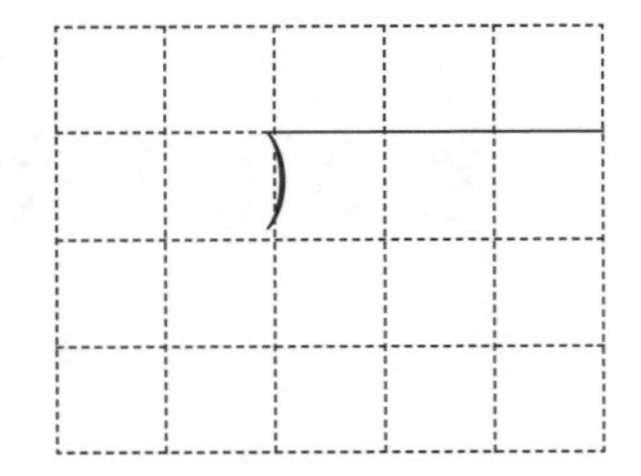

몇십으로 나누기

날짜	월	일
시간	분	초
오답 수		/ 15

A형

★ 나눗셈을 하시오.

① $70\overline{)560}$

② 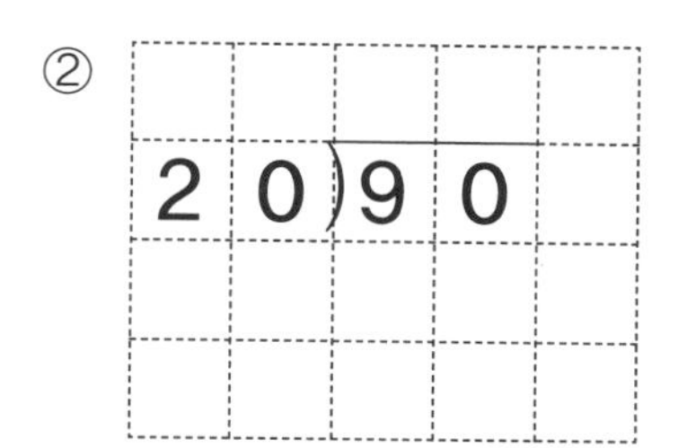
$20\overline{)90}$

③ $30\overline{)200}$

④ $90\overline{)360}$

⑤ $80\overline{)520}$

⑥ 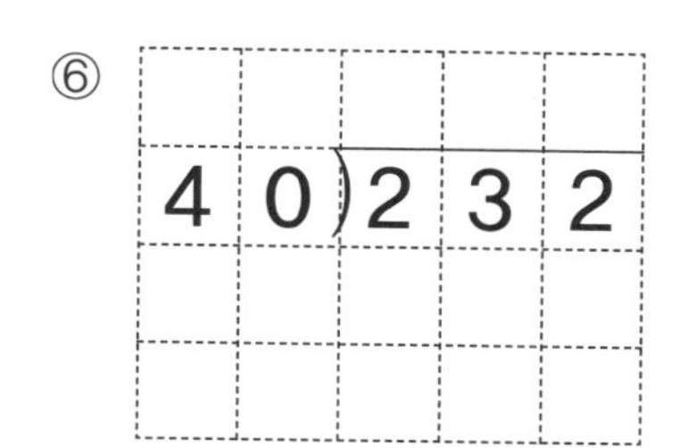
$40\overline{)232}$

⑦ 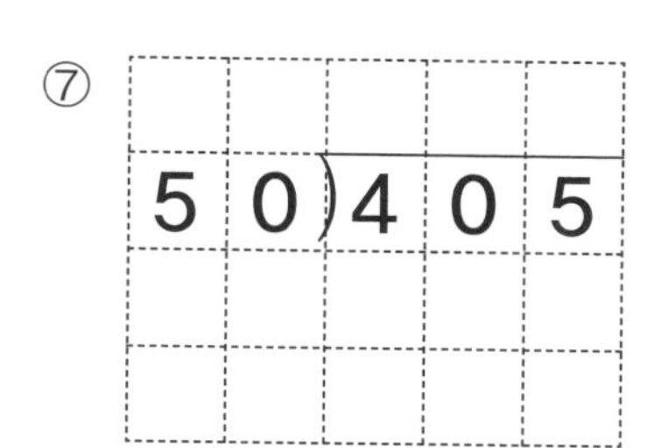
$50\overline{)405}$

⑧ 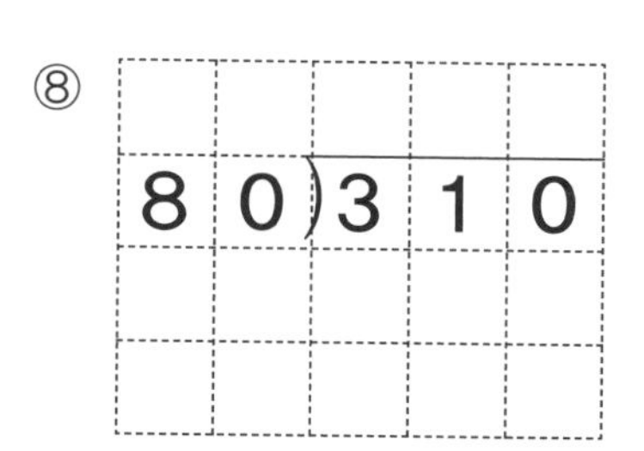
$80\overline{)310}$

⑨ 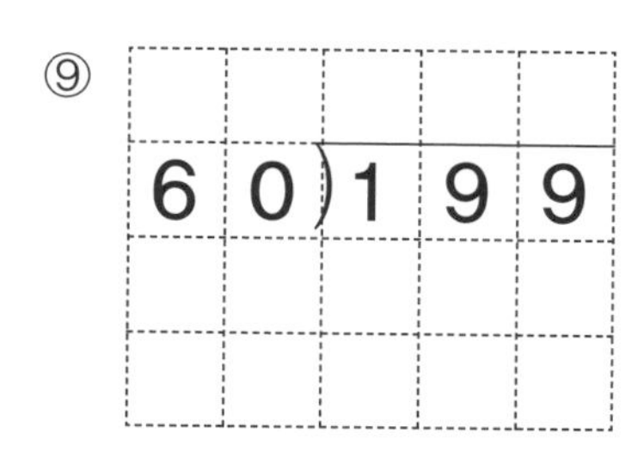
$60\overline{)199}$

⑩ 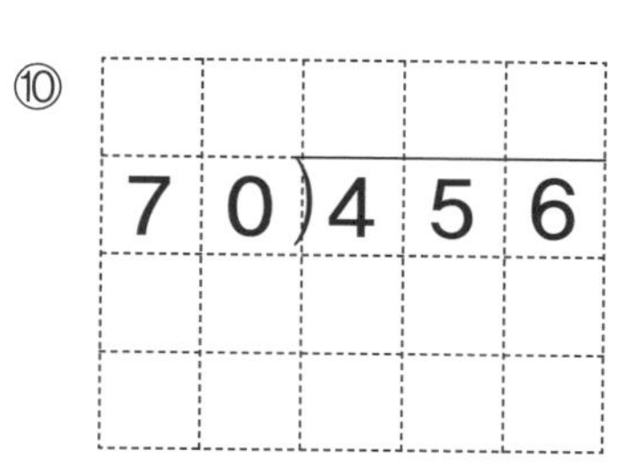
$70\overline{)456}$

⑪ $90\overline{)800}$

⑫ $60\overline{)220}$

⑬ $40\overline{)178}$

⑭ $50\overline{)463}$

⑮ $30\overline{)299}$

● 표준완성시간 : 3~4분

B형

날짜	월	일
시간	분	초
오답 수	/	12

몇십으로 나누기

★ 나눗셈을 하시오.

① 320÷80

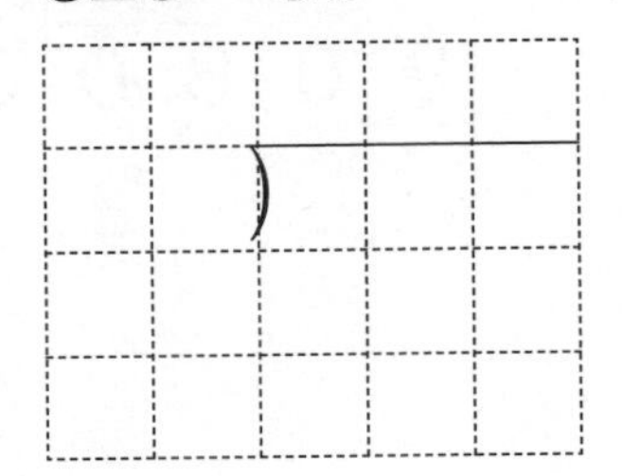

② 94÷90

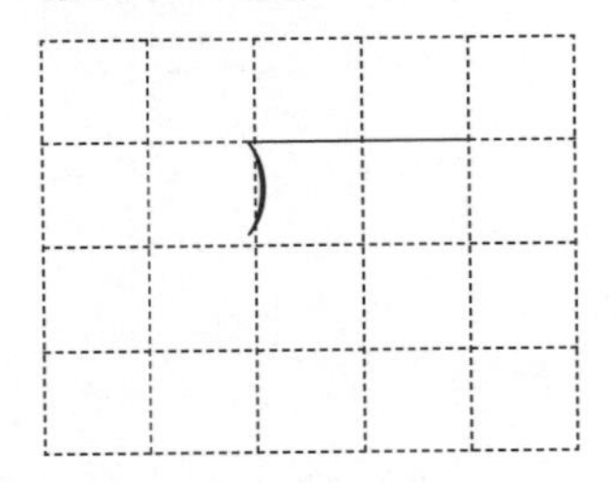

③ 370÷40

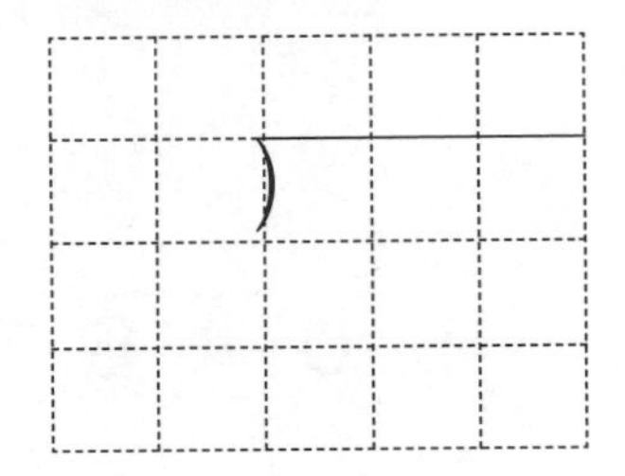

④ 490÷70

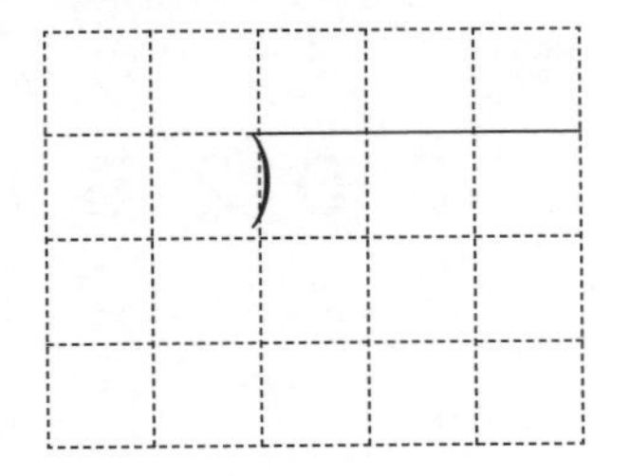

⑤ 157÷30

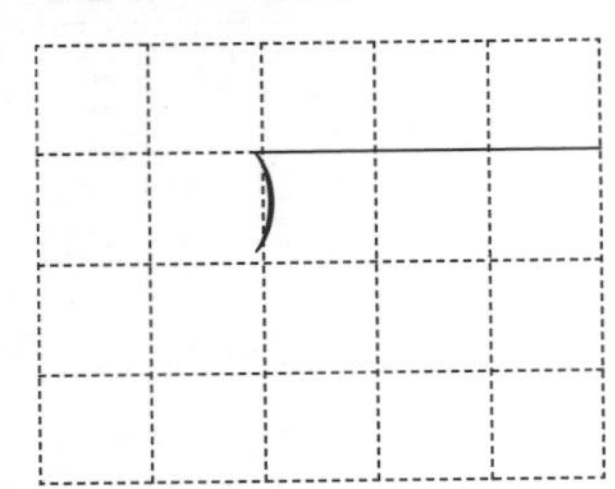

⑥ 290÷60

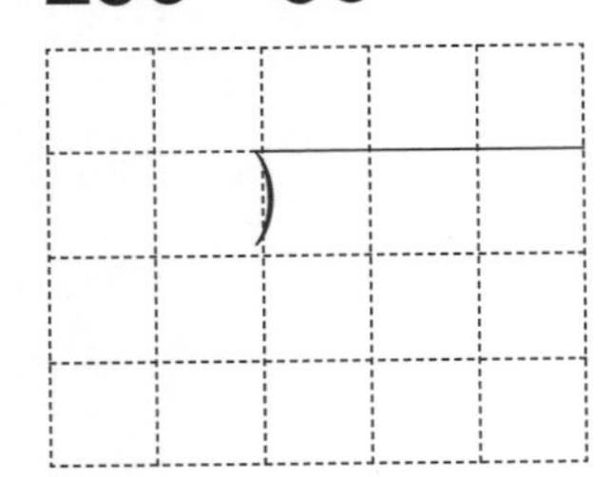

⑦ 66÷20

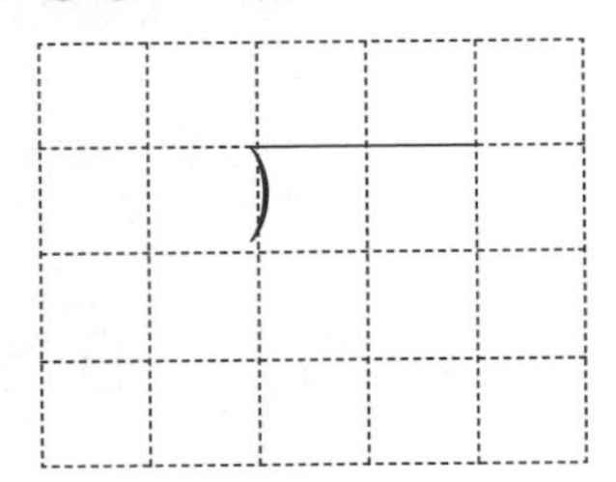

⑧ 288÷50

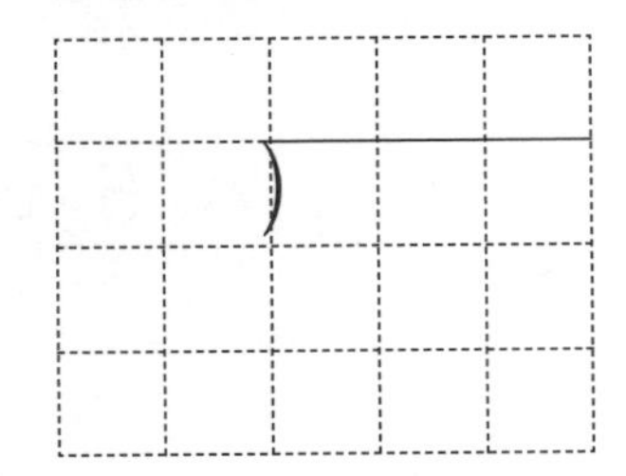

⑨ 601÷70

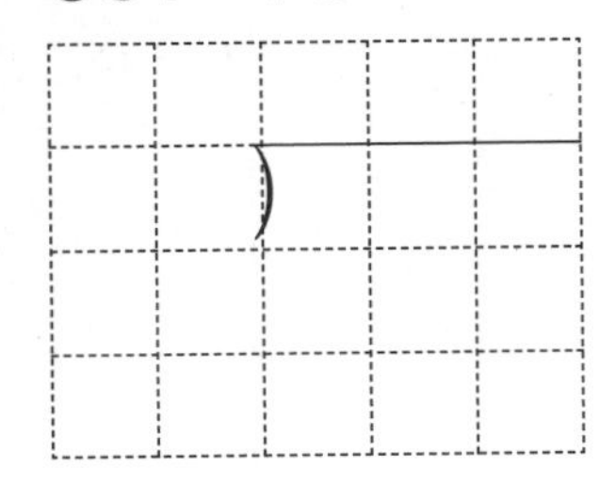

⑩ 72÷40

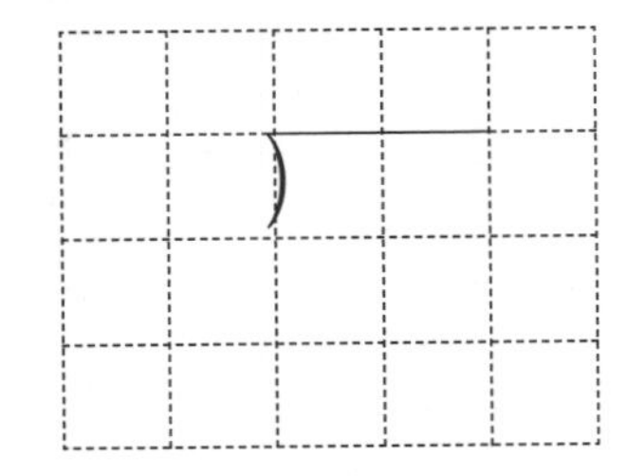

⑪ 595÷80

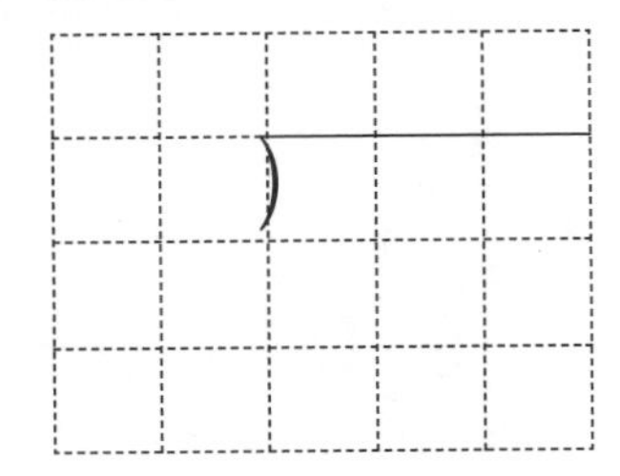

⑫ 144÷90

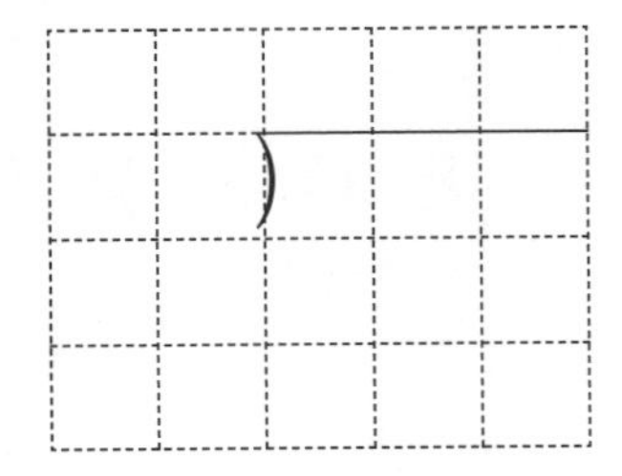

몇십으로 나누기

● 표준완성시간 : 3~4분

날짜	월	일
시간	분	초
오답 수	/ 15	

A형

★ 나눗셈을 하시오.

① 60)480

②
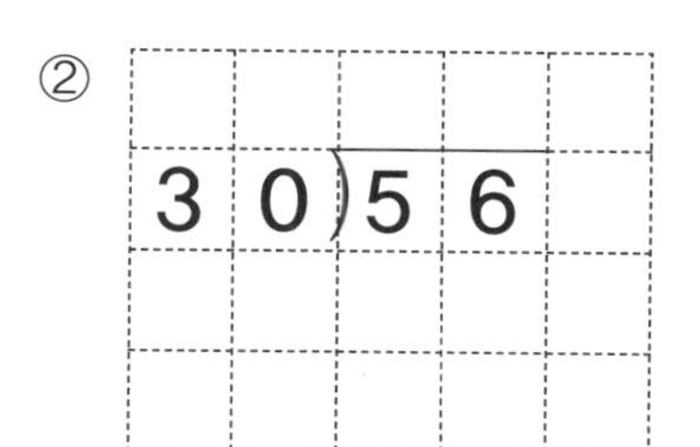
30)56

③
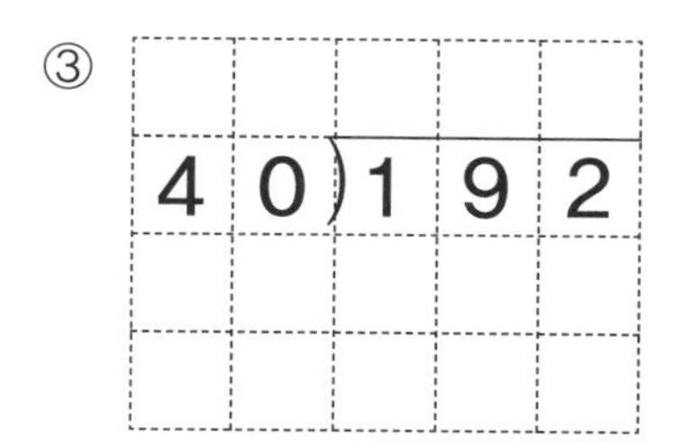
40)192

④ 20)51

⑤
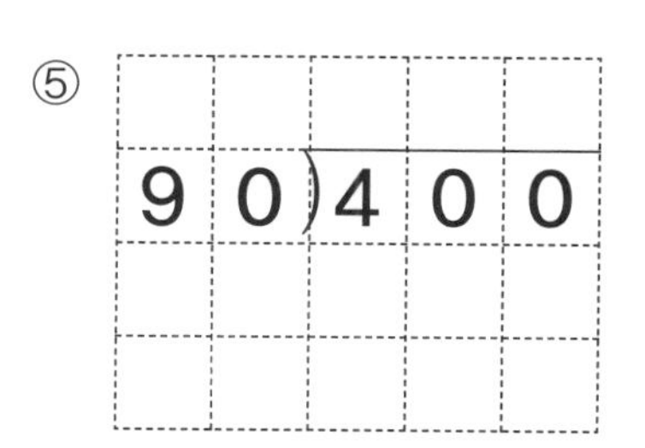
90)400

⑥
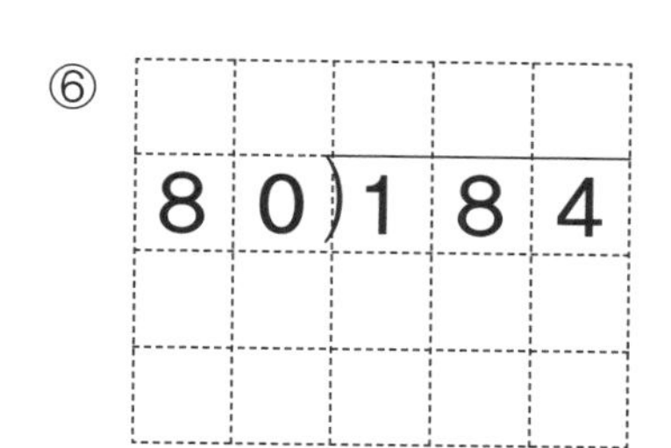
80)184

⑦
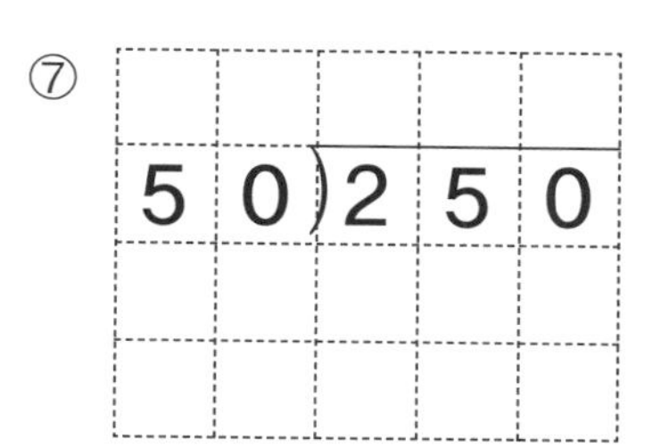
50)250

⑧
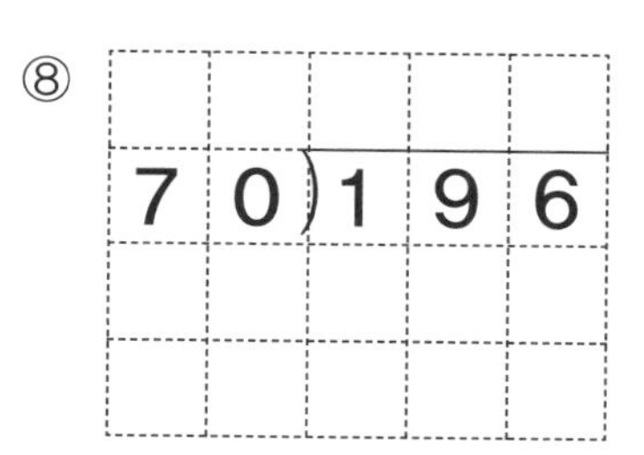
70)196

⑨
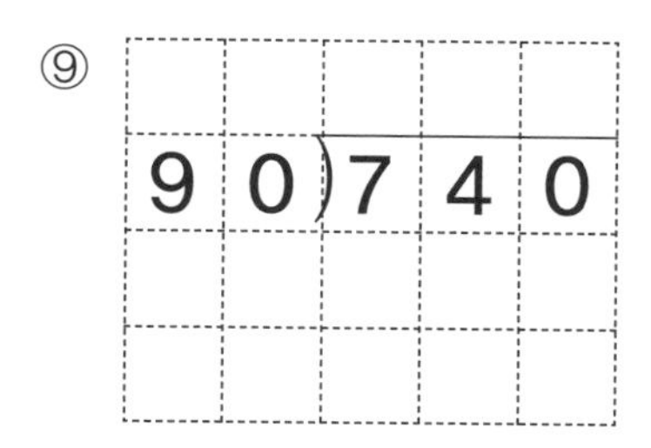
90)740

⑩
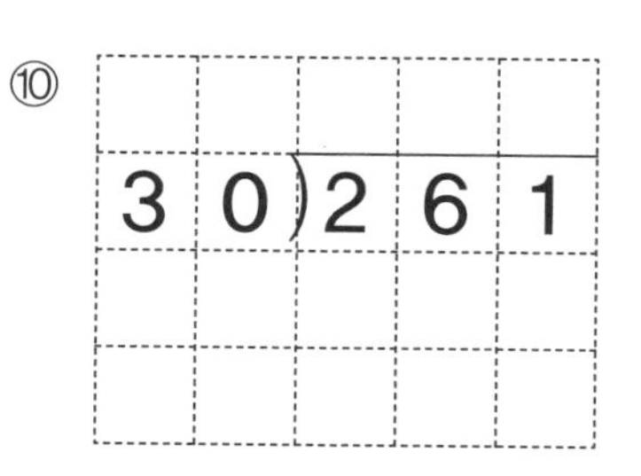
30)261

⑪ 70)617

⑫
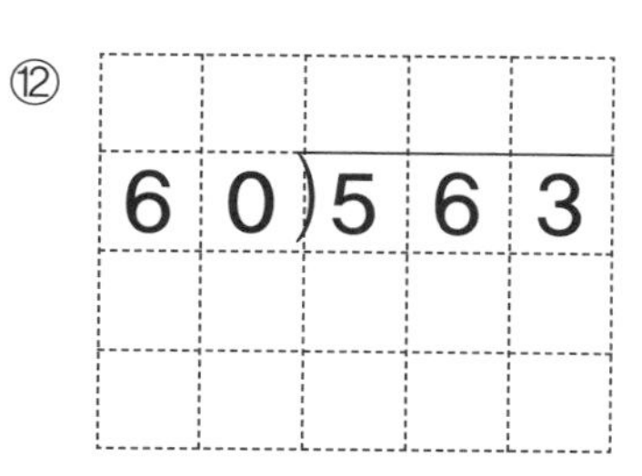
60)563

⑬ 80)501

⑭
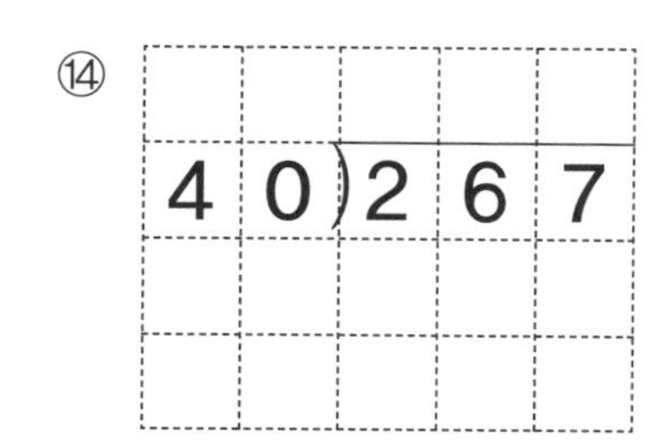
40)267

⑮ 50)179

● 표준완성시간 : 3~4분

B형

날짜	월	일
시간	분	초
오답 수	/	12

몇십으로 나누기

★ 나눗셈을 하시오.

① $210 \div 70$

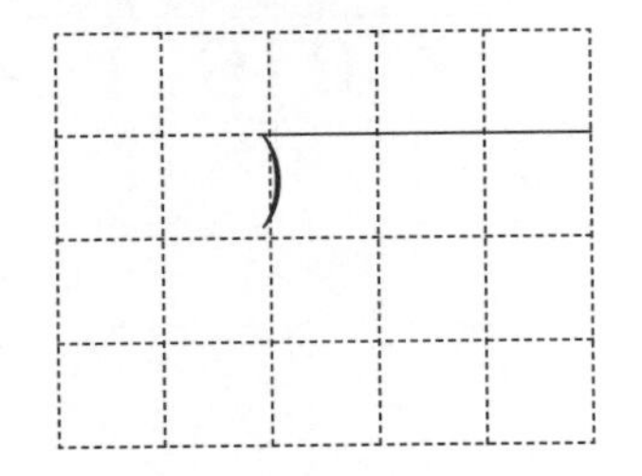

② $283 \div 40$

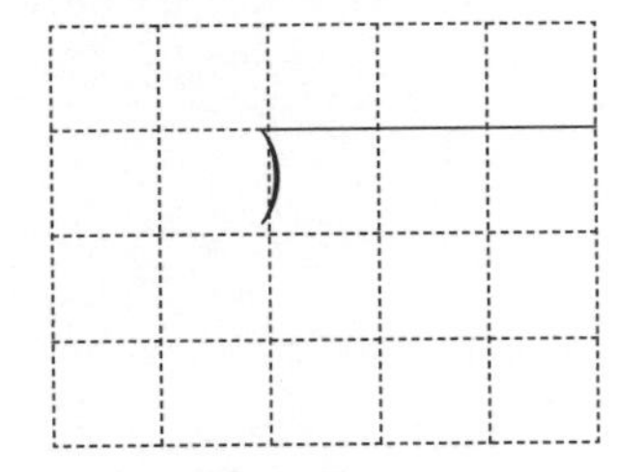

③ $415 \div 60$

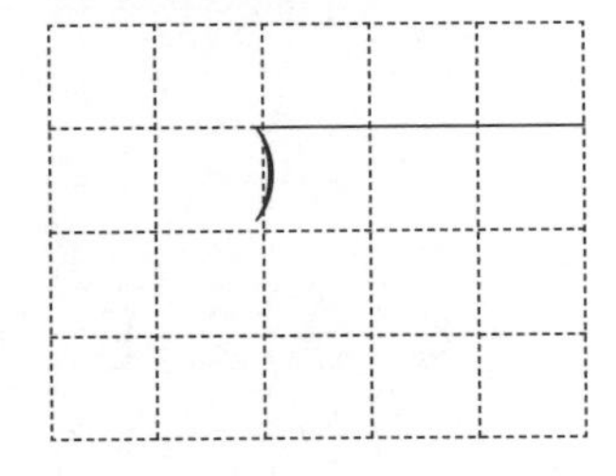

④ $272 \div 30$

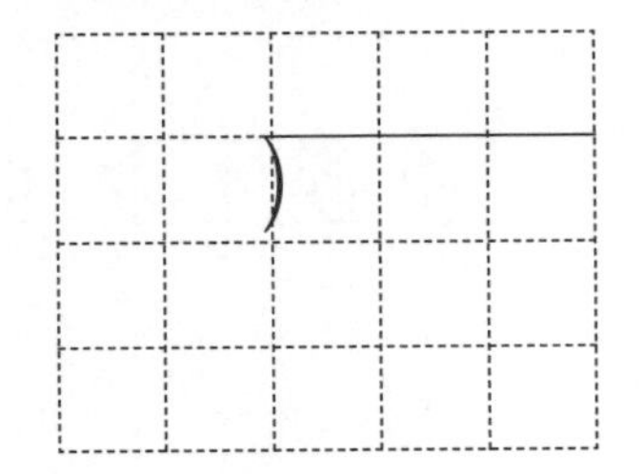

⑤ $516 \div 80$

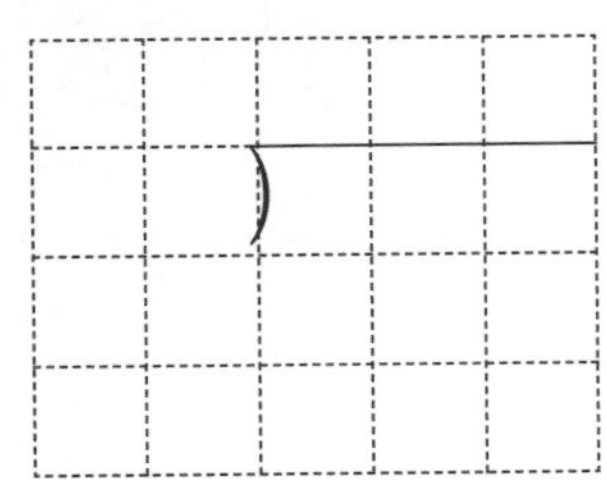

⑥ $706 \div 90$

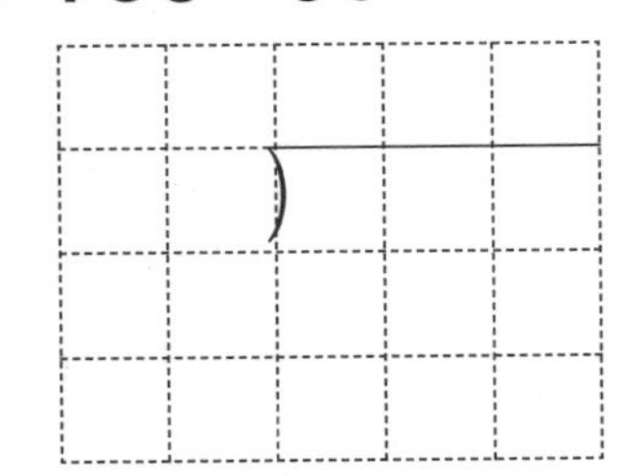

⑦ $188 \div 20$

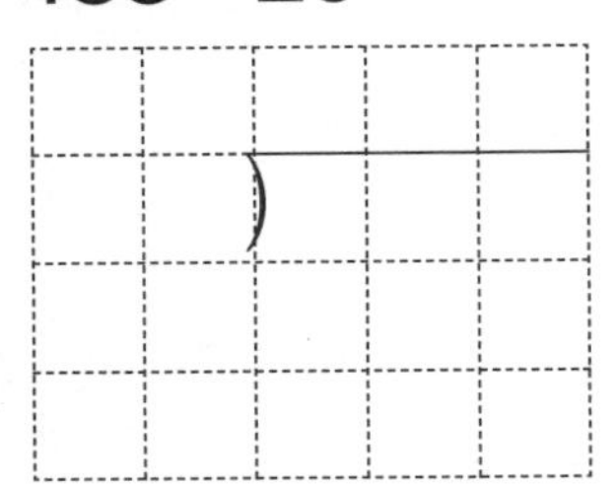

⑧ $82 \div 50$

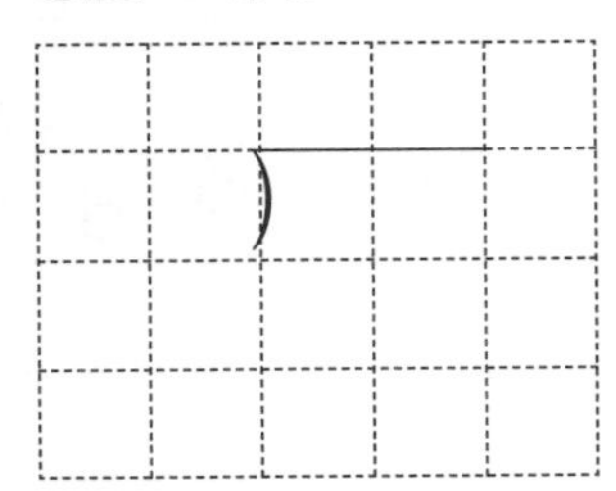

⑨ $118 \div 30$

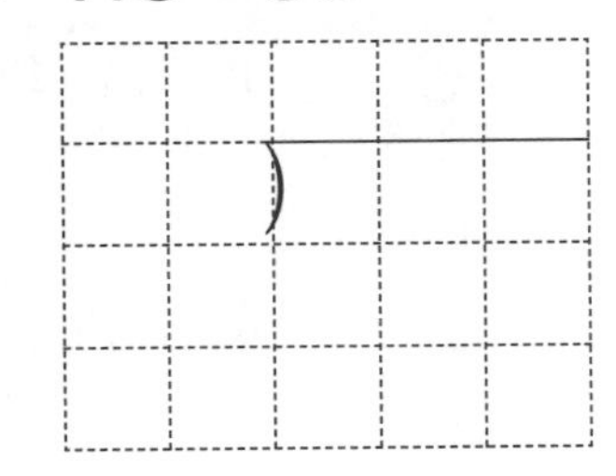

⑩ $341 \div 50$

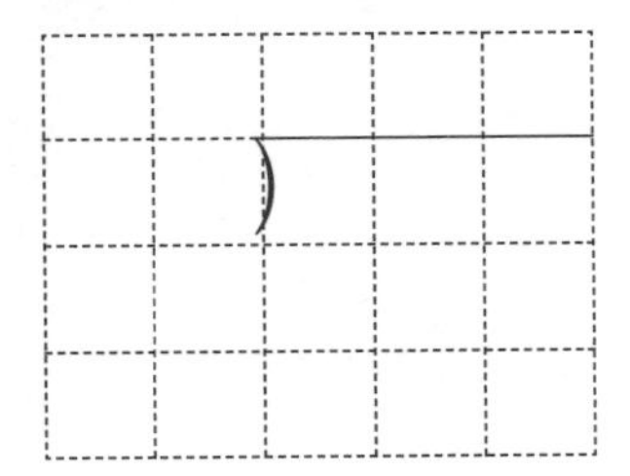

⑪ $849 \div 90$

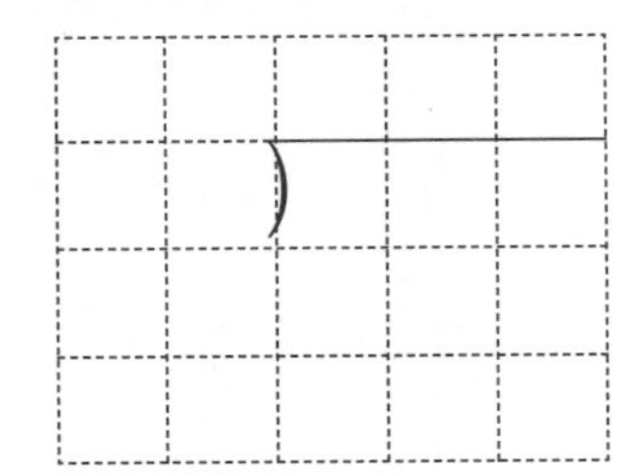

⑫ $304 \div 70$

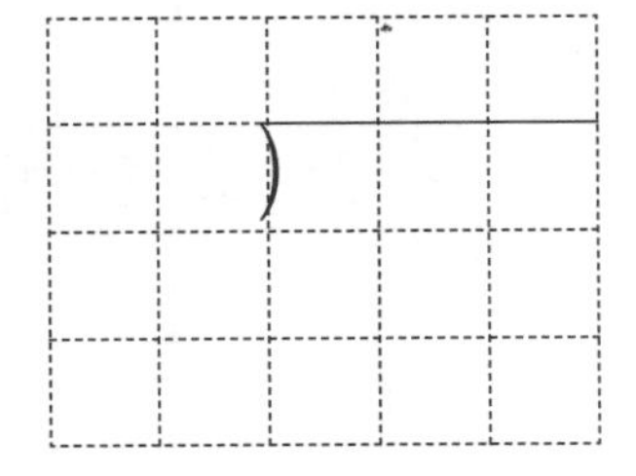

(두 자리 수)÷(두 자리 수) ①

● **결과 기록지**

① 1~5일차 학습에 걸린 시간을 각각 재서 그래프에 점을 찍습니다.
② 점과 점을 연결하여 기록의 변화를 확인합니다.
③ 오답 수를 세어 오답 수 칸에 씁니다.

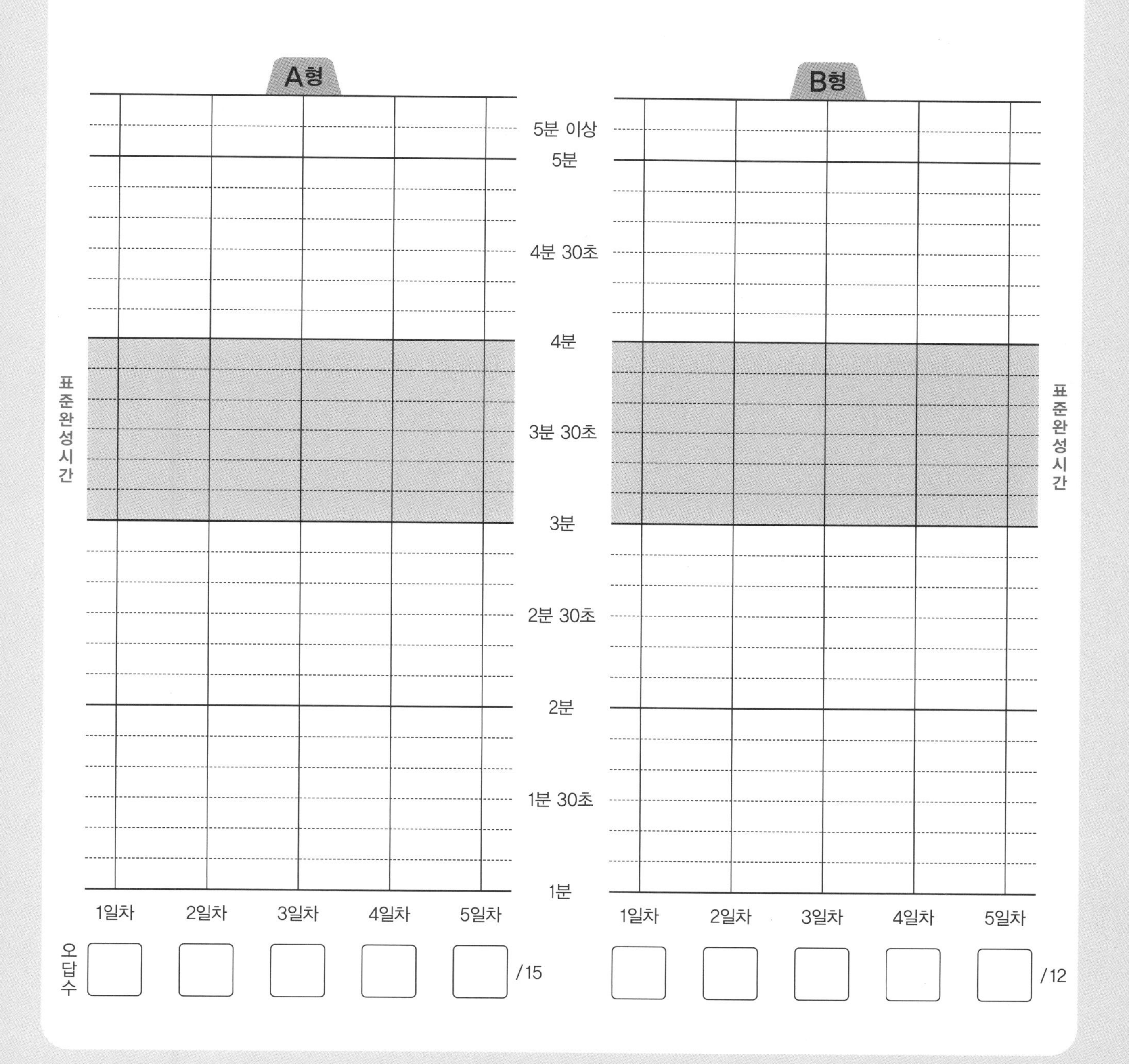

(두 자리 수)÷(두 자리 수) ①

● 나누어떨어지는 (두 자리 수)÷(두 자리 수)

81÷27에서 나뉠 수 81에 나누는 수 27이 몇 번 들어갈 수 있는지 어림해서 알아보면 몫을 쉽게 구할 수 있습니다.
나누는 수 27이 30에 가까우므로 나누는 수를 30이라고 생각하면 몫을 어림하기가 쉽습니다.
몫을 2로 어림했을 때, 27이 2번이면 54이고 나머지가 27이 됩니다. 나머지 27이 나누는 수 27과 같으므로 1번 더 들어갈 수 있습니다.
몫을 4로 어림했을 때, 27이 4번이면 108이고, 108은 나뉠 수 81보다 크므로 4번까지는 들어갈 수 없습니다.
27이 3번이면 81이므로 81에는 27이 3번 들어갈 수 있습니다.
따라서 81÷27의 몫은 3이고, 나머지는 없습니다.

보기

			2
2	7	)8	1
		5	4
		2	7

27이 2번이면 54이고 나머지가 27입니다. 나머지 27이 나누는 수 27과 같으므로 몫을 더 크게 생각해야 합니다.

⇨

			3
2	7	)8	1
		8	1
			0

27이 3번이면 81이고 나머지는 없습니다.

⇦

				4
2	7	)	8	1
		1	0	8

27이 4번이면 108이고 나뉠 수 81보다 크므로 몫을 더 작게 생각해야 합니다.

1 일차 (두 자리 수)÷(두 자리 수) ①

● 표준완성시간 : 3~4분

날짜	월 일
시간	분 초
오답 수	/ 15

★ 나눗셈을 하시오.

① 12)36

② 24)48

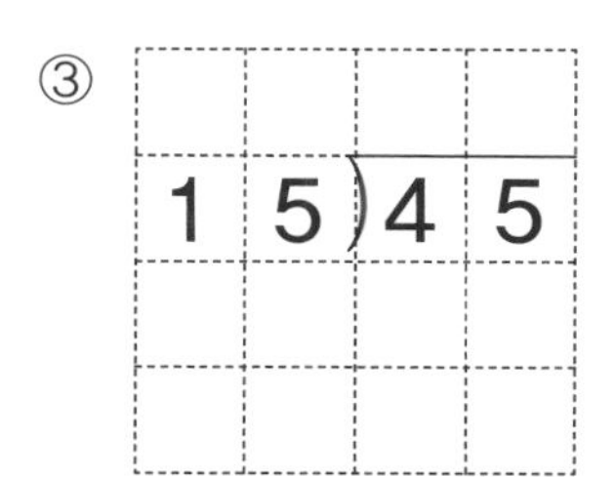

③ 15)45

④ 25)50

⑤ 20)60

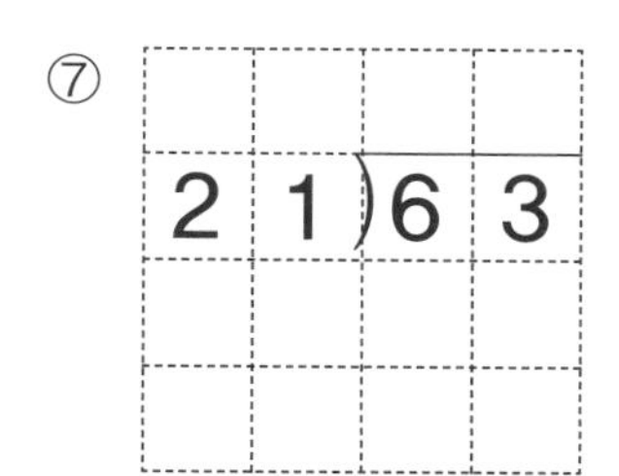

⑥ 11)44

⑦ 21)63

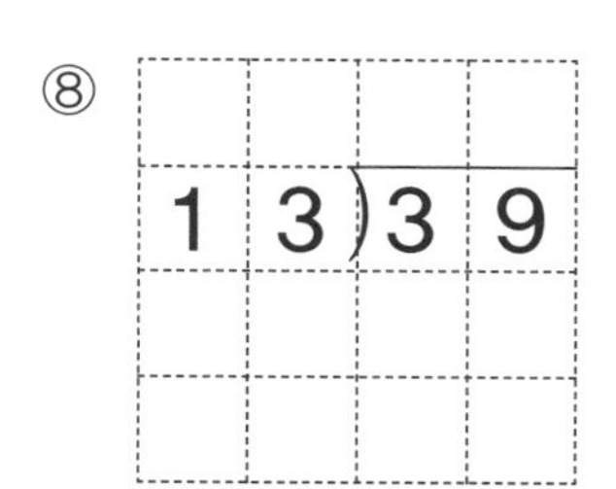

⑧ 13)39

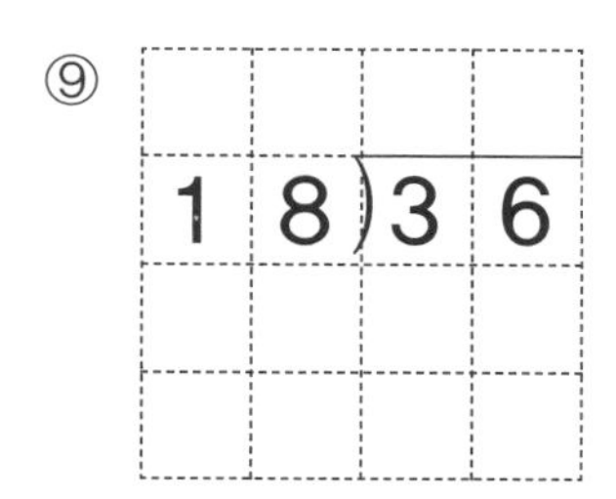

⑨ 18)36

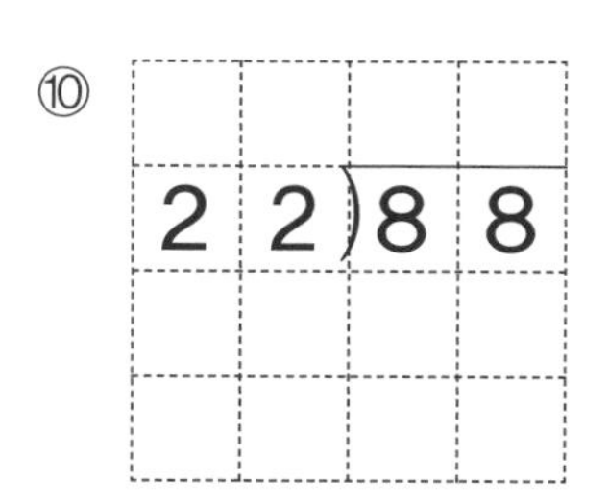

⑩ 22)88

⑪ 16)48

⑫ 32)96

⑬ 15)60

⑭ 21)84

⑮ 13)52

● 표준완성시간 : 3~4분

B형

날짜	월	일
시간	분	초
오답 수	/	12

(두 자리 수)÷(두 자리 수) ①

★ 나눗셈을 하시오.

① 64÷32

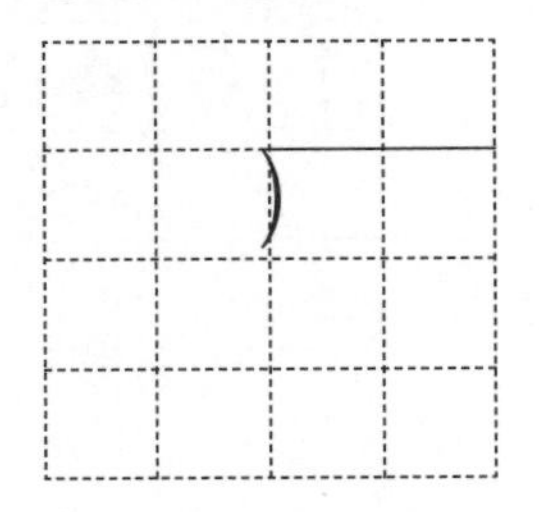

② 75÷15

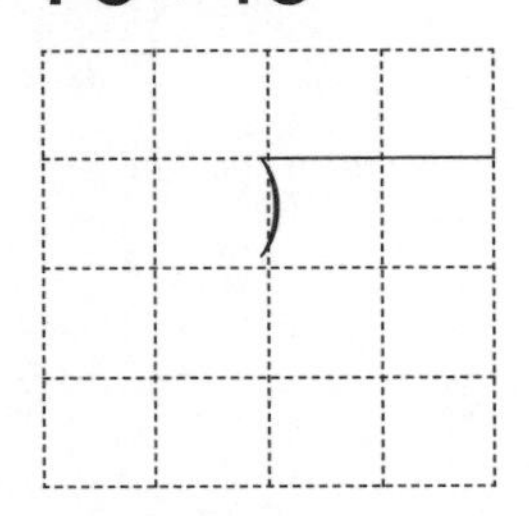

③ 48÷12

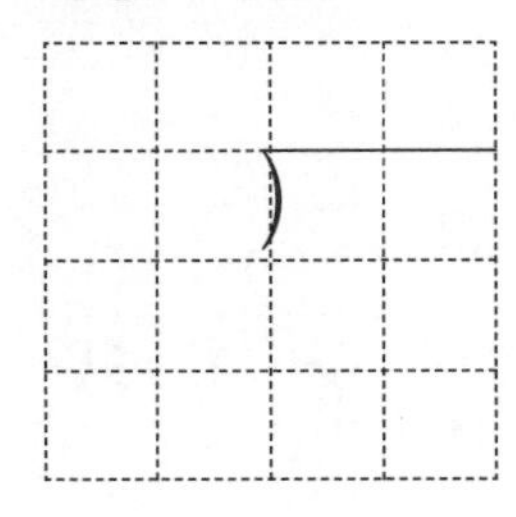

④ 64÷16

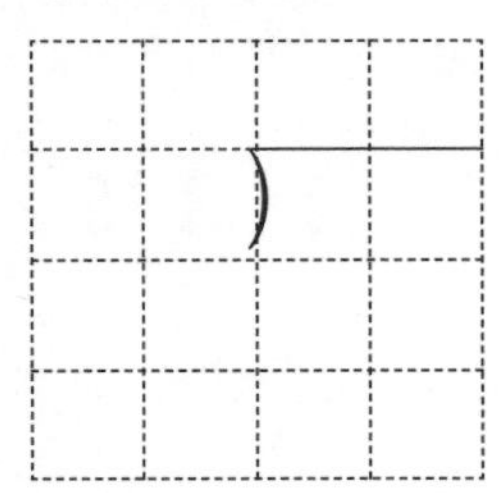

⑤ 42÷14

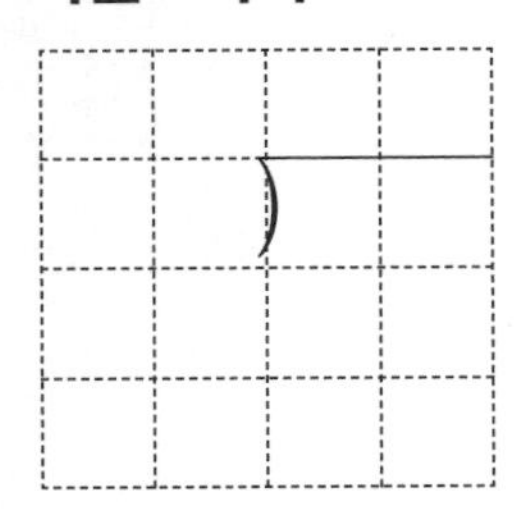

⑥ 54÷18

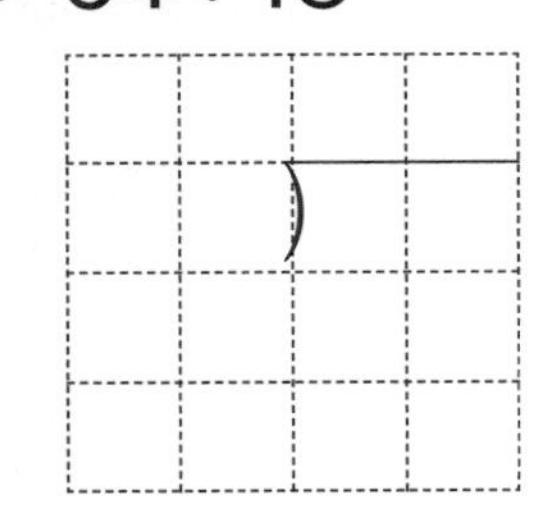

⑦ 75÷25

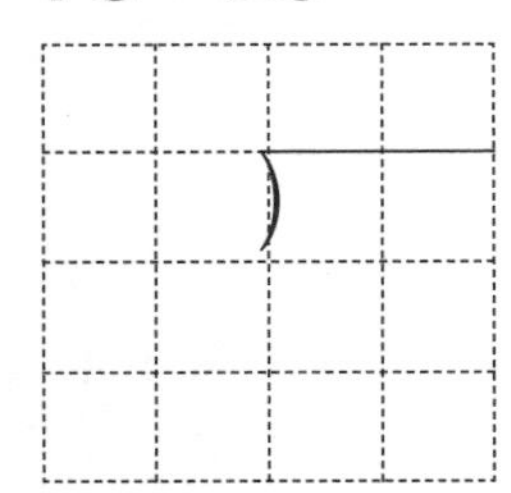

⑧ 96÷12

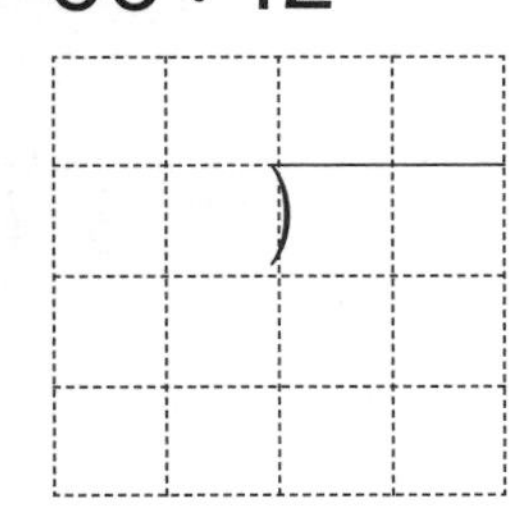

⑨ 72÷24

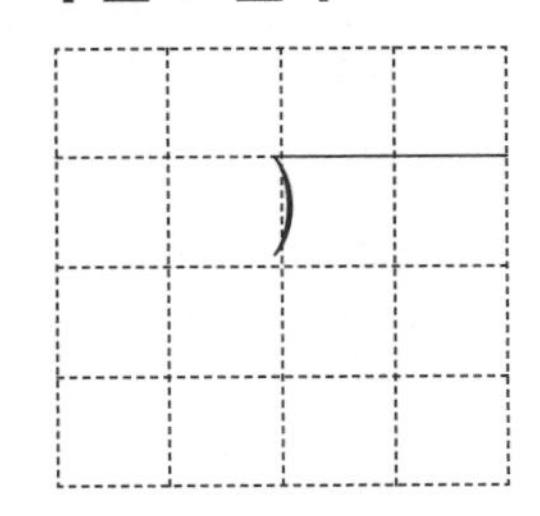

⑩ 84÷42

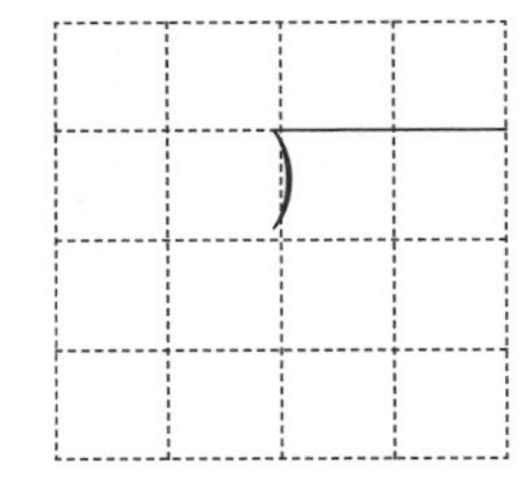

⑪ 68÷34

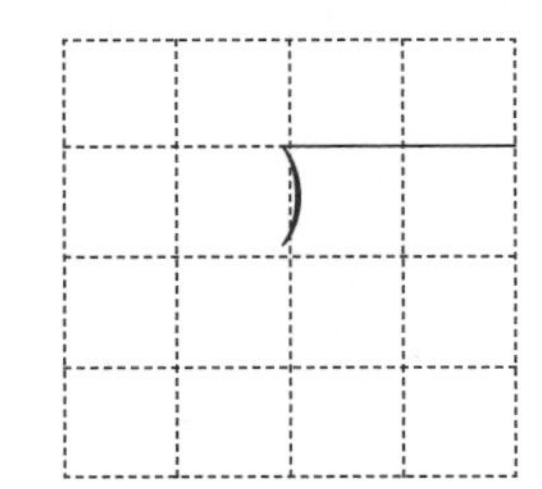

⑫ 34÷17

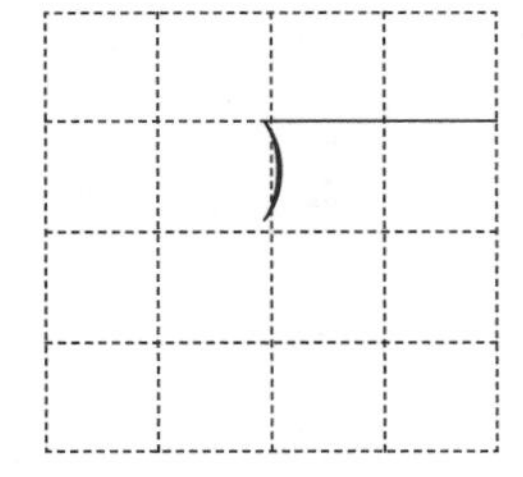

(두 자리 수)÷(두 자리 수) ①

● 표준완성시간 : 3~4분

날짜	월 일
시간	분 초
오답 수	/ 15

A형

★ 나눗셈을 하시오.

① $31\overline{)62}$

② $12\overline{)60}$

③ $15\overline{)90}$

④ $43\overline{)86}$

⑤ $16\overline{)96}$

⑥ $18\overline{)72}$

⑦ $13\overline{)78}$

⑧ $22\overline{)66}$

⑨ $17\overline{)51}$

⑩ $15\overline{)30}$

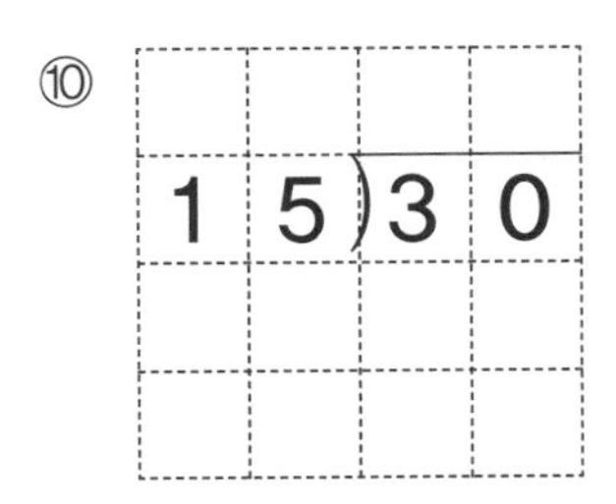

⑪ $26\overline{)52}$

⑫ $19\overline{)38}$

⑬ $23\overline{)69}$

⑭ $18\overline{)90}$

⑮ $27\overline{)54}$

• 표준완성시간 : 3~4분

B형

날짜	월	일
시간	분	초
오답 수	/	12

(두 자리 수)÷(두 자리 수) ①

★ 나눗셈을 하시오.

① 91÷13

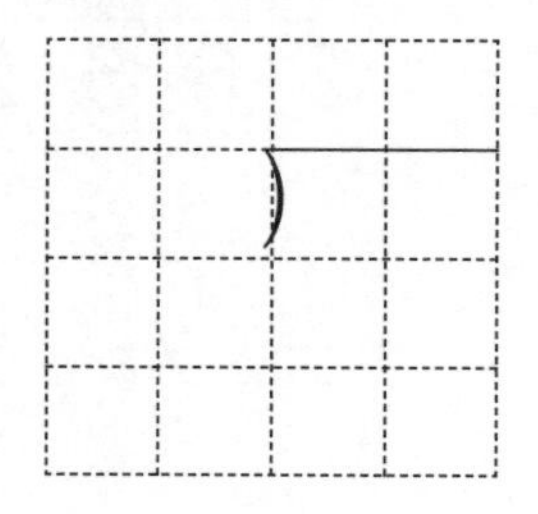

② 68÷17

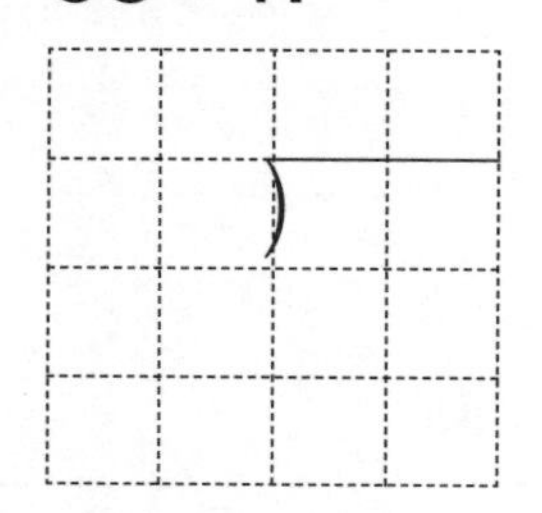

③ 33÷11

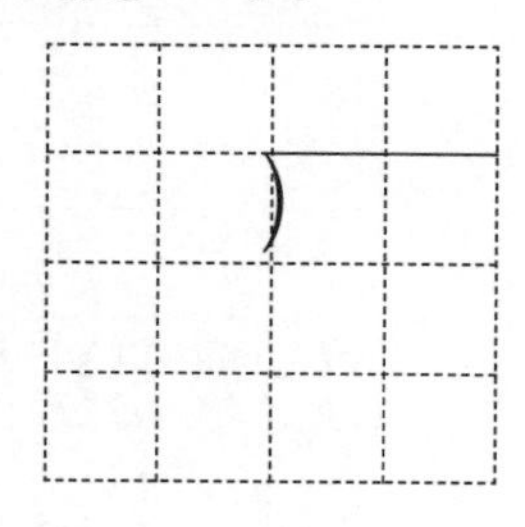

④ 80÷16

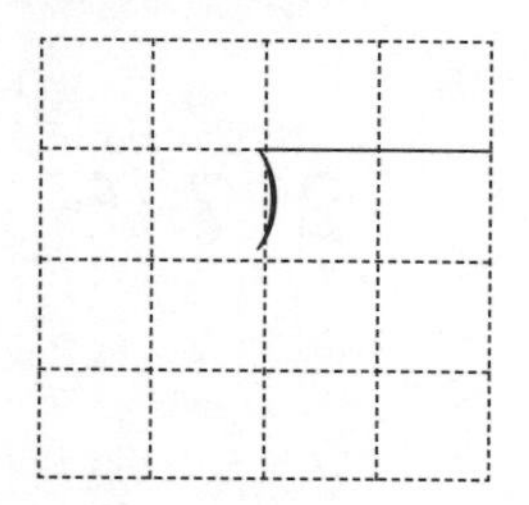

⑤ 99÷33

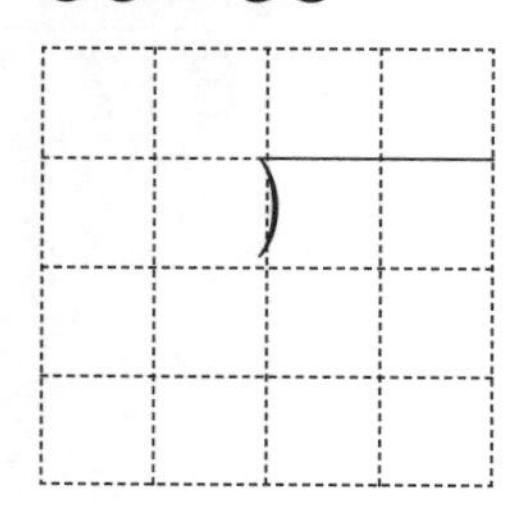

⑥ 46÷23

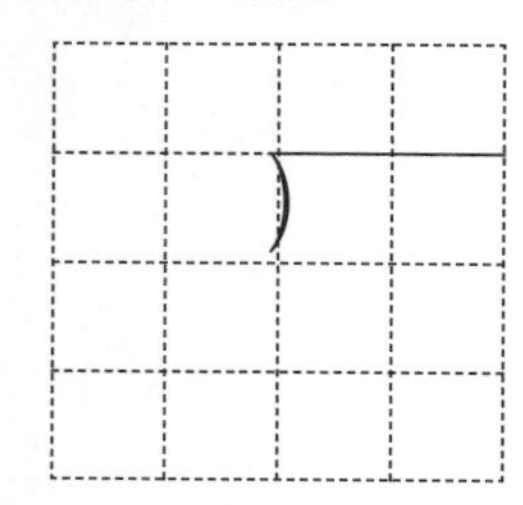

⑦ 74÷37

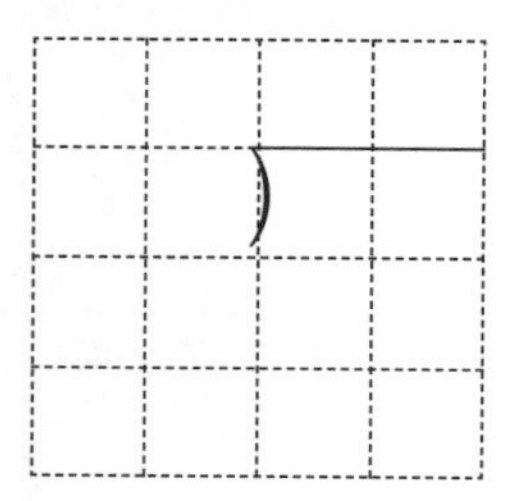

⑧ 72÷12

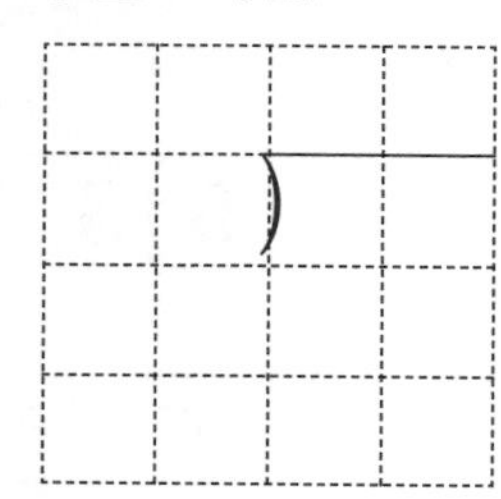

⑨ 58÷29

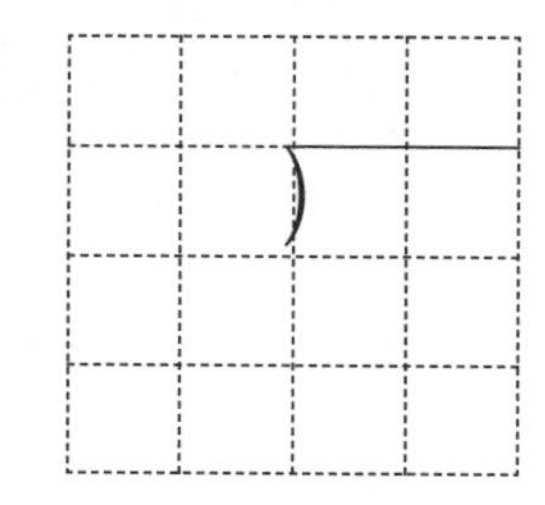

⑩ 78÷26

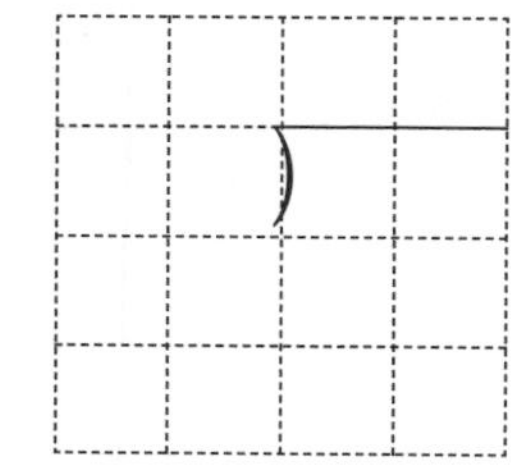

⑪ 93÷31

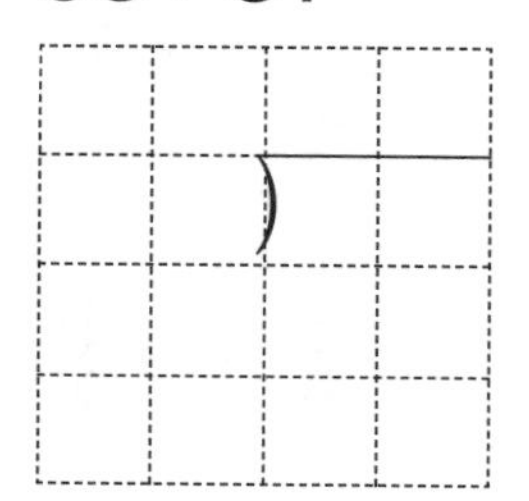

⑫ 92÷23

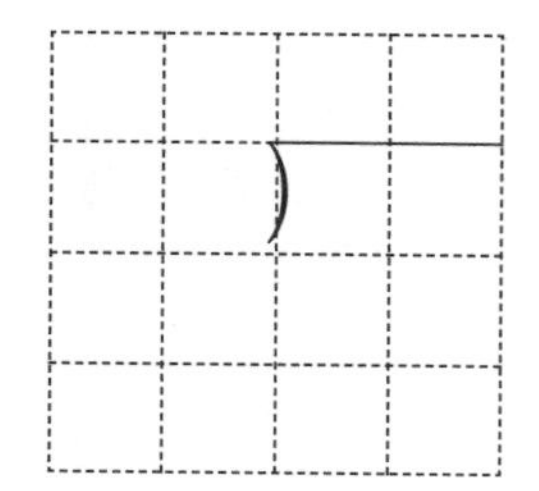

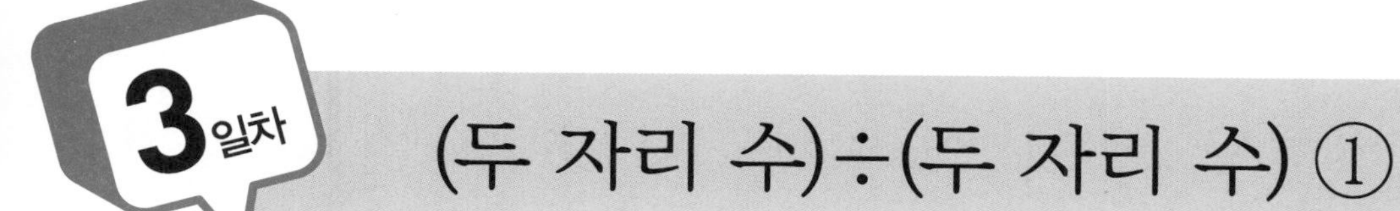

3일차 (두 자리 수)÷(두 자리 수) ①

● 표준완성시간 : 3~4분

날짜	월	일
시간	분	초
오답 수		/ 15

A형

★ 나눗셈을 하시오.

① 22)44

② 24)96

③ 11)66

④ 12)84

⑤ 27)81

⑥ 47)94

⑦ 39)78

⑧ 14)84

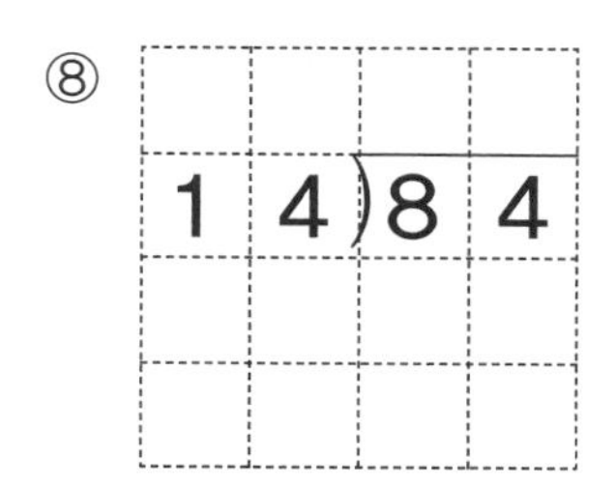

⑨ 35)70

⑩ 36)72

⑪ 19)95

⑫ 41)82

⑬ 49)98

⑭ 48)96

⑮ 29)87

날짜	월	일
시간	분	초
오답 수	/	12

(두 자리 수)÷(두 자리 수) ①

★ 나눗셈을 하시오.

① 66÷33

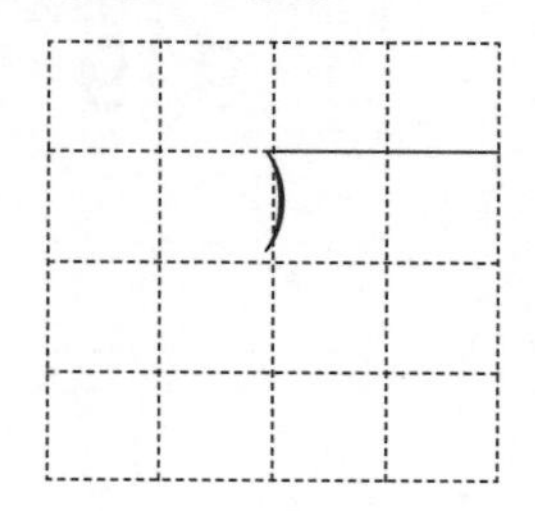

② 80÷20

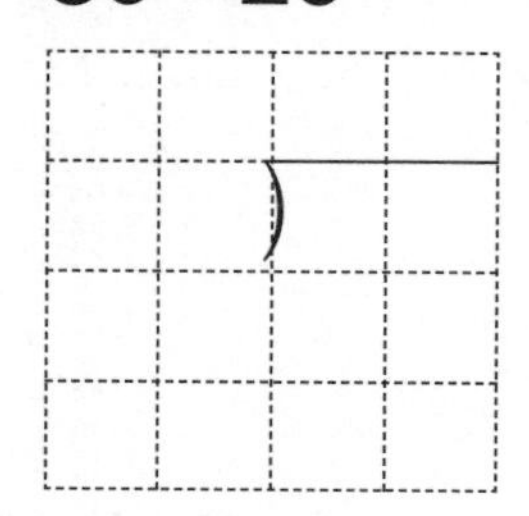

③ 70÷14

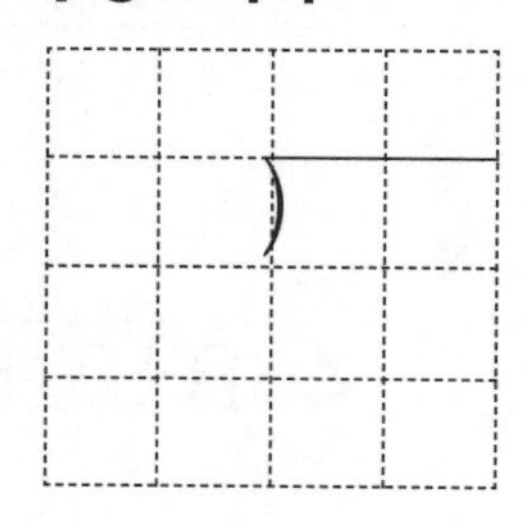

④ 85÷17

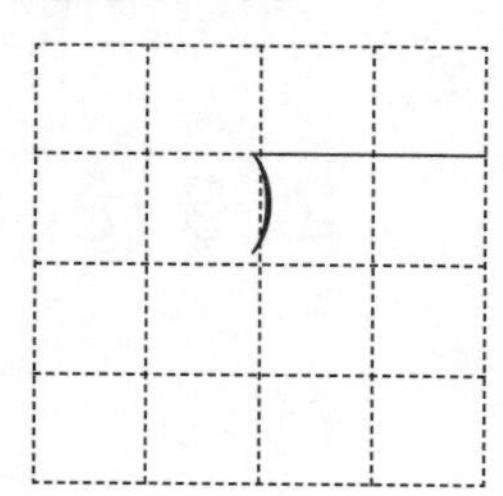

⑤ 98÷14

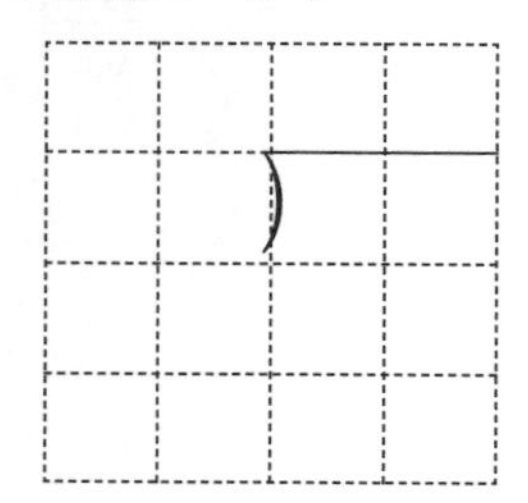

⑥ 57÷19

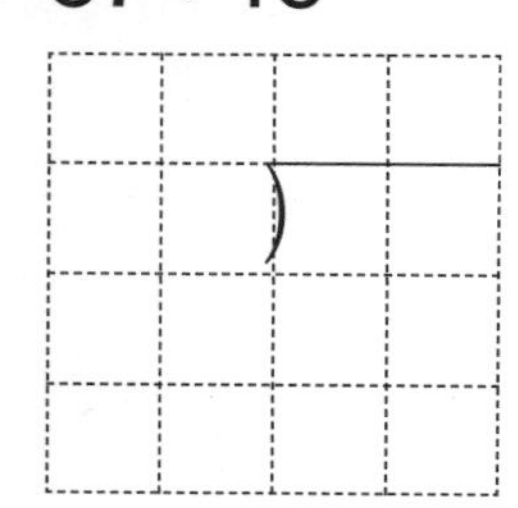

⑦ 65÷13

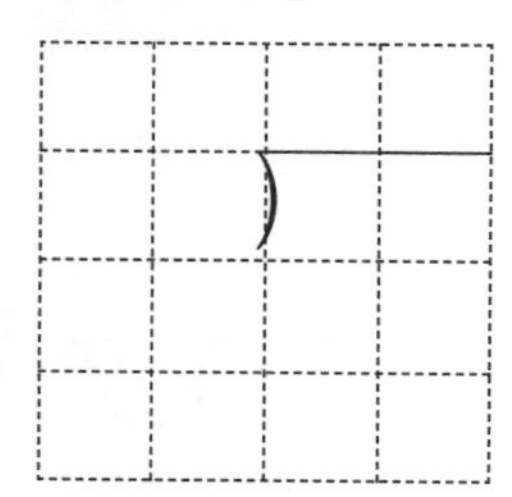

⑧ 42÷21

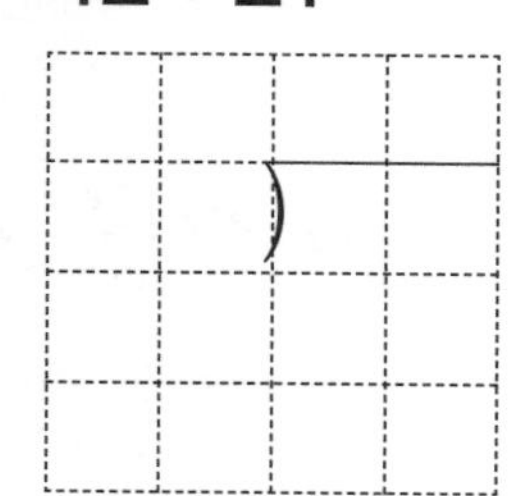

⑨ 96÷16

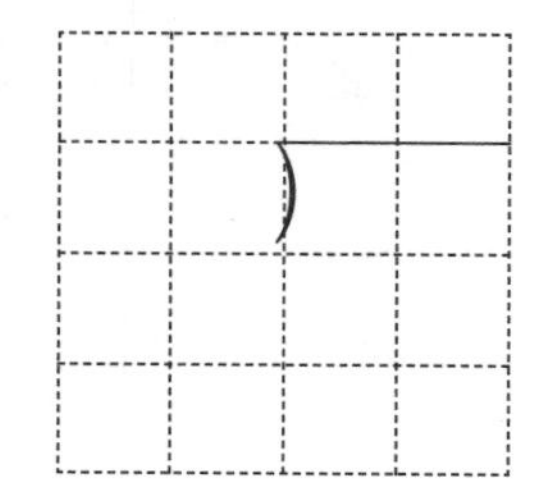

⑩ 88÷11

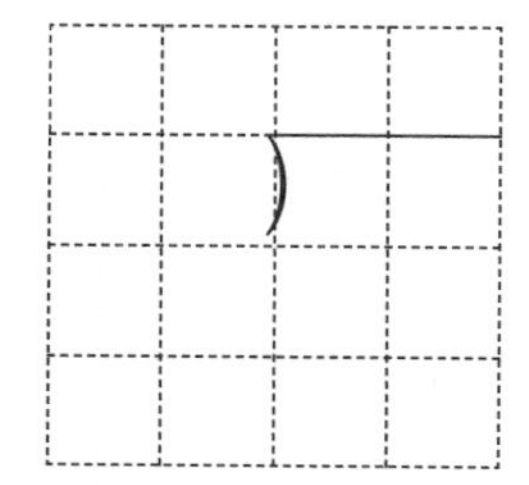

⑪ 69÷23

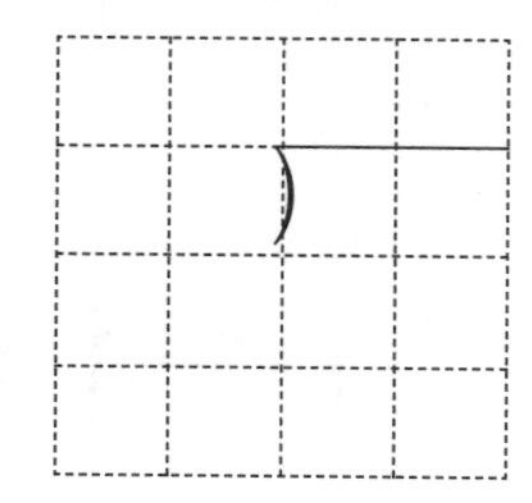

⑫ 90÷45

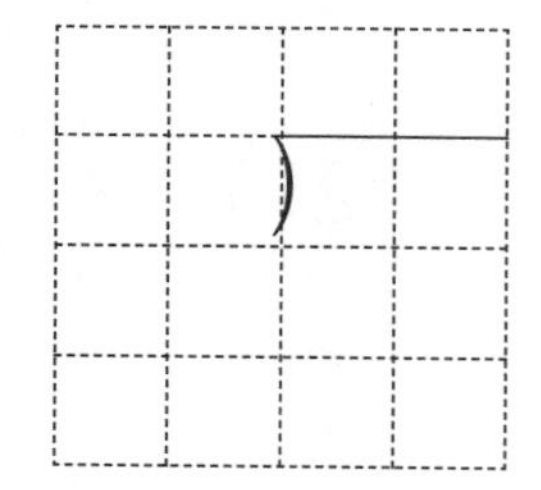

4일차

(두 자리 수)÷(두 자리 수) ①

● 표준완성시간 : 3~4분

날짜	월	일
시간	분	초
오답 수	/	15

A형

★ 나눗셈을 하시오.

① 13)26

② 14)56

③ 20)40

④ 38)76

⑤ 28)84

⑥ 19)76

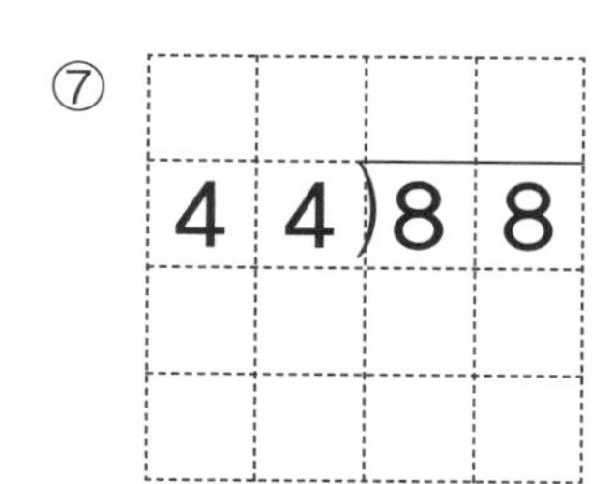

⑦ 44)88

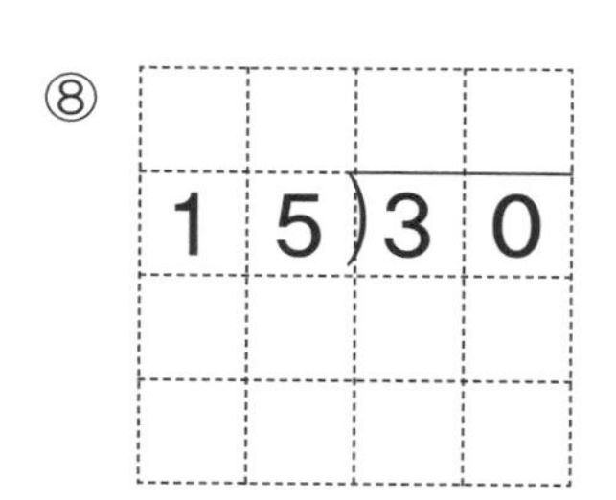

⑧ 15)30

⑨ 16)32

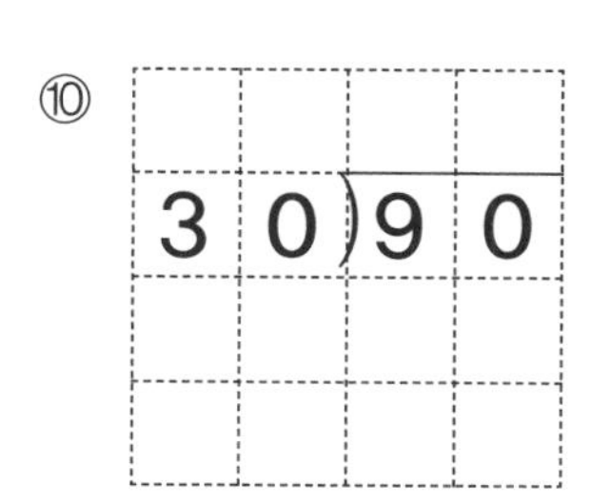

⑩ 30)90

⑪ 28)56

⑫ 11)99

⑬ 46)92

⑭ 14)28

⑮ 23)92

● 표준완성시간 : 3~4분

날짜	월 일
시간	분 초
오답 수	/ 12

(두 자리 수)÷(두 자리 수) ①

★ 나눗셈을 하시오.

① 51÷17

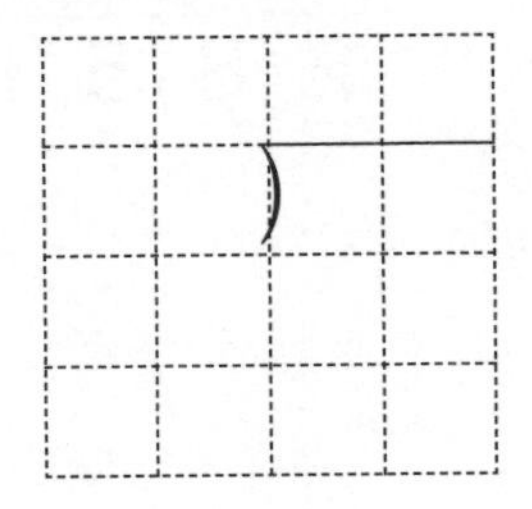

⑤ 90÷15

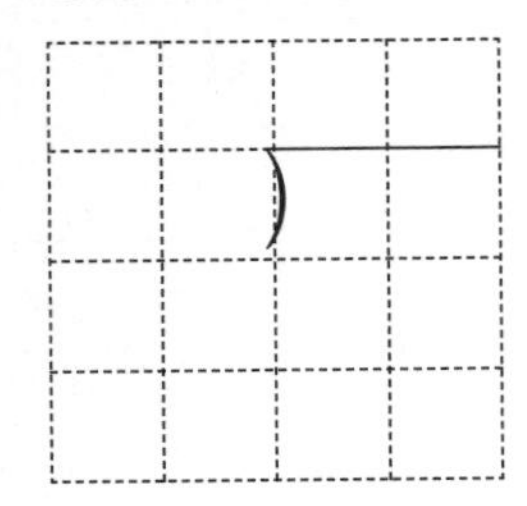

⑨ 95÷19

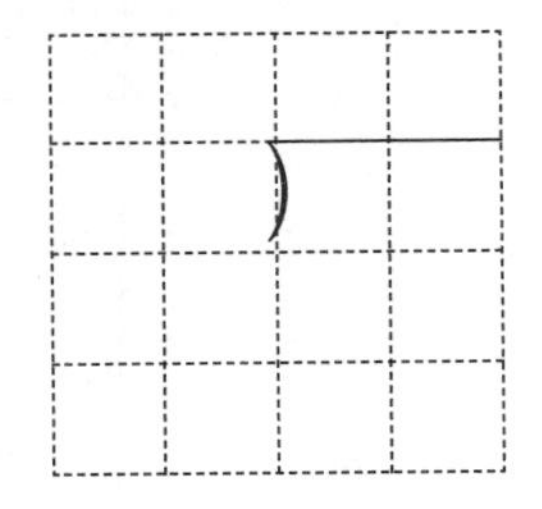

② 70÷35

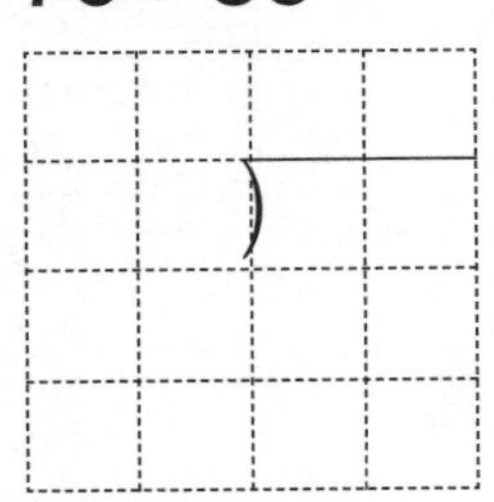

⑥ 84÷12

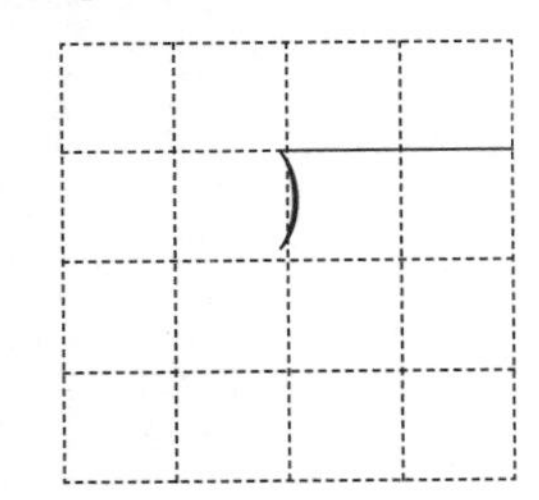

⑩ 52÷26

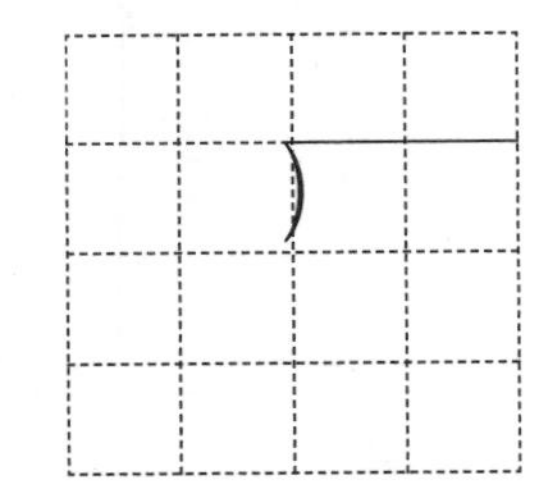

③ 72÷18

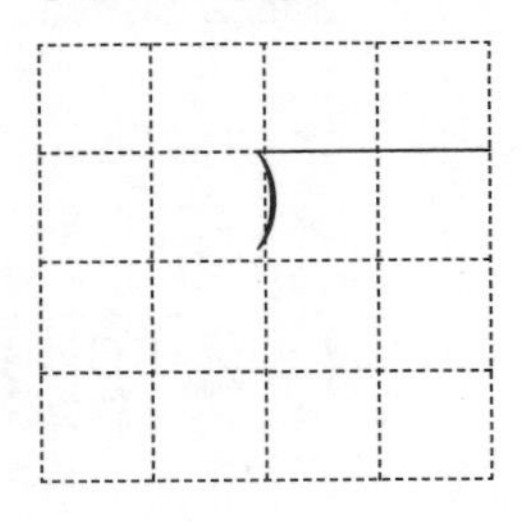

⑦ 63÷21

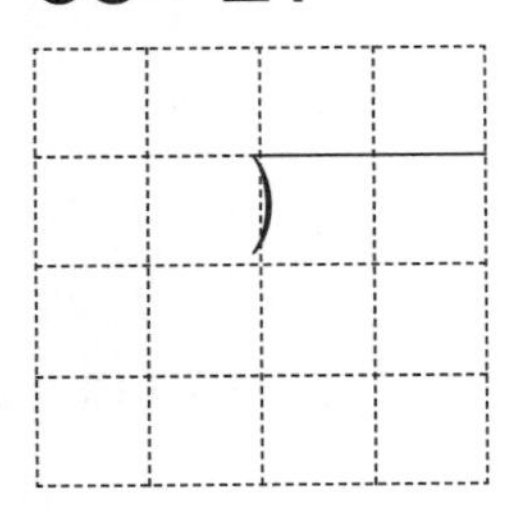

⑪ 78÷13

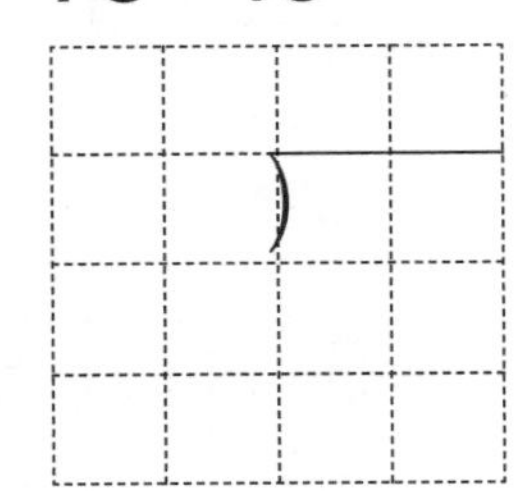

④ 96÷32

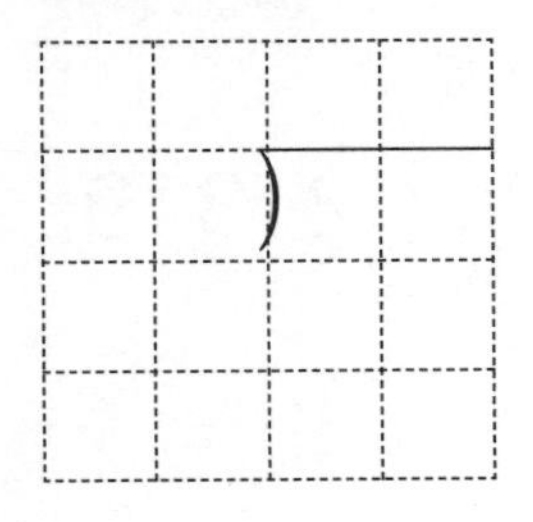

⑧ 96÷24

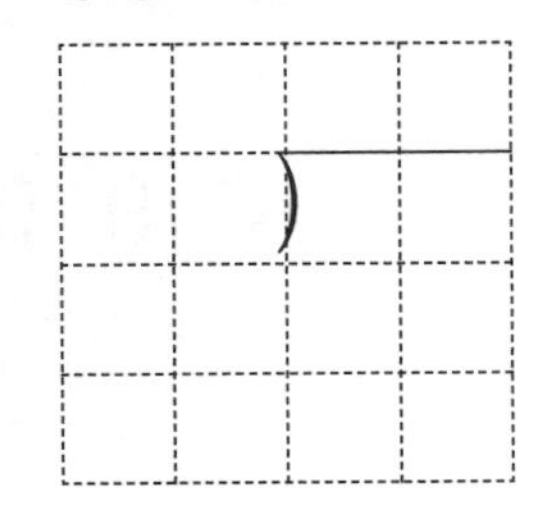

⑫ 86÷43

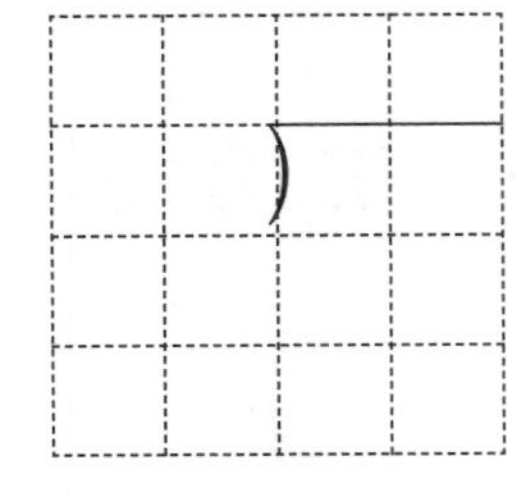

(두 자리 수)÷(두 자리 수) ①

● 표준완성시간 : 3~4분

날짜	월 일
시간	분 초
오답 수	/ 15

A형

★ 나눗셈을 하시오.

① $30\overline{)60}$

② $18\overline{)54}$

③ $15\overline{)75}$

④ $16\overline{)80}$

⑤ $23\overline{)69}$

⑥ $13\overline{)91}$

⑦ $24\overline{)72}$

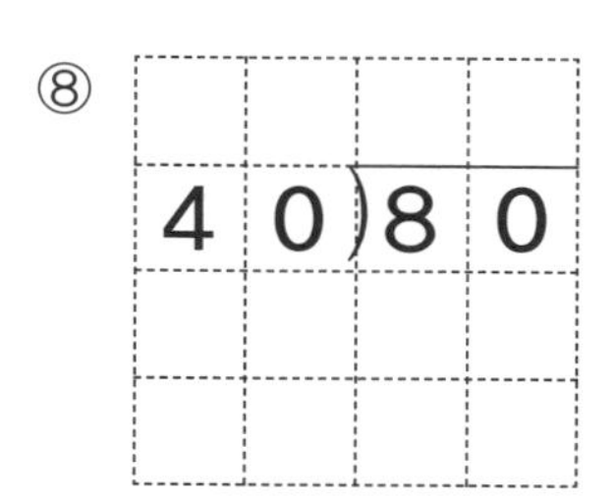

⑧ $40\overline{)80}$

⑨ $19\overline{)57}$

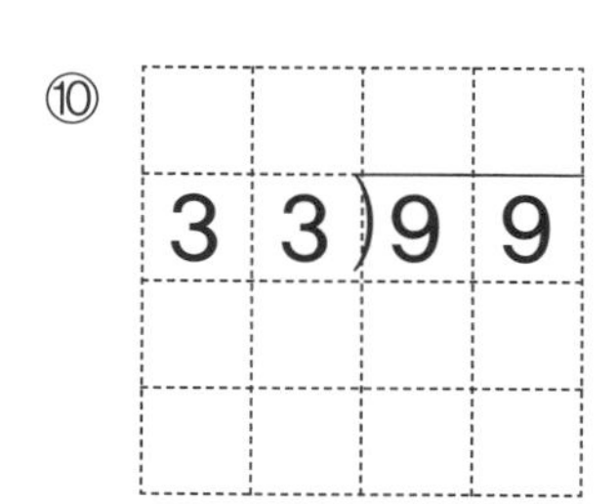

⑩ $33\overline{)99}$

⑪ $14\overline{)42}$

⑫ $37\overline{)74}$

⑬ $12\overline{)24}$

⑭ $26\overline{)78}$

⑮ $17\overline{)34}$

• 표준완성시간 : 3~4분

B형

날짜	월	일
시간	분	초
오답 수	/	12

(두 자리 수)÷(두 자리 수) ①

★ 나눗셈을 하시오.

① 84÷21

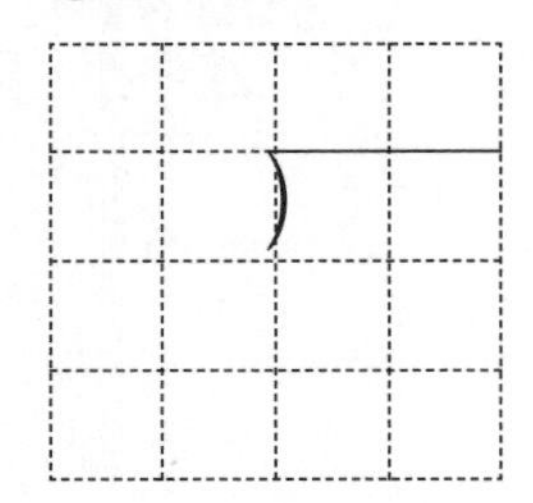

② 77÷11

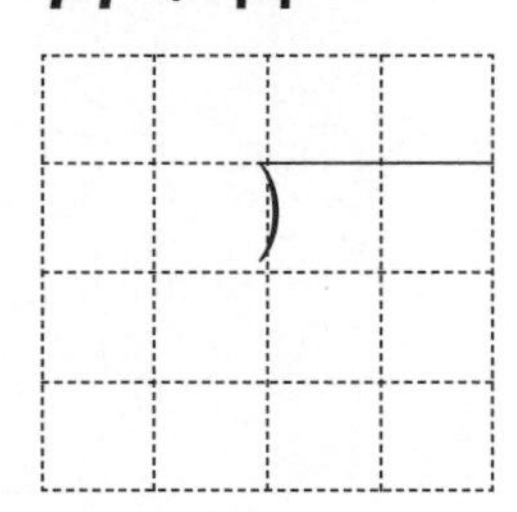

③ 90÷18

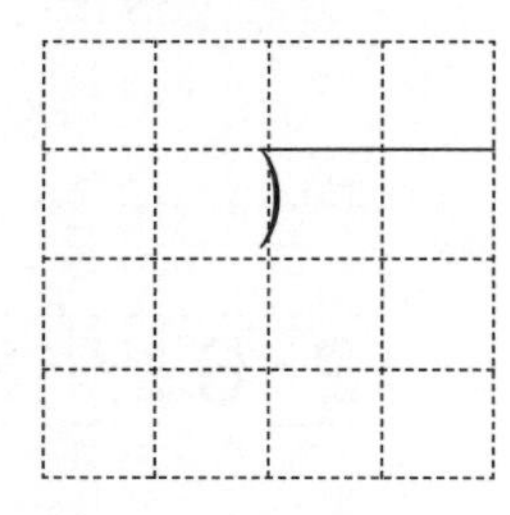

④ 60÷30

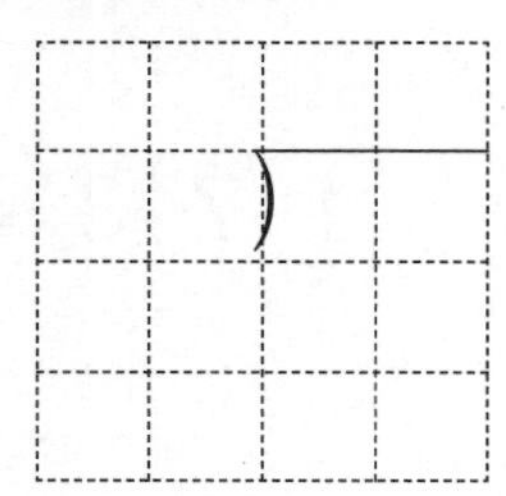

⑤ 81÷27

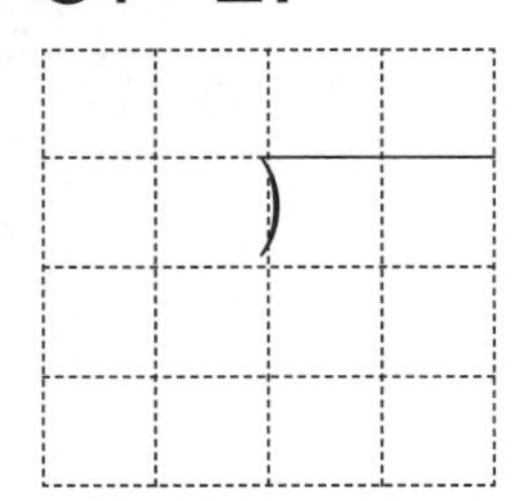

⑥ 52÷13

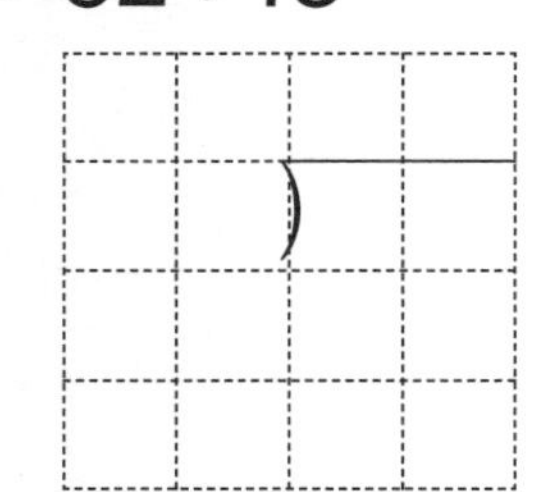

⑦ 84÷14

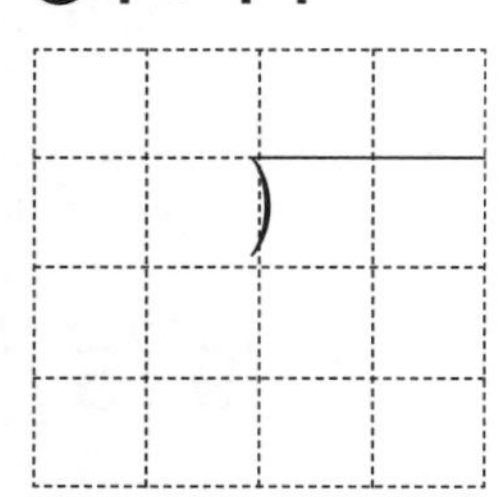

⑧ 48÷16

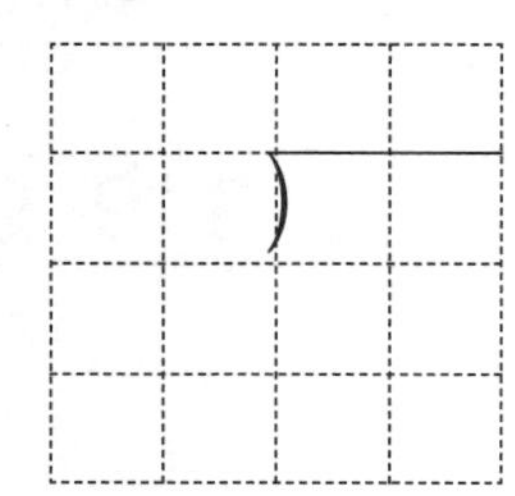

⑨ 38÷19

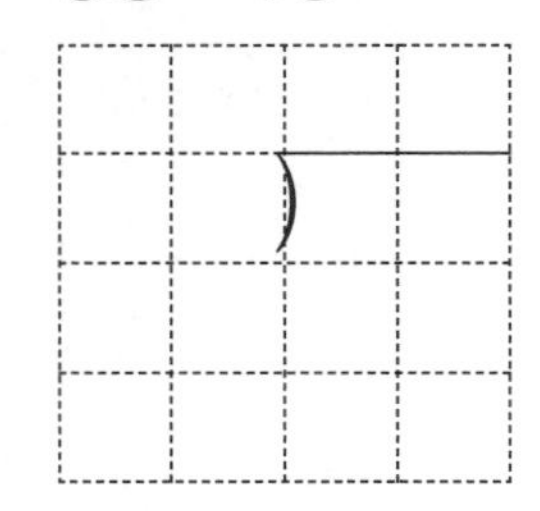

⑩ 87÷29

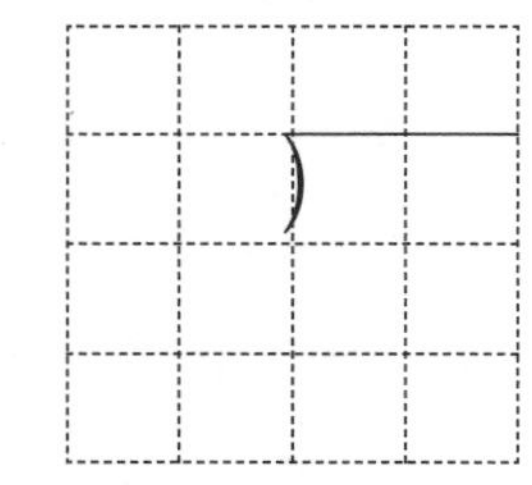

⑪ 78÷39

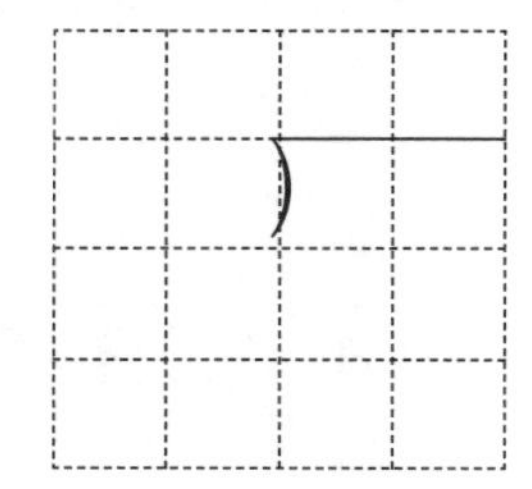

⑫ 84÷28

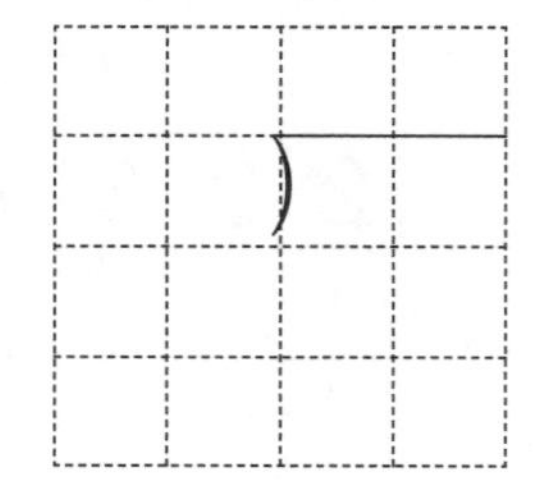

(두 자리 수)÷(두 자리 수) ②

● **결과 기록지**

① 1~5일차 학습에 걸린 시간을 각각 재서 그래프에 점을 찍습니다.
② 점과 점을 연결하여 기록의 변화를 확인합니다.
③ 오답 수를 세어 오답 수 칸에 씁니다.

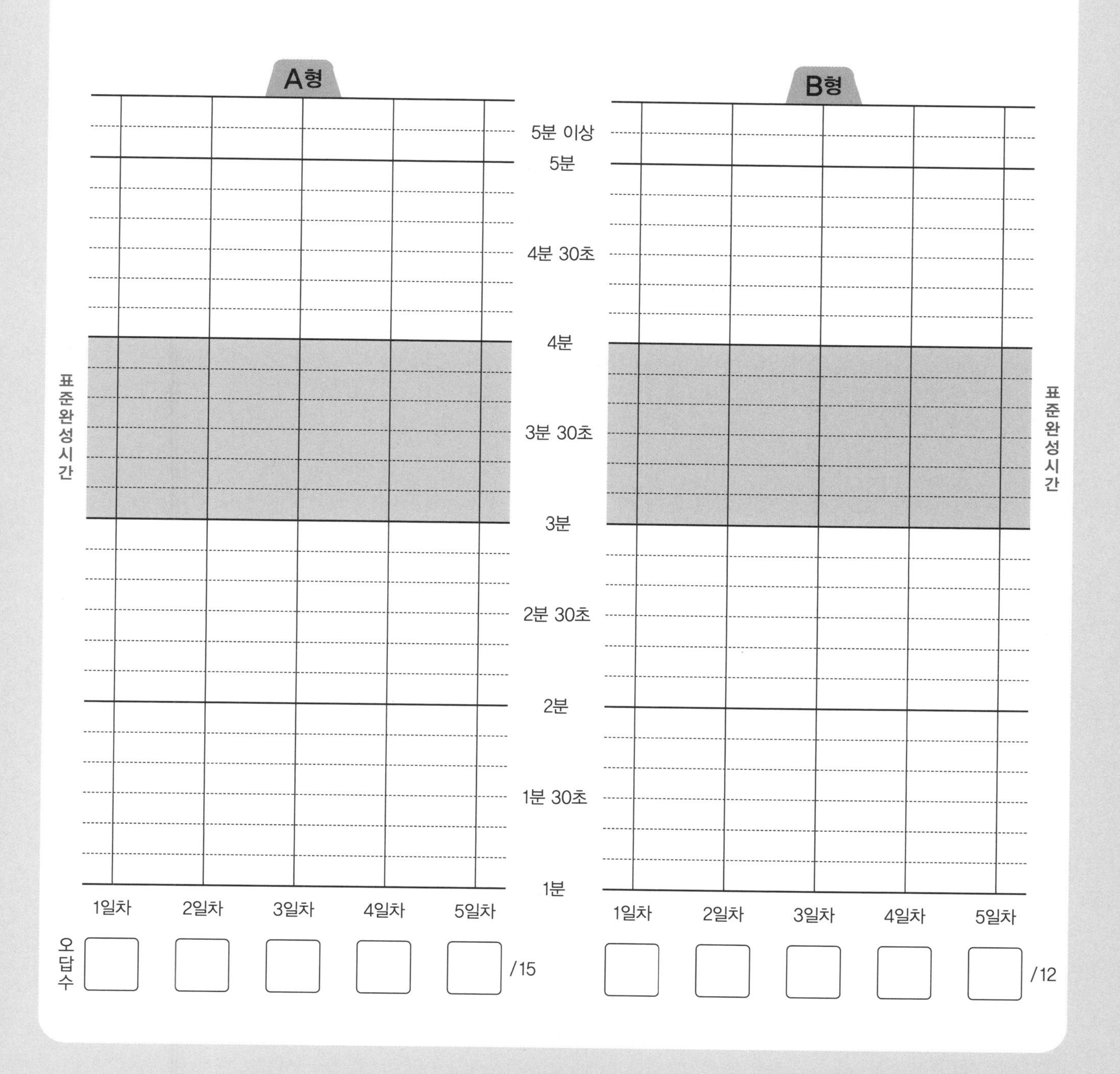

(두 자리 수)÷(두 자리 수) ②

● 나머지가 있는 (두 자리 수)÷(두 자리 수)

78÷19에서 나뉠 수 78에 나누는 수 19가 몇 번 들어갈 수 있는지 어림해서 알아보면 몫을 쉽게 구할 수 있습니다.
나누는 수 19가 20과 가까우므로 나누는 수를 20이라고 생각하면 몫을 어림하기가 쉽습니다.
몫을 3으로 어림했을 때, 19가 3번이면 57이고 나머지가 21이 됩니다. 나머지 21이 나누는 수 19보다 크므로 3번보다 더 많이 들어갈 수 있습니다.
몫을 5로 어림했을 때, 19가 5번이면 95이고, 95는 나뉠 수 78보다 크므로 5번까지는 들어갈 수 없습니다.
19가 4번이면 76이므로 78에는 19가 4번 들어갈 수 있습니다.
따라서 78÷19의 몫은 4이고, 나머지는 2입니다

보기

			3
1	9)	7	8
		5	7
		2	1

19가 3번이면 57이고 나머지가 21입니다. 나머지 21이 나누는 수 19보다 크므로 몫을 더 크게 생각해야 합니다.

⇨

			4
1	9)	7	8
		7	6
			2

19가 4번이면 76이고 나머지는 2입니다.

⇦

			5
1	9)	7	8
		9	5

19가 5번이면 95이고 나뉠 수 78보다 크므로 몫을 더 작게 생각해야 합니다.

1 일차

(두 자리 수)÷(두 자리 수) ②

● 표준완성시간 : 3~4분

날짜	월 일
시간	분 초
오답 수	/ 15

A형

★ 나눗셈을 하시오.

① 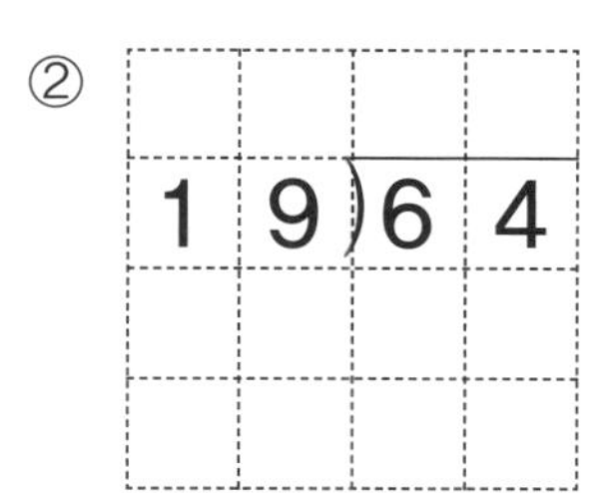
$11\overline{)57}$

② $19\overline{)64}$

③ $15\overline{)33}$

④ $16\overline{)62}$

⑤ $13\overline{)45}$

⑥ 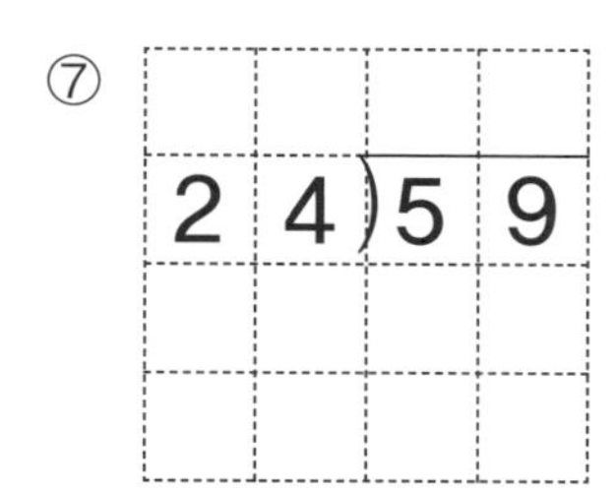
$25\overline{)80}$

⑦ 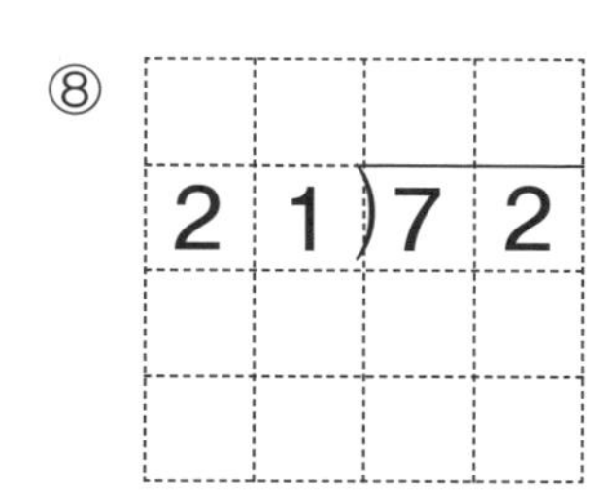
$24\overline{)59}$

⑧ $21\overline{)72}$

⑨ $14\overline{)65}$

⑩ 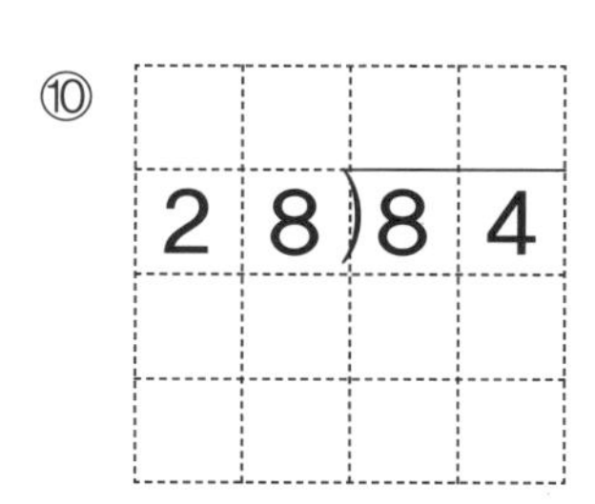
$28\overline{)84}$

⑪ $32\overline{)90}$

⑫ $35\overline{)74}$

⑬ $38\overline{)83}$

⑭ $44\overline{)96}$

⑮ $41\overline{)75}$

● 표준완성시간 : 3~4분

B형

날짜	월	일
시간	분	초
오답 수	/	12

(두 자리 수)÷(두 자리 수) ②

★ 나눗셈을 하시오.

① 50÷12

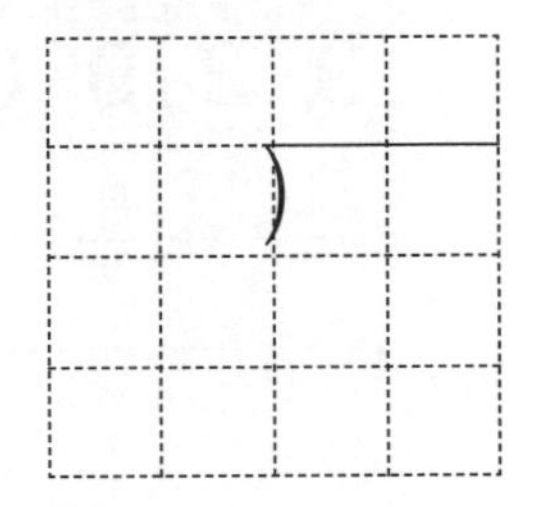

⑤ 70÷22

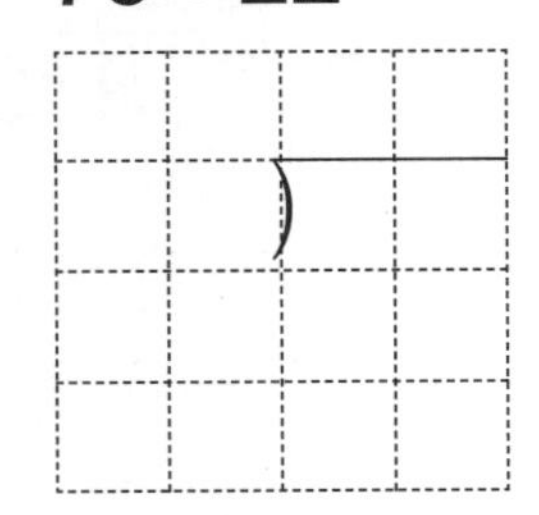

⑨ 67÷31

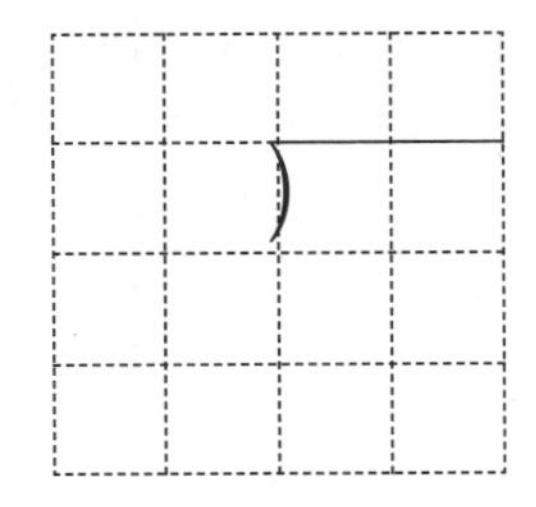

② 48÷18

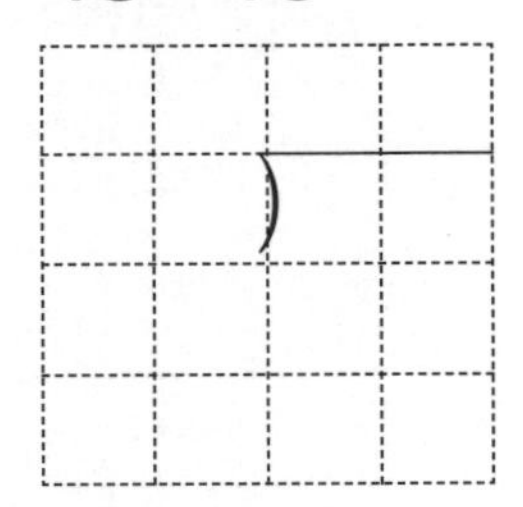

⑥ 52÷26

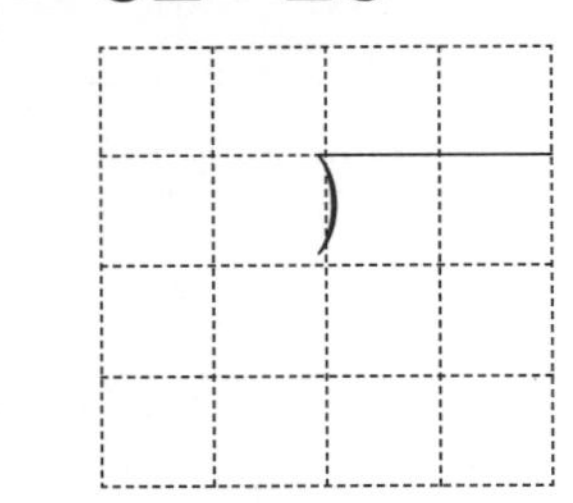

⑩ 88÷34

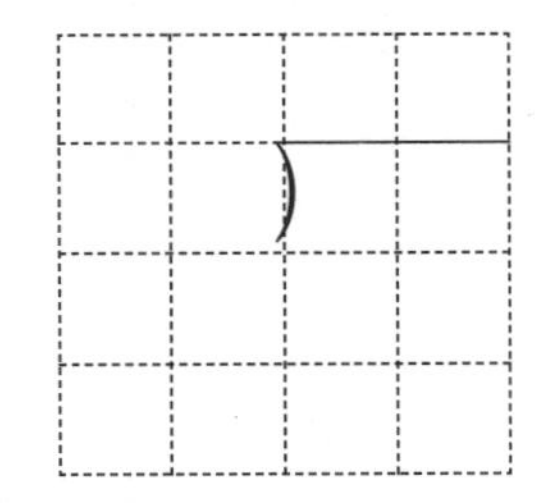

③ 66÷17

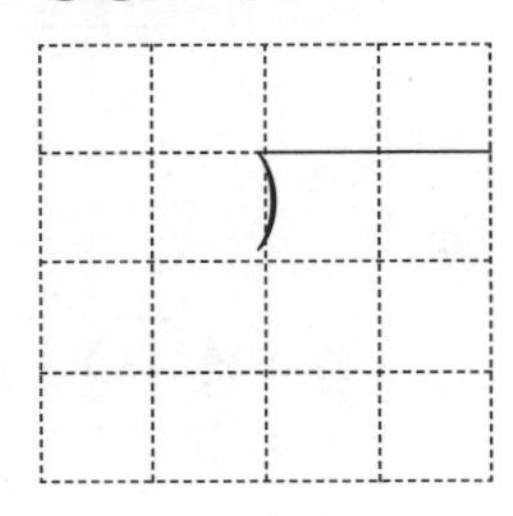

⑦ 82÷24

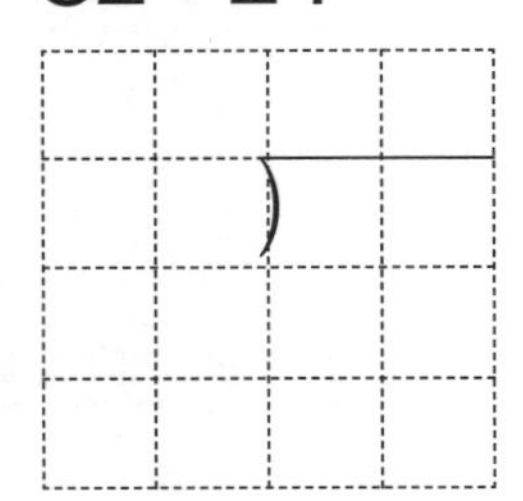

⑪ 94÷35

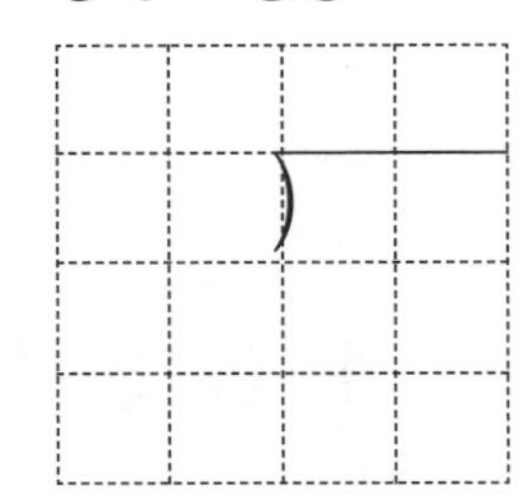

④ 80÷15

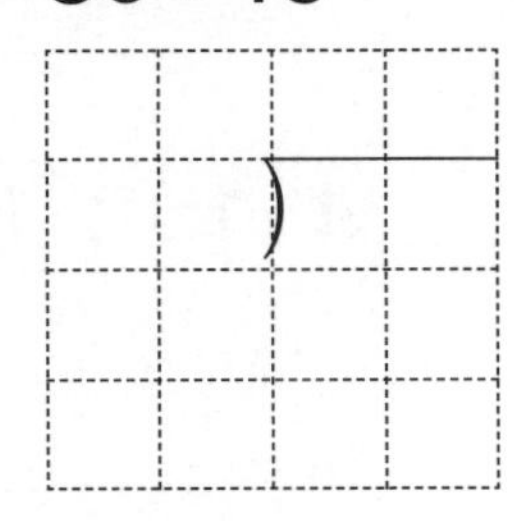

⑧ 90÷28

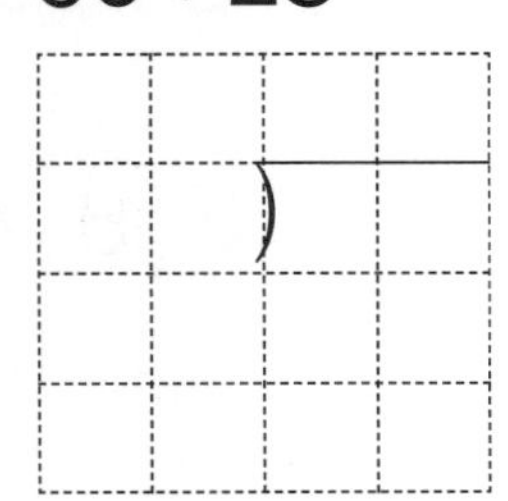

⑫ 58÷46

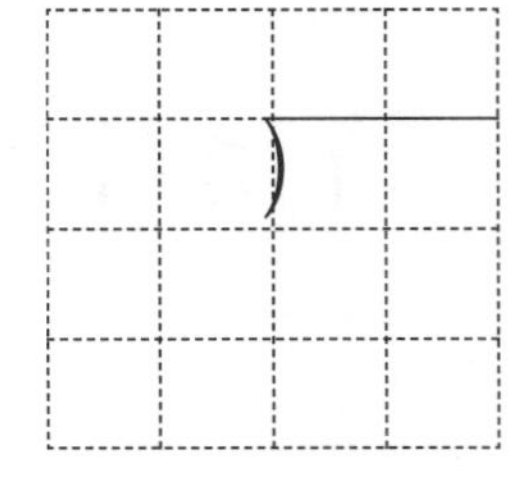

(두 자리 수)÷(두 자리 수) ②

● 표준완성시간 : 3~4분

날짜	월 일
시간	분 초
오답 수	/ 15

A형

★ 나눗셈을 하시오.

① $20\overline{)49}$

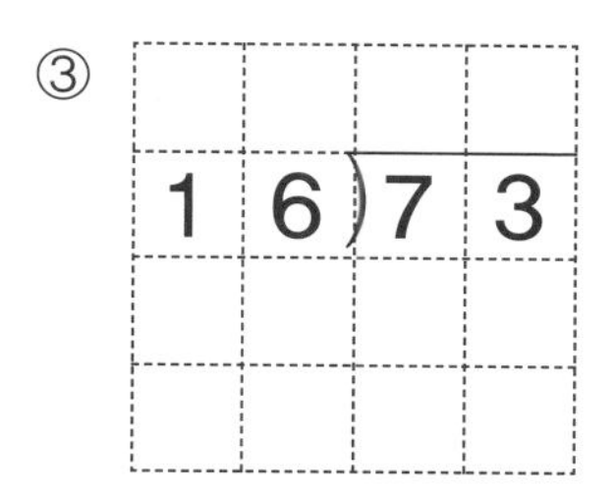

② $13\overline{)36}$

③ $16\overline{)73}$

④ $23\overline{)68}$

⑤ $18\overline{)47}$

⑥ $22\overline{)84}$

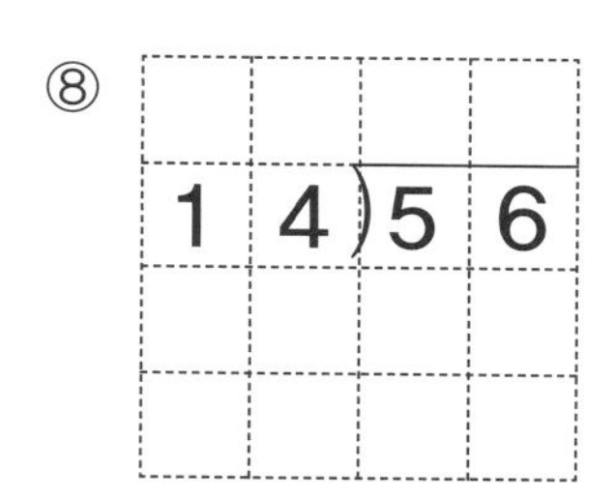

⑦ $33\overline{)71}$

⑧ $14\overline{)56}$

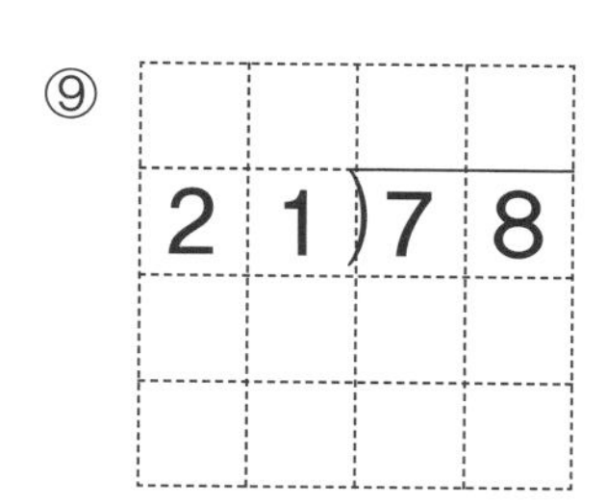

⑨ $21\overline{)78}$

⑩ $45\overline{)98}$

⑪ $36\overline{)61}$

⑫ $27\overline{)76}$

⑬ $12\overline{)46}$

⑭ $25\overline{)54}$

⑮ $43\overline{)99}$

● 표준완성시간 : 3~4분

B형

날짜	월	일
시간	분	초
오답 수	/	12

(두 자리 수)÷(두 자리 수) ②

★ 나눗셈을 하시오.

① 38÷17

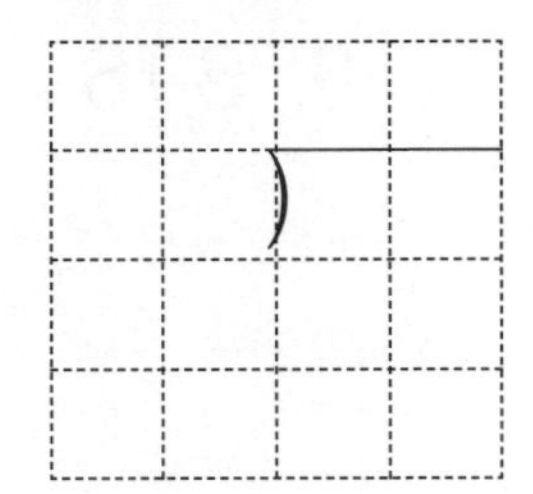

② 60÷23

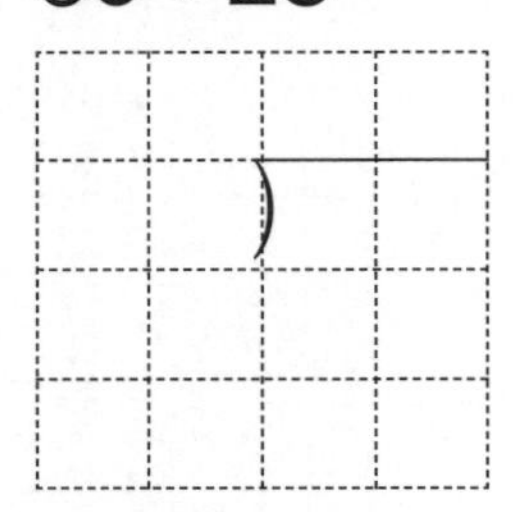

③ 81÷37

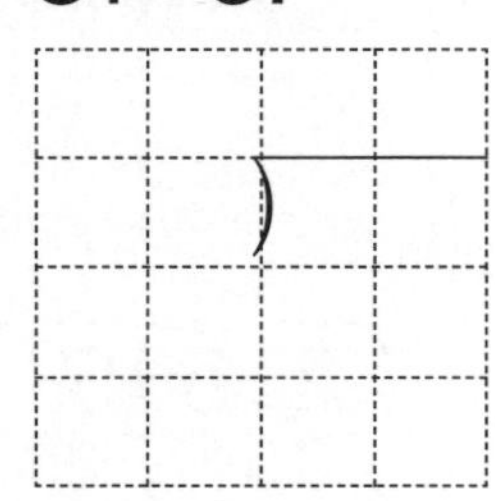

④ 44÷29

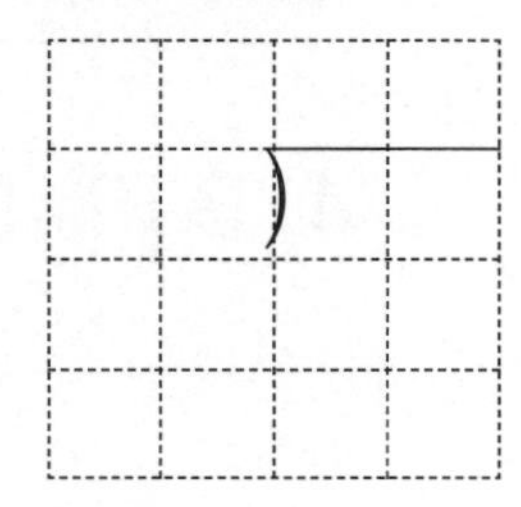

⑤ 35÷11

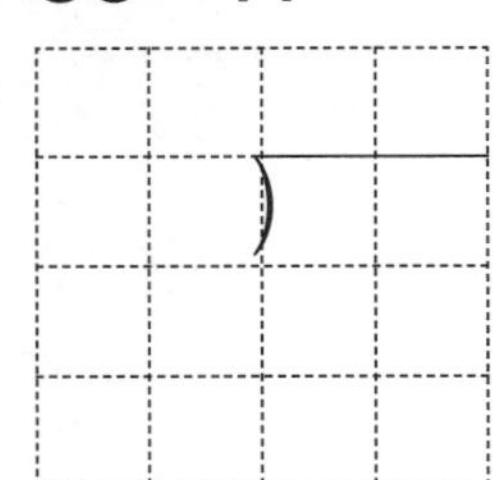

⑥ 77÷26

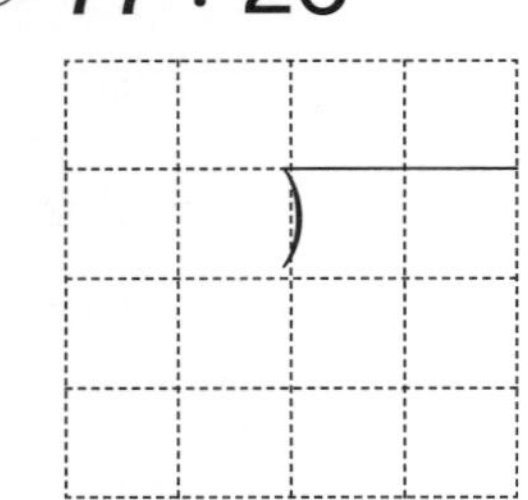

⑦ 52÷30

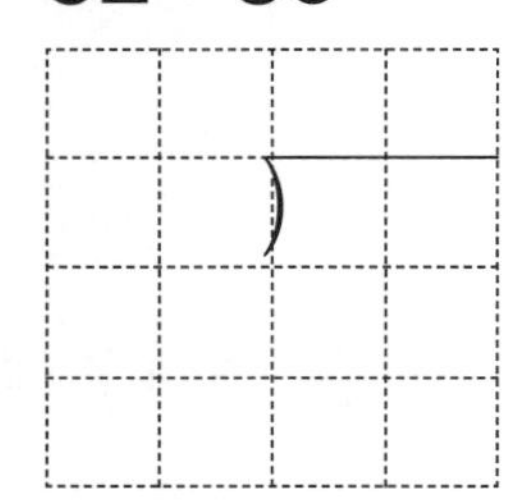

⑧ 93÷39

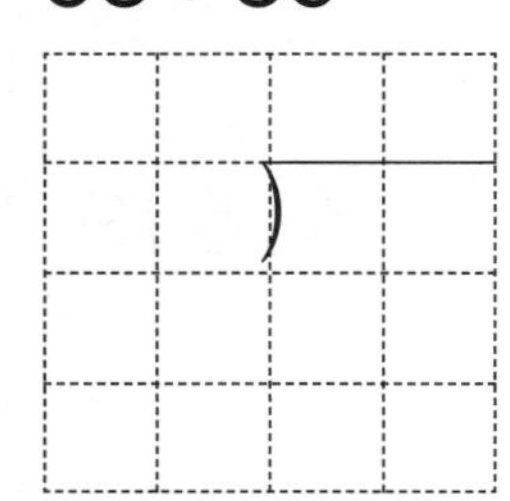

⑨ 63÷27

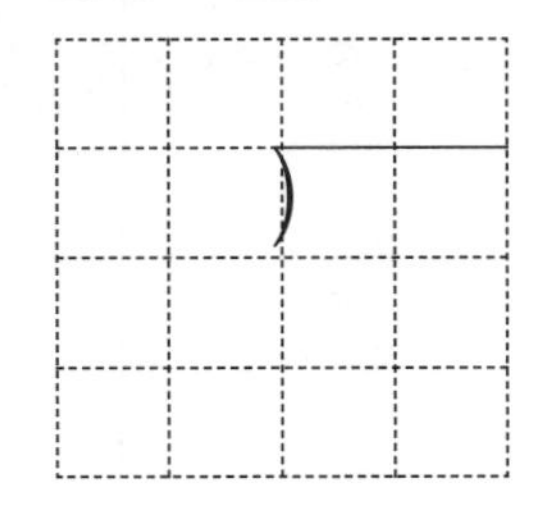

⑩ 42÷14

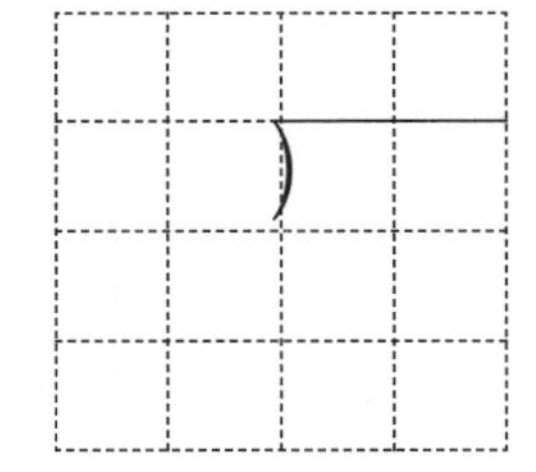

⑪ 51÷24

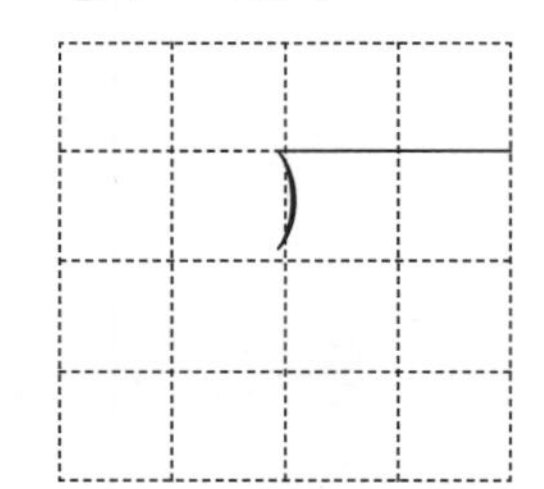

⑫ 86÷33

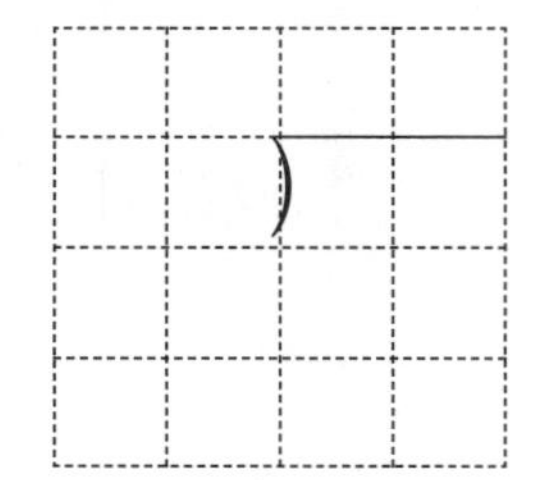

(두 자리 수)÷(두 자리 수) ②

● 표준완성시간 : 3~4분

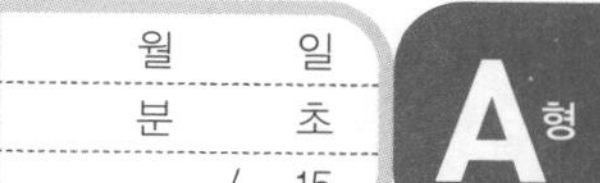

날짜	월	일
시간	분	초
오답 수	/	15

★ 나눗셈을 하시오.

① 42)97

② 15)53

③ 18)39

④ 25)69

⑤ 22)75

⑥ 31)81

⑦

⑧
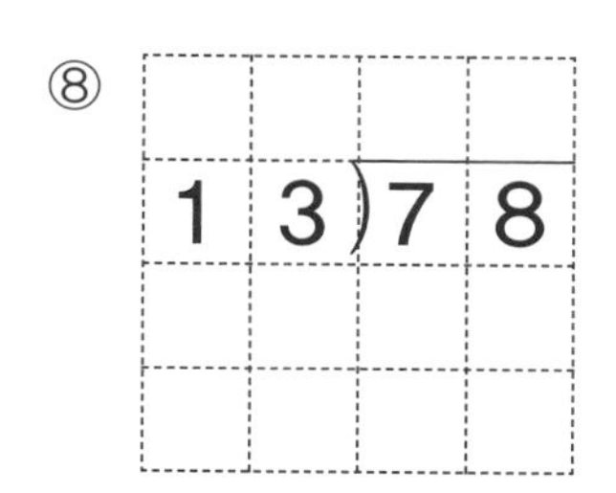

⑨ 29)83

⑩

⑪ 11)62

⑫ 47)59

⑬ 36)85

⑭ 26)64

⑮ 28)74

• 표준완성시간 : 3~4분

B형

날짜	월	일
시간	분	초
오답 수	/	12

(두 자리 수)÷(두 자리 수) ②

★ 나눗셈을 하시오.

① 82÷37

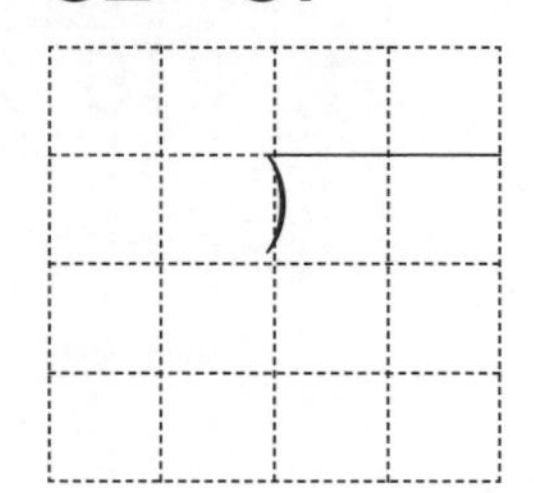

② 40÷21

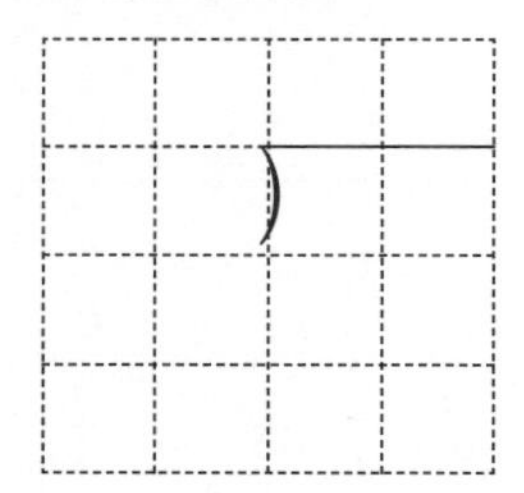

③ 72÷16

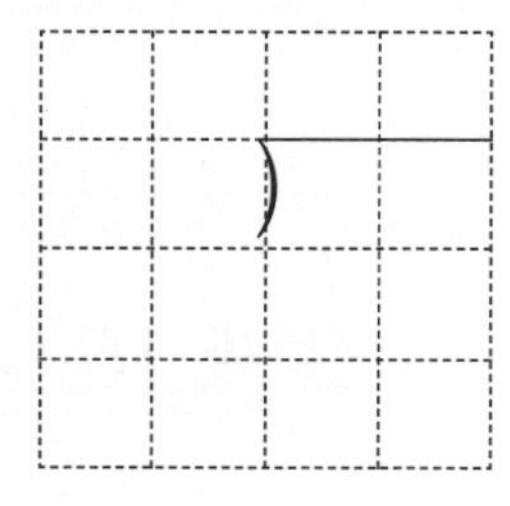

④ 65÷19

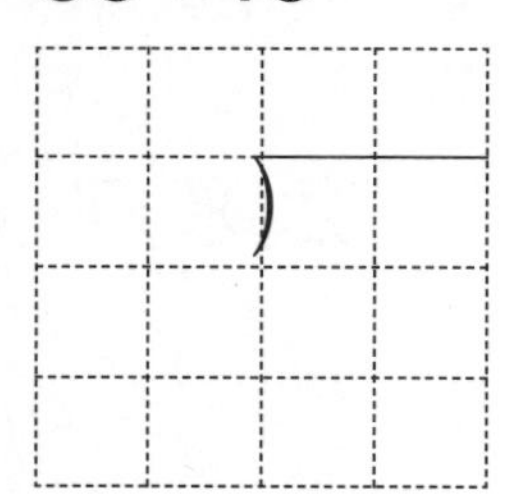

⑤ 42÷17

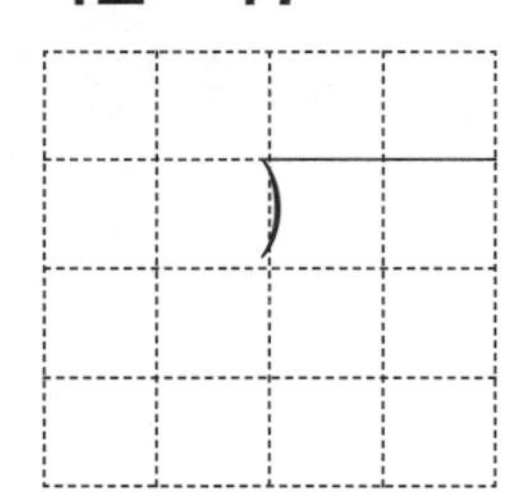

⑥ 91÷27

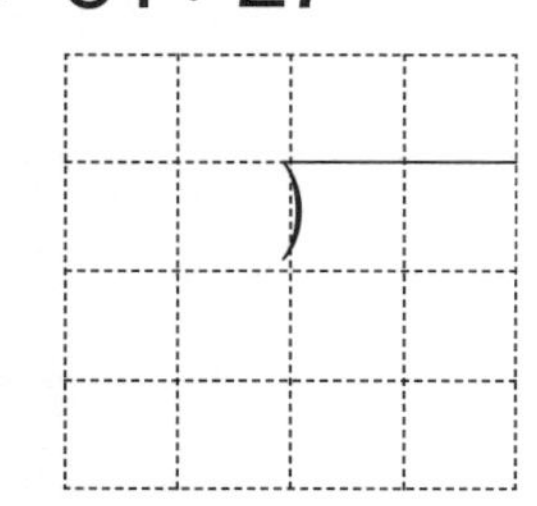

⑦ 49÷23

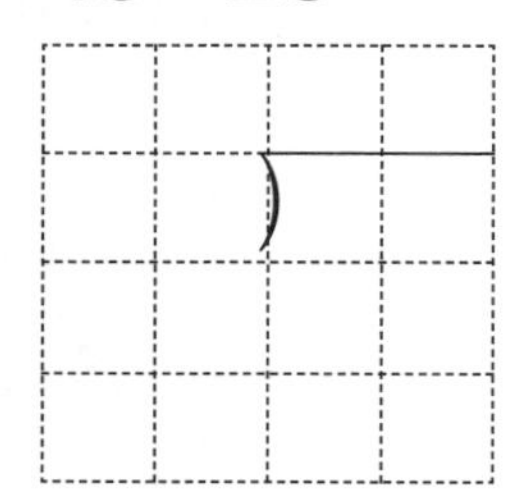

⑧ 57÷12

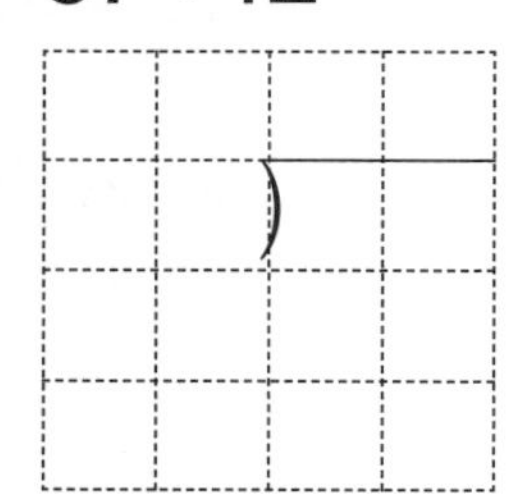

⑨ 87÷29

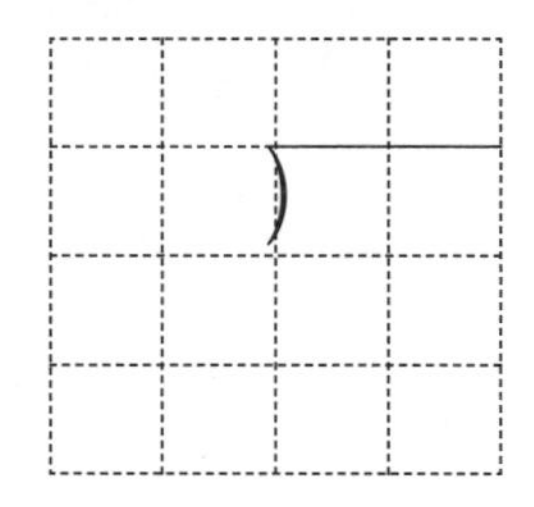

⑩ 96÷38

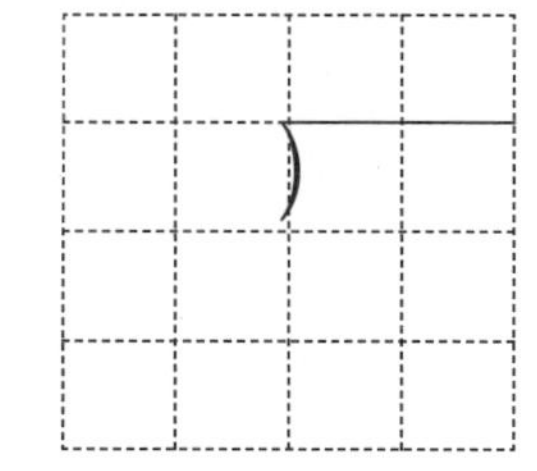

⑪ 50÷18

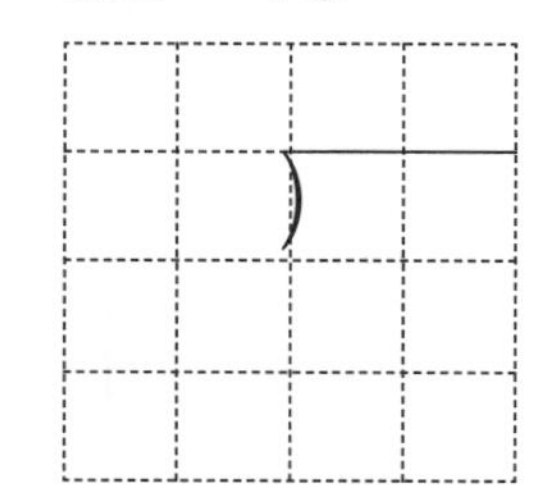

⑫ 73÷22

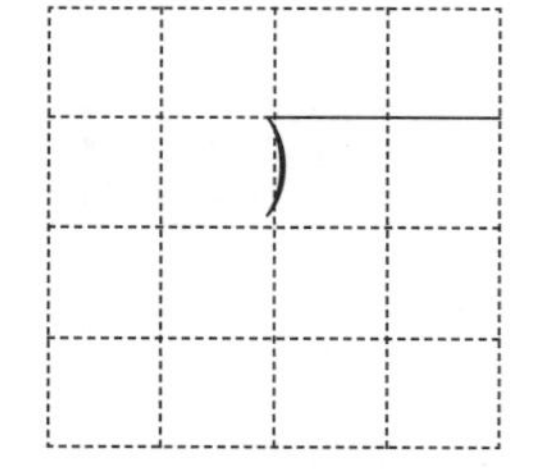

(두 자리 수)÷(두 자리 수) ②

● 표준완성시간 : 3~4분

날짜	월 일
시간	분 초
오답 수	/ 15

★ 나눗셈을 하시오.

① $32\overline{)70}$

② $35\overline{)51}$

③ $13\overline{)39}$

④ $19\overline{)41}$

⑤ $26\overline{)84}$

⑥ $23\overline{)58}$

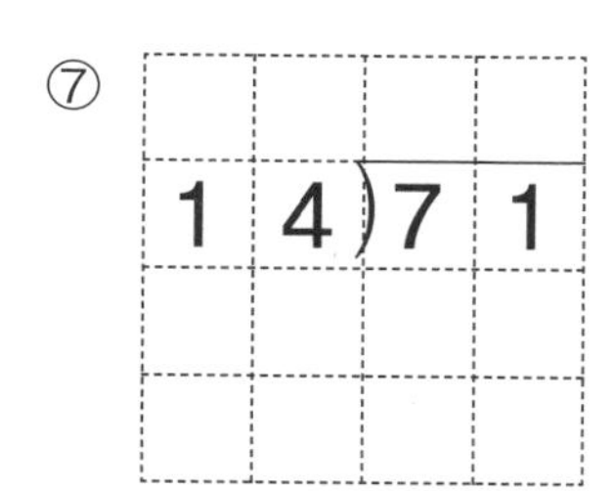

⑦ $14\overline{)71}$

⑧ $42\overline{)66}$

⑨ $27\overline{)45}$

⑩ $34\overline{)67}$

⑪ $41\overline{)55}$

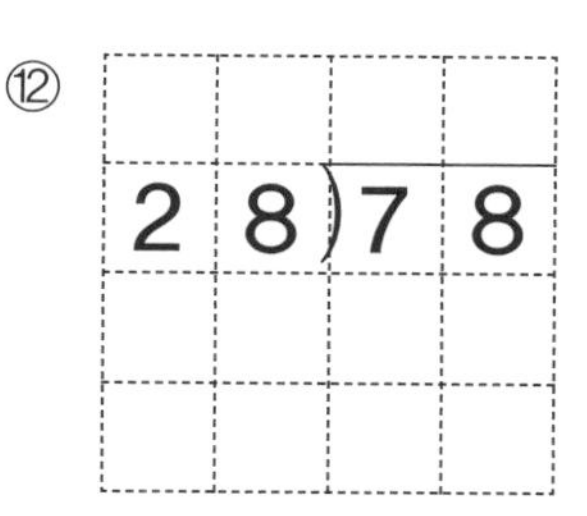

⑫ $28\overline{)78}$

⑬ $17\overline{)94}$

⑭ $39\overline{)80}$

⑮ $25\overline{)62}$

● 표준완성시간 : 3~4분

B형

날짜	월	일
시간	분	초
오답 수	/	12

(두 자리 수)÷(두 자리 수) ②

★ 나눗셈을 하시오.

① 96÷16

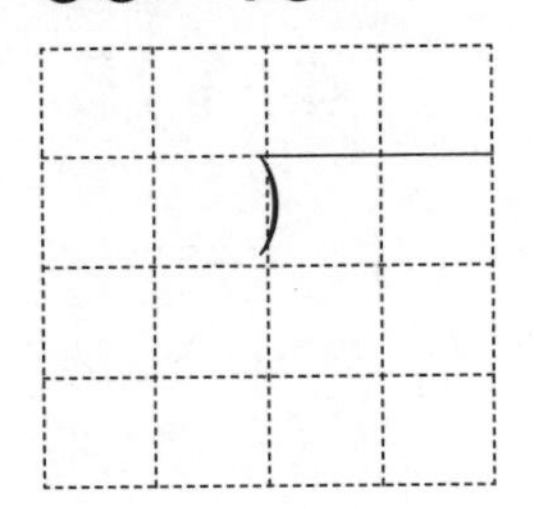

② 68÷12

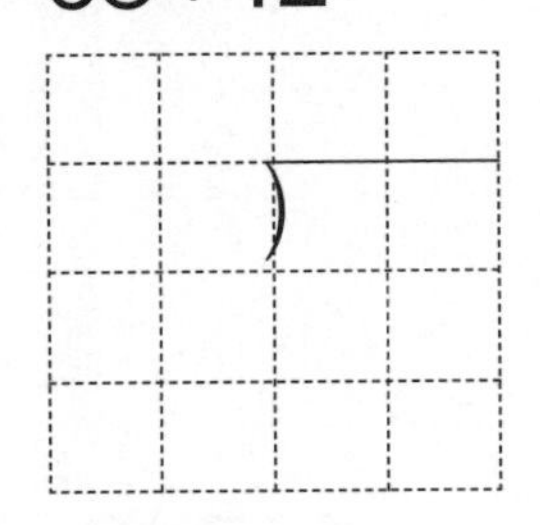

③ 34÷24

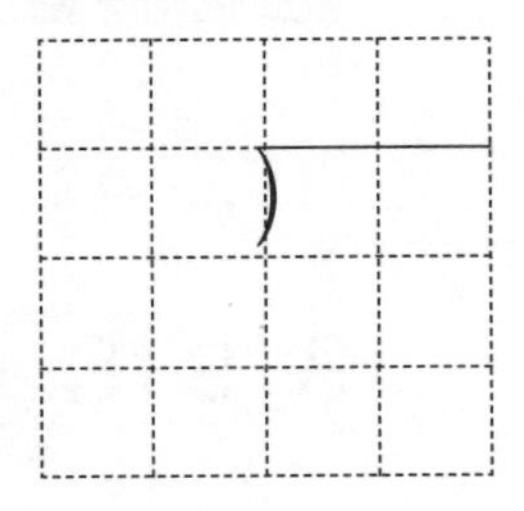

④ 74÷21

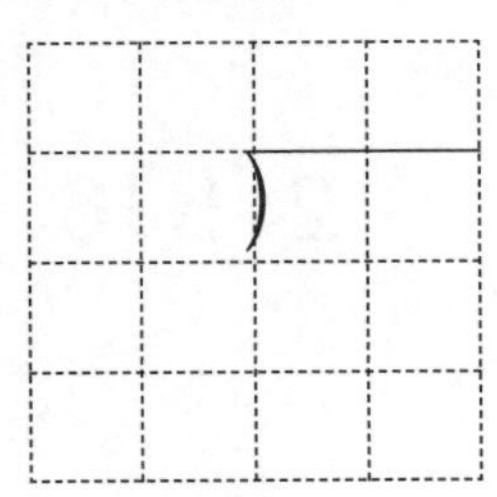

⑤ 90÷31

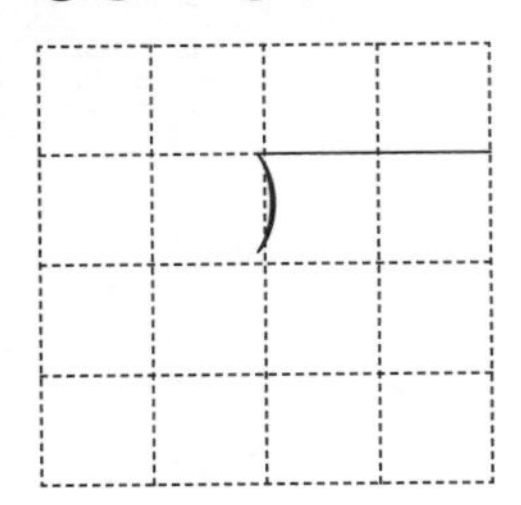

⑥ 72÷35

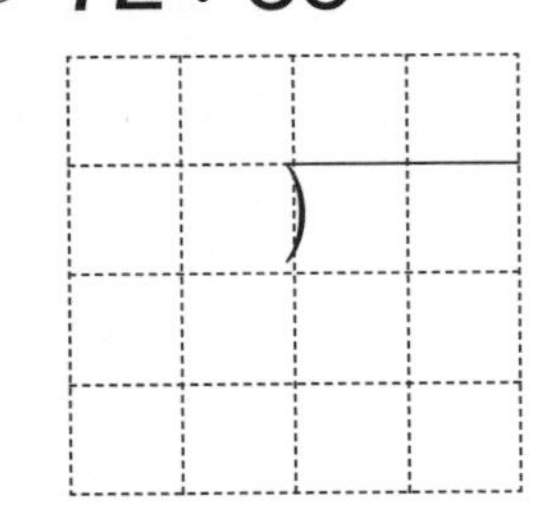

⑦ 48÷15

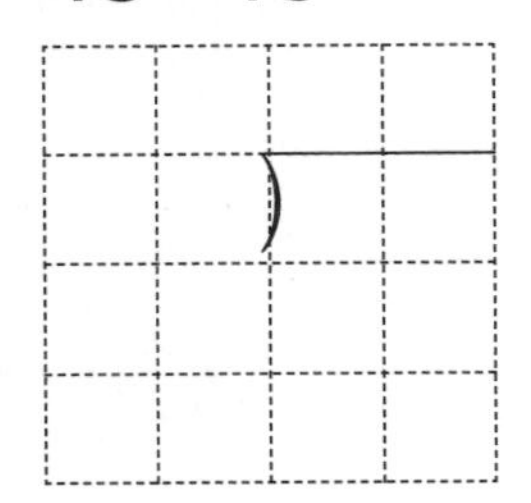

⑧ 57÷38

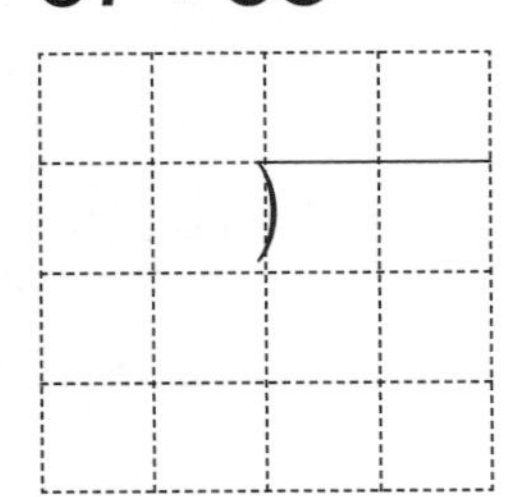

⑨ 59÷29

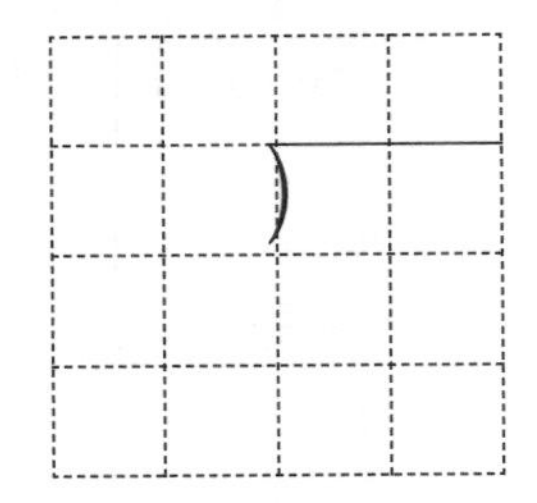

⑩ 61÷18

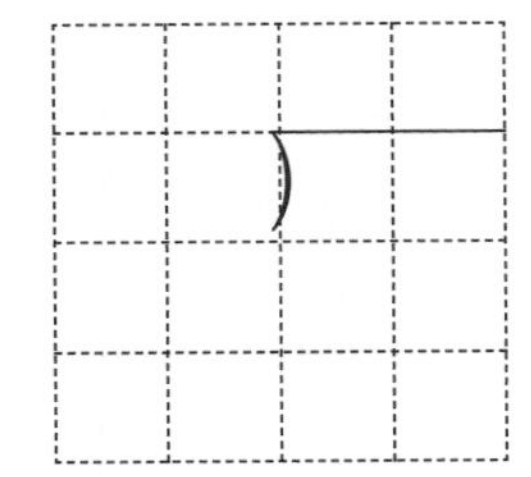

⑪ 83÷48

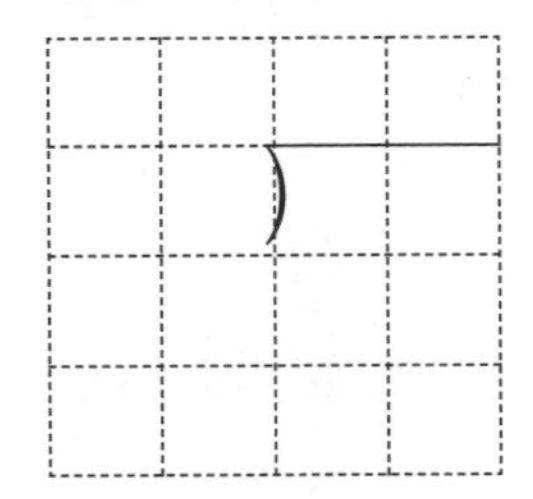

⑫ 93÷43

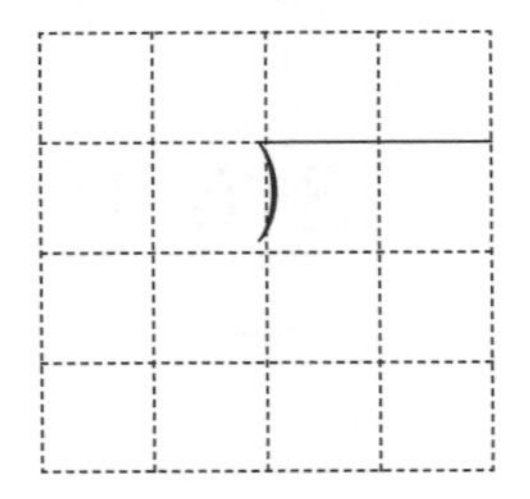

(두 자리 수)÷(두 자리 수) ②

● 표준완성시간 : 3~4분

날짜	월	일
시간	분	초
오답 수	/	15

★ 나눗셈을 하시오.

① 11)32

② 19)87

③ 23)92

④ 39)76

⑤ 28)69

⑥ 15)64

⑦

⑧
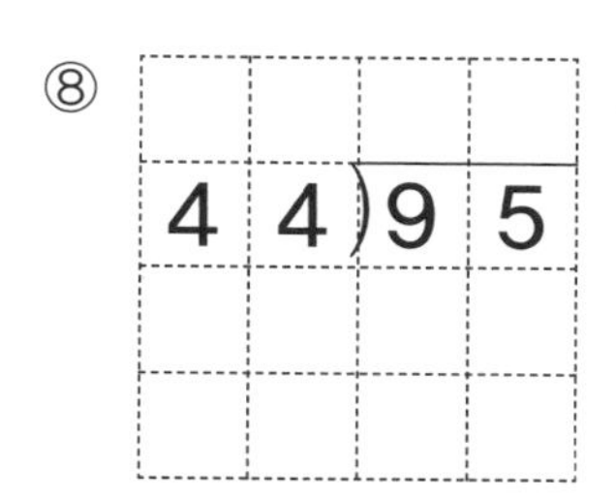

⑨
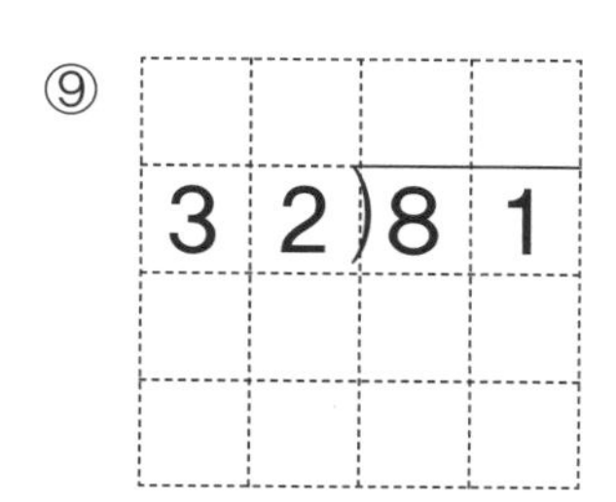

⑩
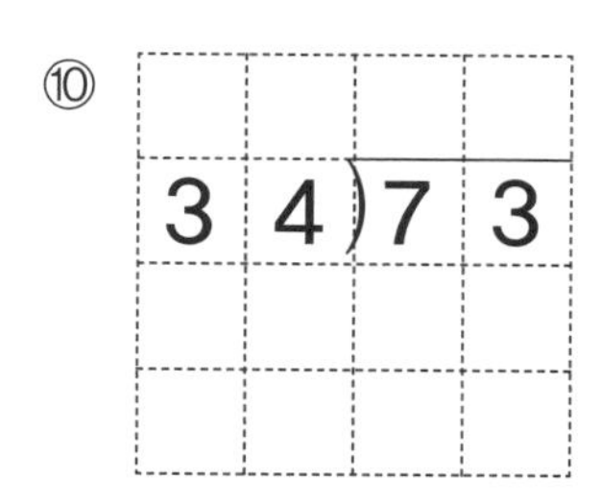

⑪ 25)70

⑫
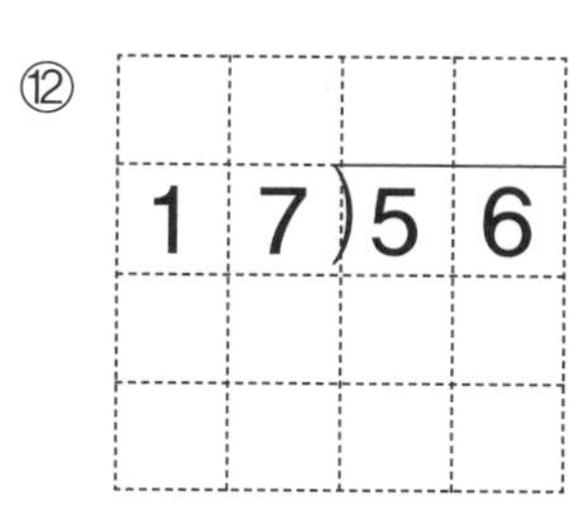

⑬ 27)82

⑭ 36)94

⑮ 16)86

● 표준완성시간 : 3~4분

날짜	월 일
시간	분 초
오답 수	/ 12

B형 (두 자리 수)÷(두 자리 수) ②

★ 나눗셈을 하시오.

① 84÷14

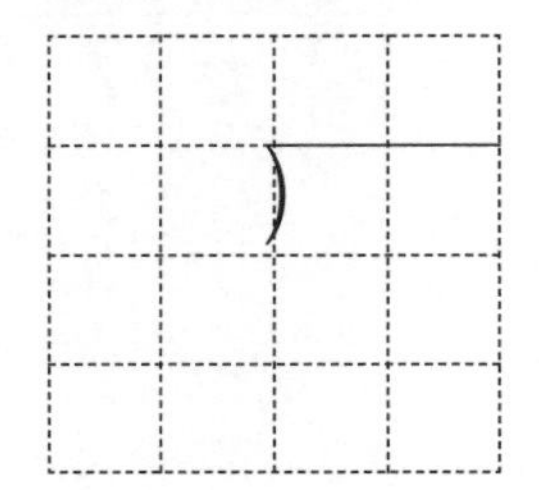

② 71÷22

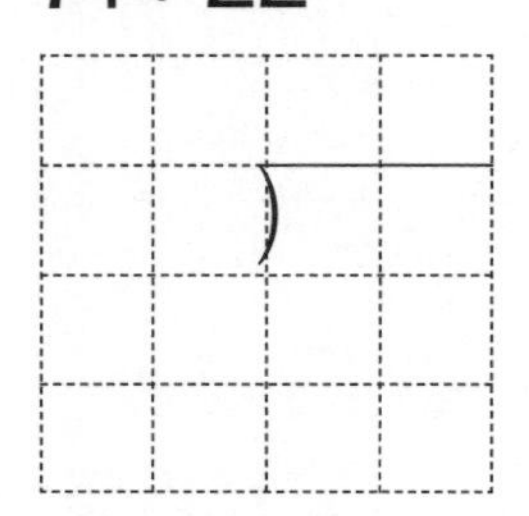

③ 58÷19

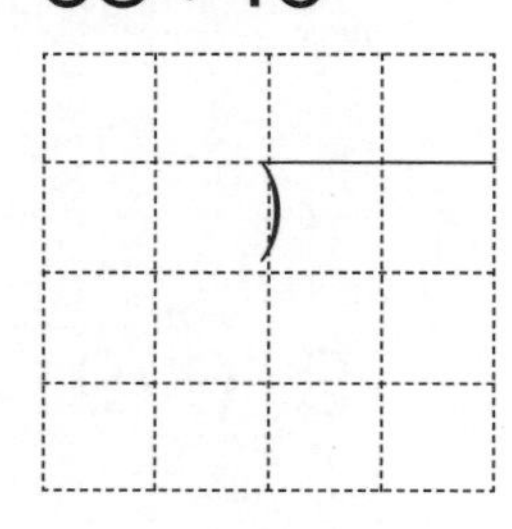

④ 96÷33

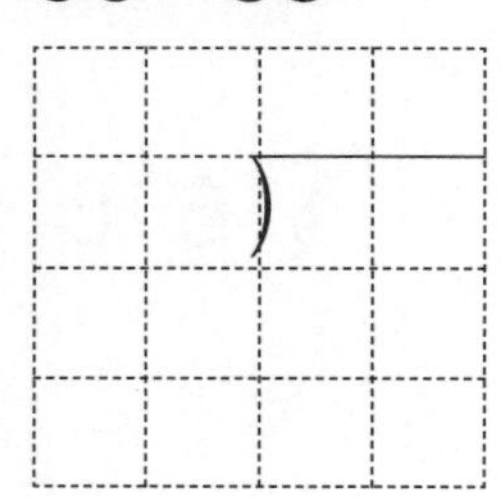

⑤ 75÷37

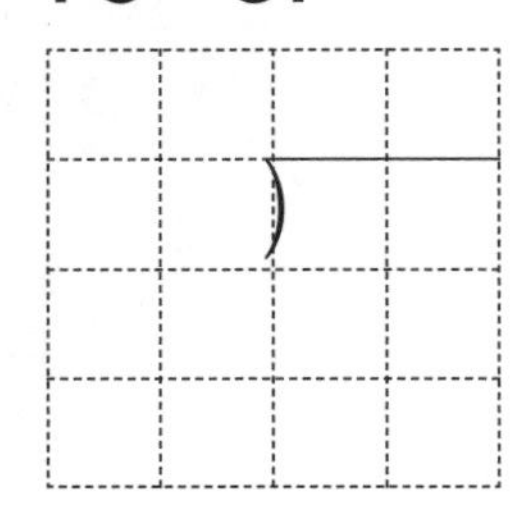

⑥ 98÷47

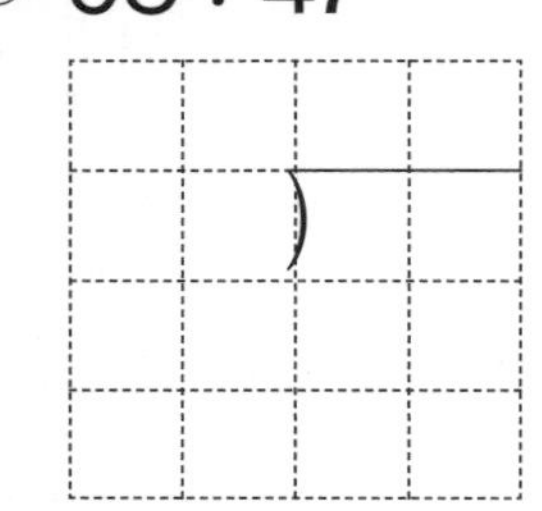

⑦ 88÷12

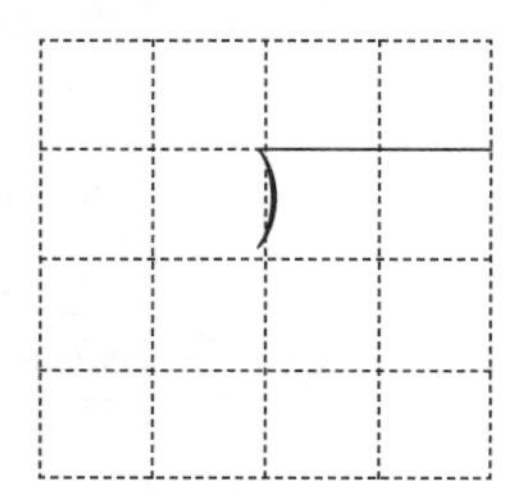

⑧ 64÷24

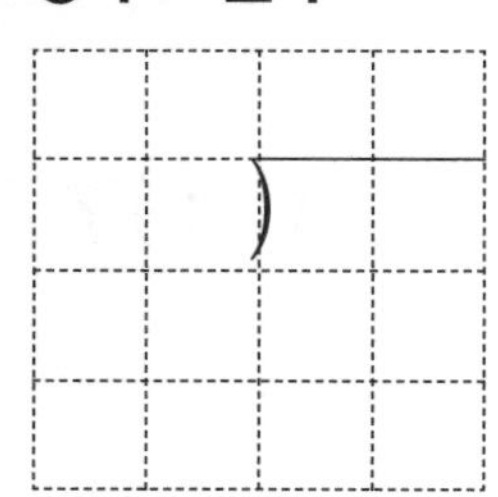

⑨ 79÷29

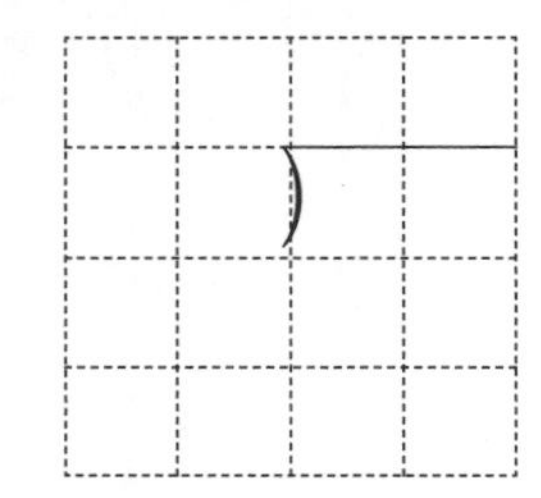

⑩ 47÷31

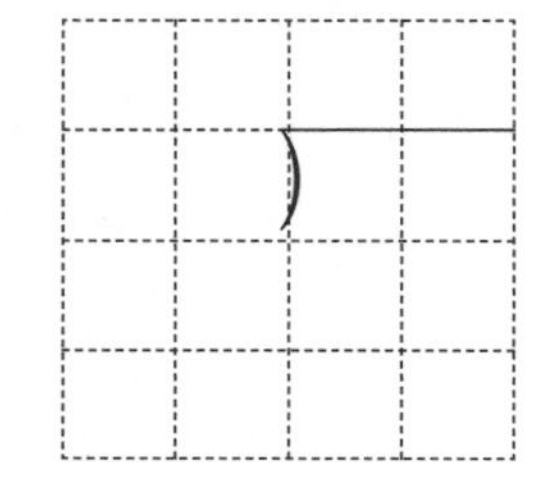

⑪ 80÷35

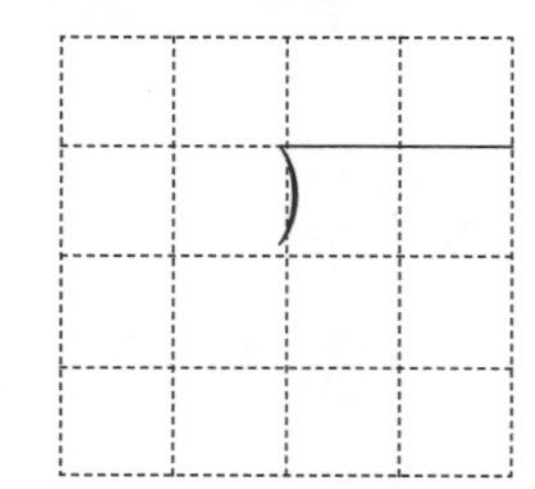

⑫ 97÷48

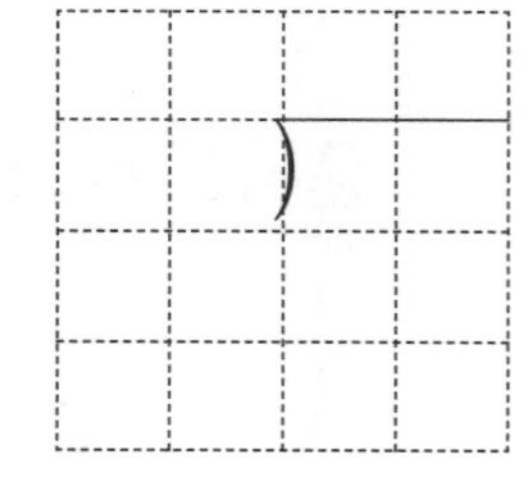

(세 자리 수)÷(두 자리 수) ①

● **결과 기록지**

① 1~5일차 학습에 걸린 시간을 각각 재서 그래프에 점을 찍습니다.
② 점과 점을 연결하여 기록의 변화를 확인합니다.
③ 오답 수를 세어 오답 수 칸에 씁니다.

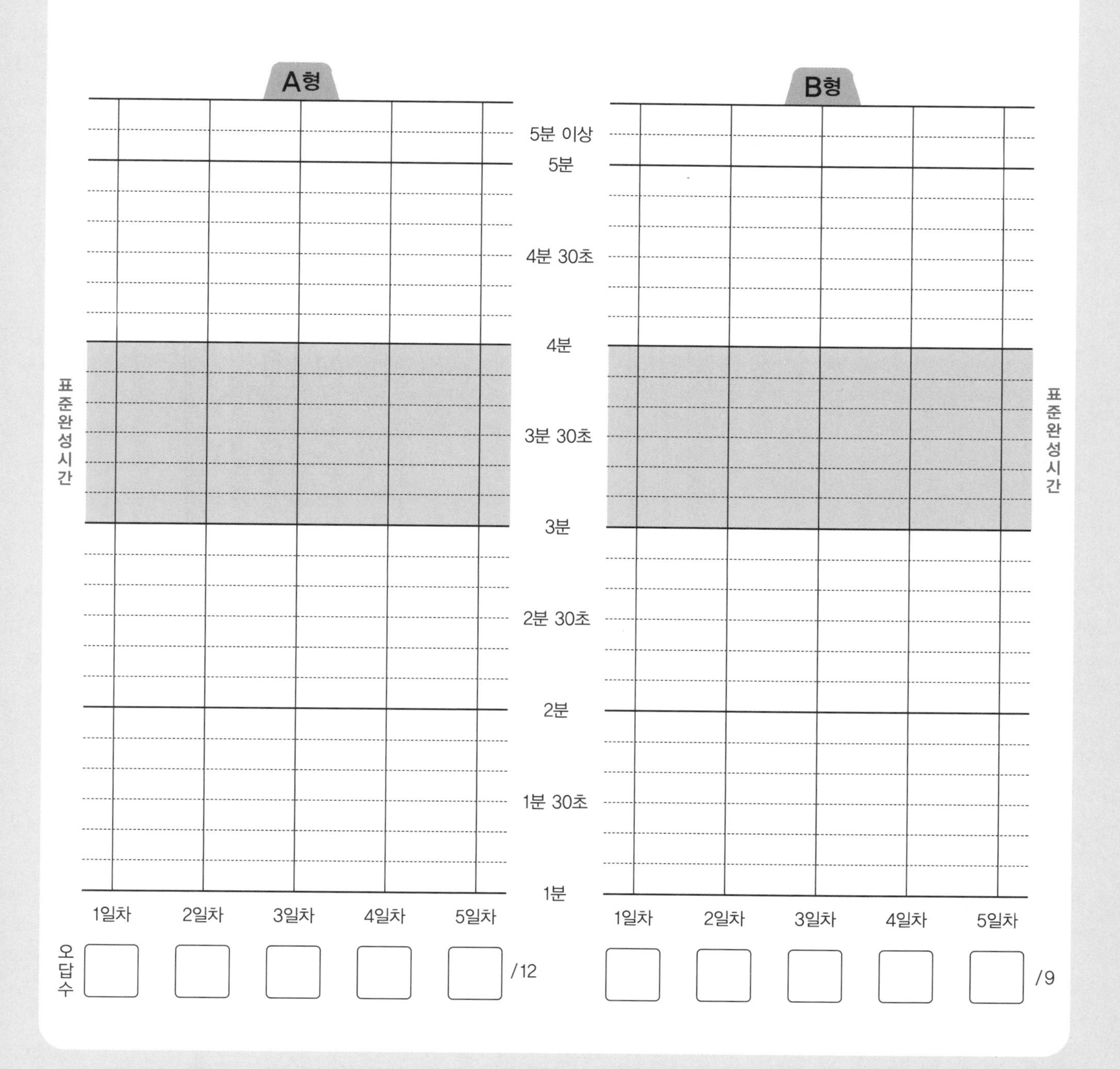

(세 자리 수)÷(두 자리 수) ①

● 나누어떨어지는 (세 자리 수)÷(두 자리 수)

나누는 수가 나뉠 수의 앞 두 자리 수보다 작거나 같으면 몫은 두 자리, 나뉠 수의 앞 두 자리 수보다 크면 몫은 한 자리가 됩니다.

몫은 두 자리

$$18\overline{)270}$$

$18<27$이므로 몫은 두 자리 수가 됩니다.

몫은 한 자리

$$25\overline{)150}$$

$25>15$이므로 몫은 한 자리 수가 됩니다.

몫이 두 자리 수인 나눗셈의 예

$$\begin{array}{r} 1 \\ 18\overline{)270} \\ 18 \\ \hline 90 \end{array} \quad \Rightarrow \quad \begin{array}{r} 15 \\ 18\overline{)270} \\ 18 \\ \hline 90 \\ 90 \\ \hline 0 \end{array}$$

27에 18이 1번 들어가므로 몫의 십의 자리에 1을 쓰고, 남은 9와 일의 자리의 0을 내려 씁니다.

90에 18이 5번 들어가므로 몫의 일의 자리에 5를 씁니다.
270÷18의 몫은 15이고 나머지는 없습니다.

몫이 한 자리 수인 나눗셈의 예

$$\begin{array}{r} 6 \\ 25\overline{)150} \\ 150 \\ \hline 0 \end{array}$$

15에 25가 들어가지 않으므로 150에 25가 몇 번 들어가는지 생각합니다. 150에 25가 6번 들어가므로 몫은 6이 되고 몫의 일의 자리에 6을 씁니다.

(세 자리 수)÷(두 자리 수) ①

● 표준완성시간 : 3~4분

날짜	월 일
시간	분 초
오답 수	/ 12

★ 나눗셈을 하시오.

① 50)750

② 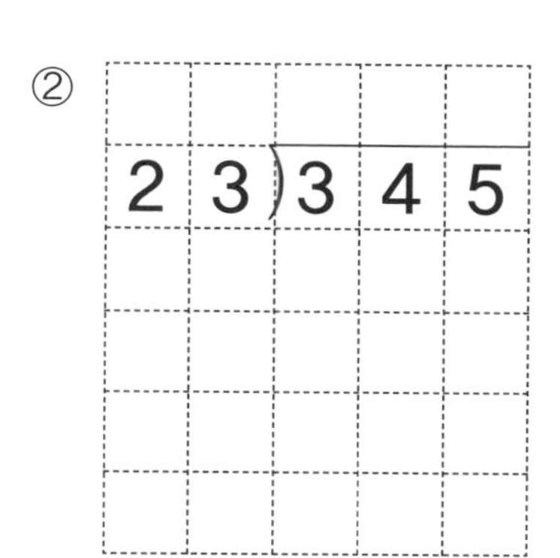
23)345

③ 14)532

④ 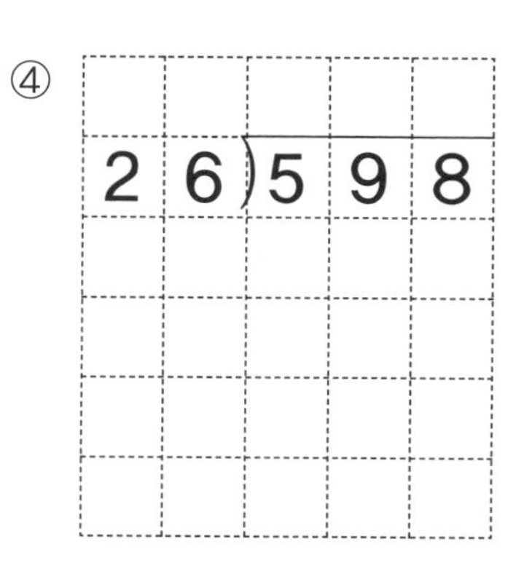
26)598

⑤ 42)336

⑥ 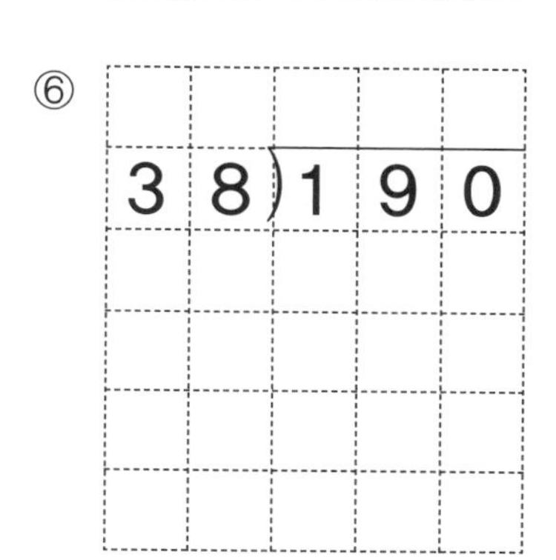
38)190

⑦ 
71)568

⑧ 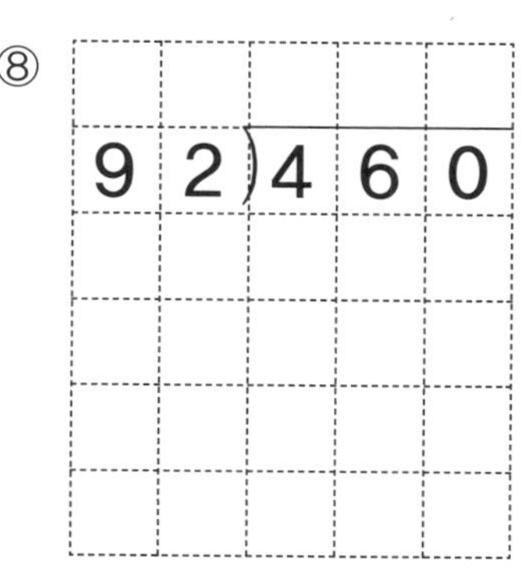
92)460

⑨ 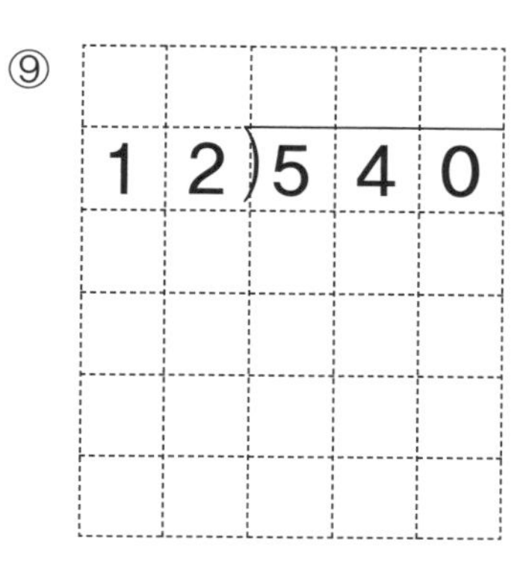
12)540

⑩ 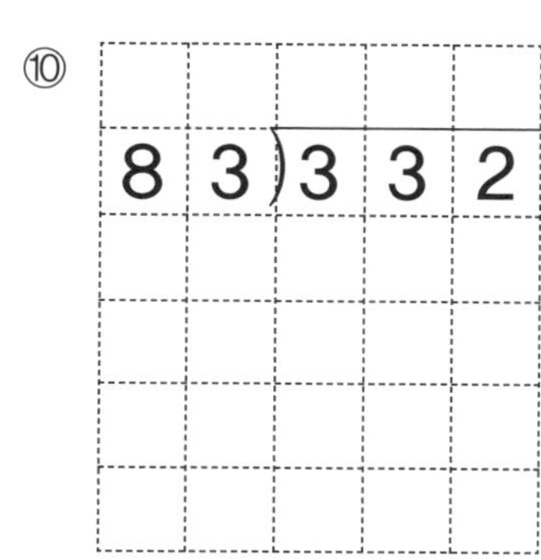
83)332

⑪ 43)688

⑫ 65)390

● 표준완성시간 : 3~4분

날짜	월 일
시간	분 초
오답 수	/ 9

B형 (세 자리 수)÷(두 자리 수) ①

★ 나눗셈을 하시오.

① 297÷11

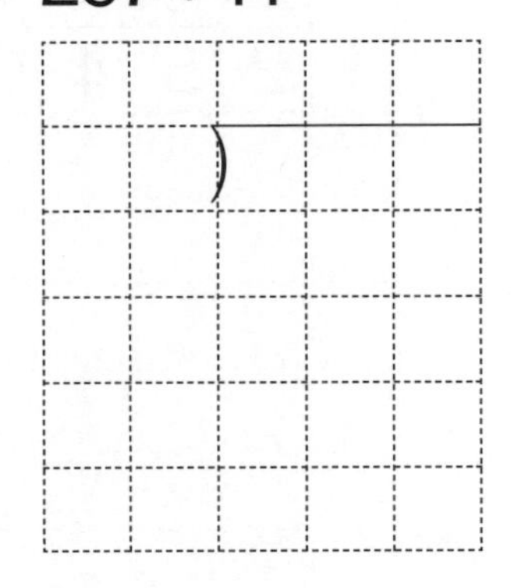

② 144÷12

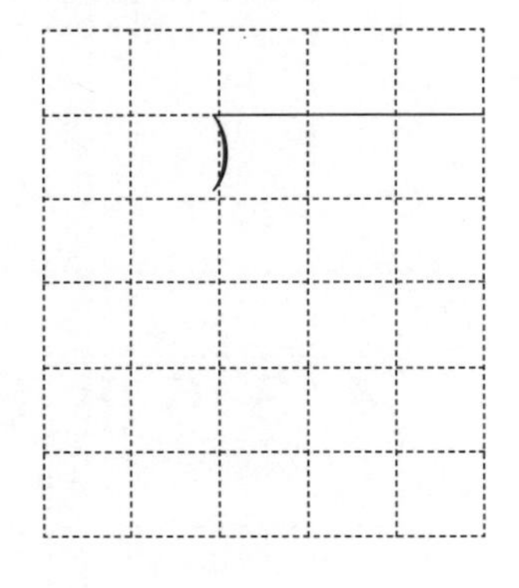

③ 275÷25

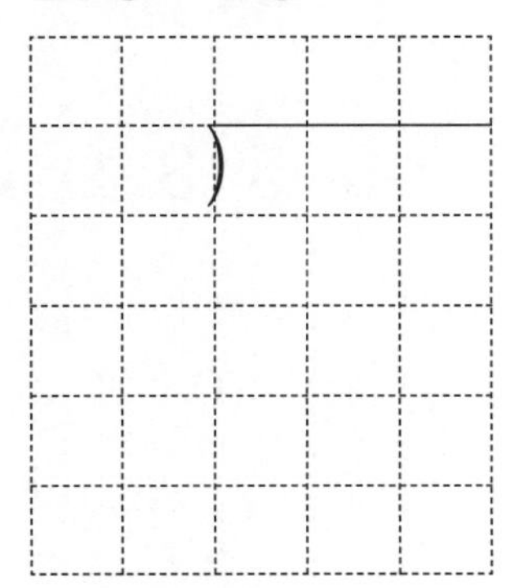

④ 108÷18

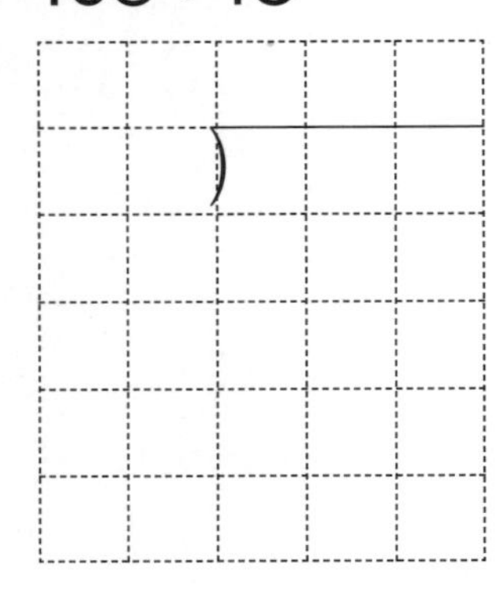

⑤ 128÷32

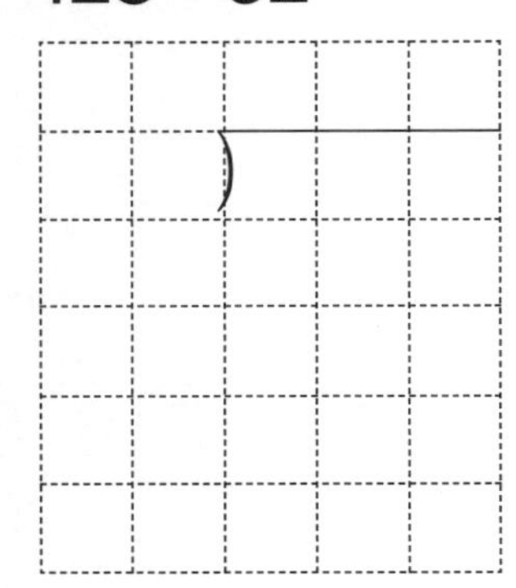

⑥ 165÷55

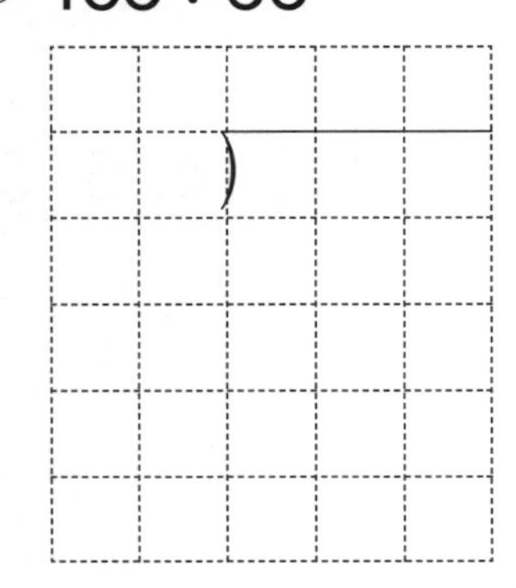

⑦ 483÷23

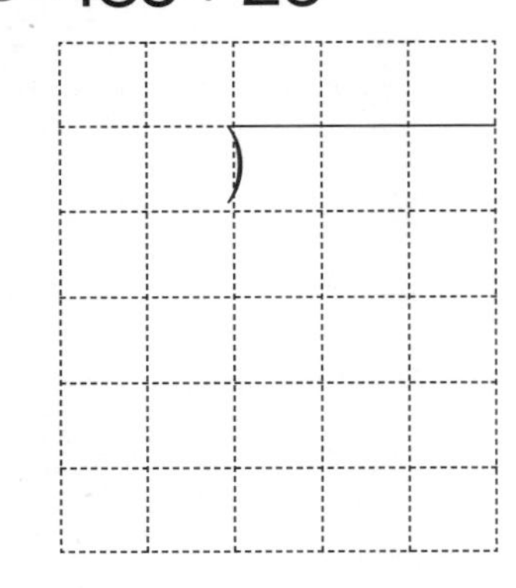

⑧ 186÷31

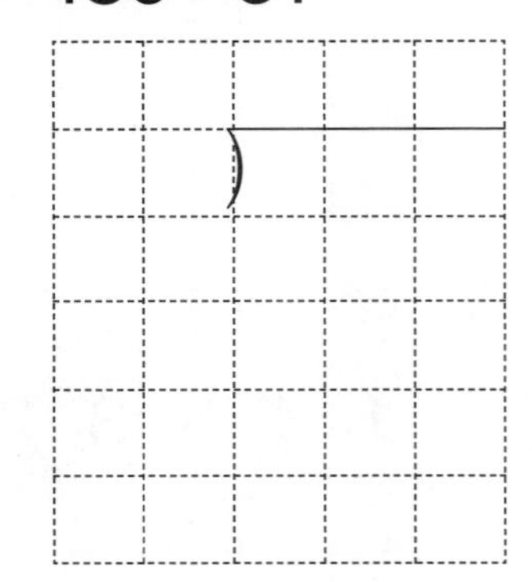

⑨ 240÷48

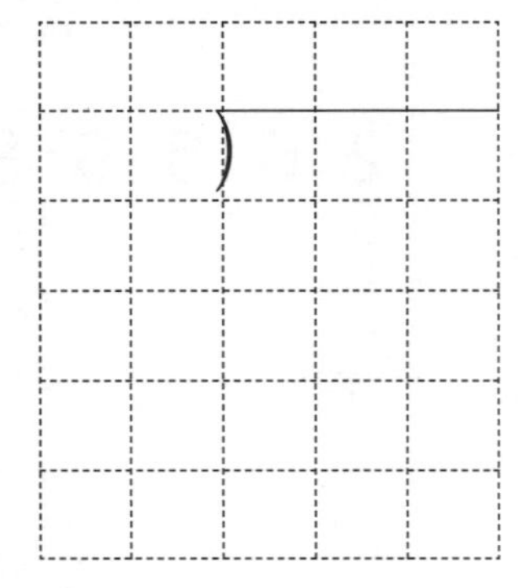

(세 자리 수)÷(두 자리 수) ①

● 표준완성시간 : 3~4분

날짜	월	일
시간	분	초
오답 수	/	12

A형

★ 나눗셈을 하시오.

① $112 \div 14$ (14)112

⑤ $364 \div 28$ (28)364

⑨ $198 \div 18$ (18)198

② $264 \div 12$ (12)264

⑥ $276 \div 23$ (23)276

⑩ $208 \div 52$ (52)208

③ $210 \div 35$ (35)210

⑦ $231 \div 33$ (33)231

⑪ $516 \div 43$ (43)516

④ $506 \div 22$ (22)506

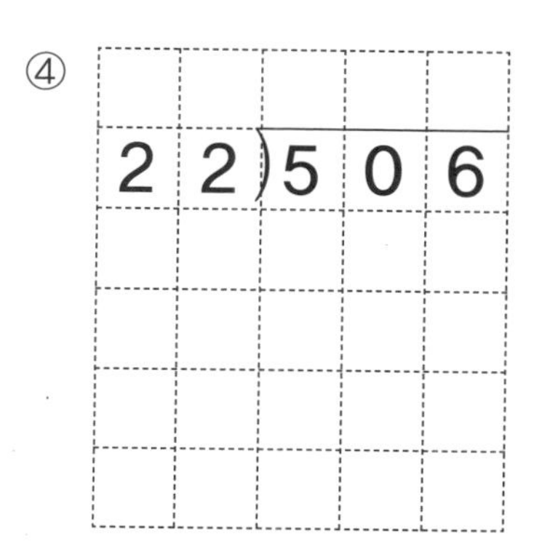

⑧ $123 \div 41$ (41)123

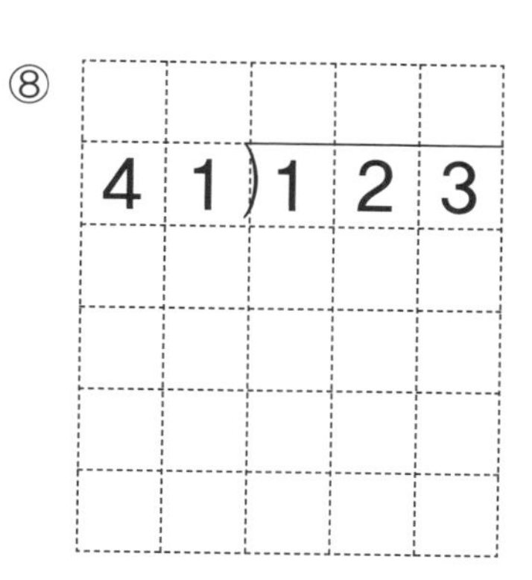

⑫ $520 \div 40$ (40)520

● 표준완성시간 : 3~4분

B형

날짜	월 일
시간	분 초
오답 수	/ 9

(세 자리 수)÷(두 자리 수) ①

★ 나눗셈을 하시오.

① $320 \div 20$

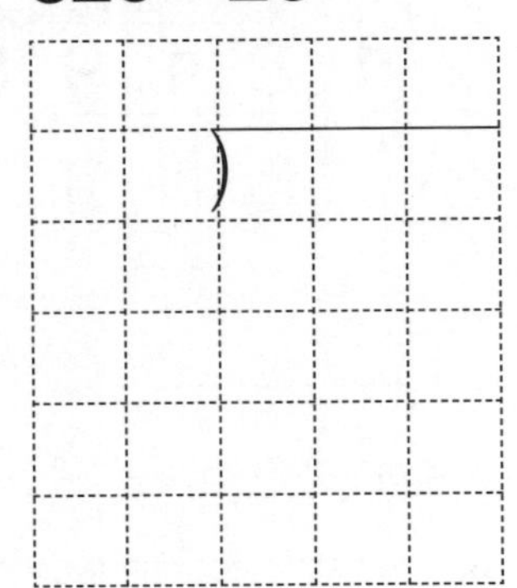

④ $104 \div 26$

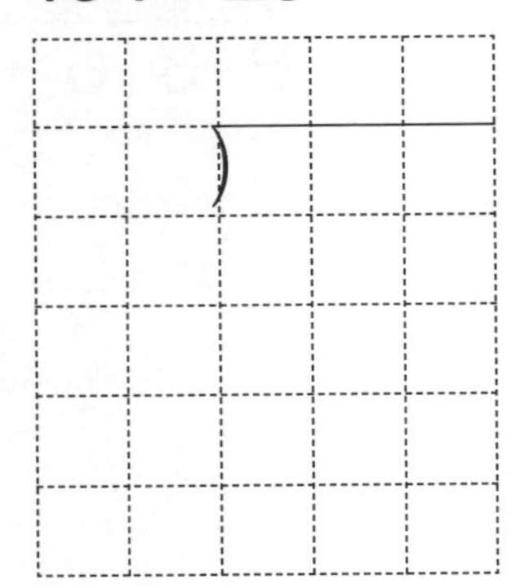

⑦ $171 \div 19$

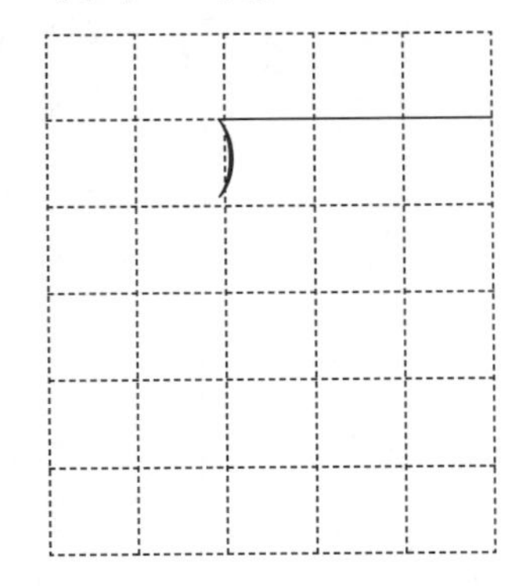

② $240 \div 16$

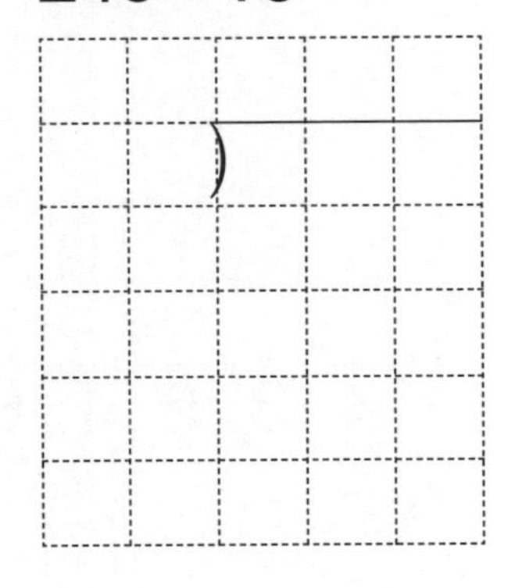

⑤ $528 \div 44$

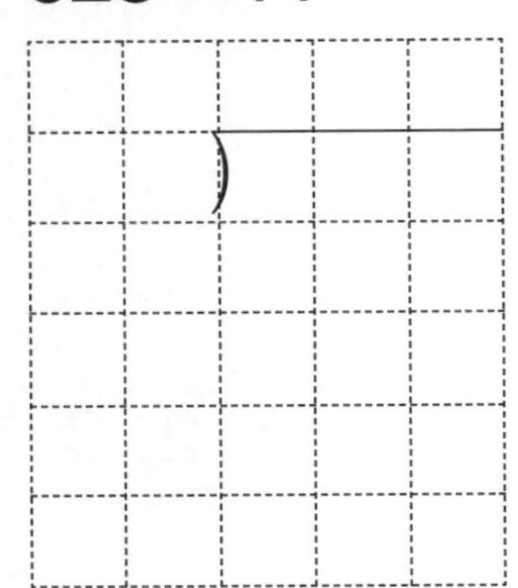

⑧ $308 \div 22$

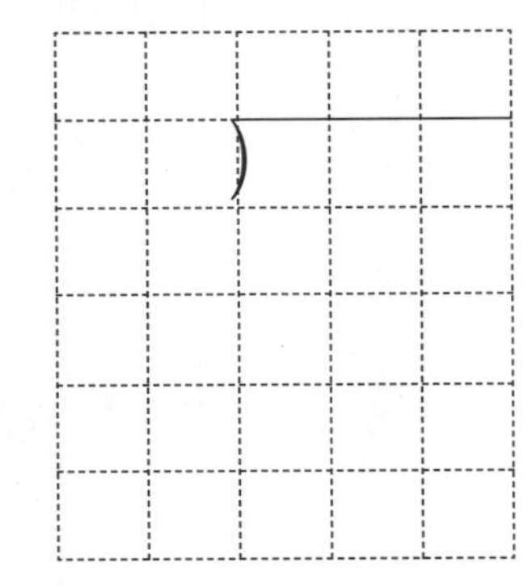

③ $315 \div 21$

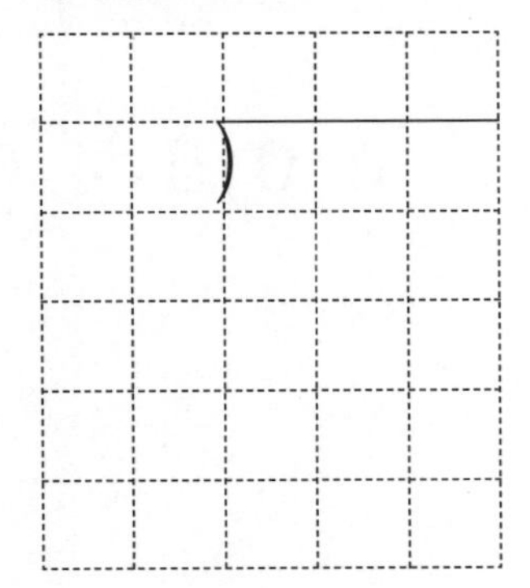

⑥ $238 \div 34$

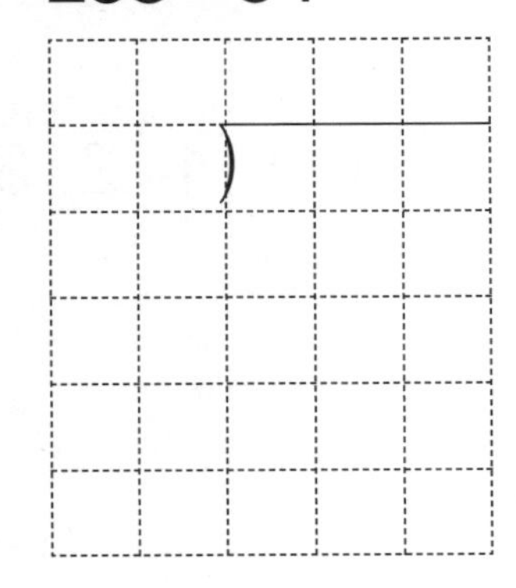

⑨ $465 \div 15$

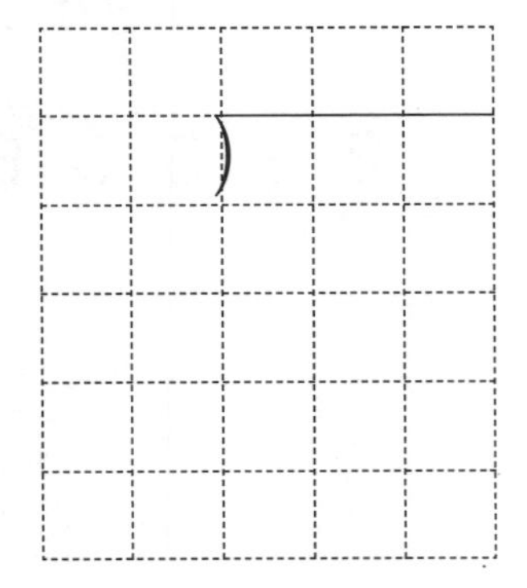

(세 자리 수)÷(두 자리 수) ①

● 표준완성시간 : 3~4분

날짜	월 일
시간	분 초
오답 수	/ 12

★ 나눗셈을 하시오.

① 29)348

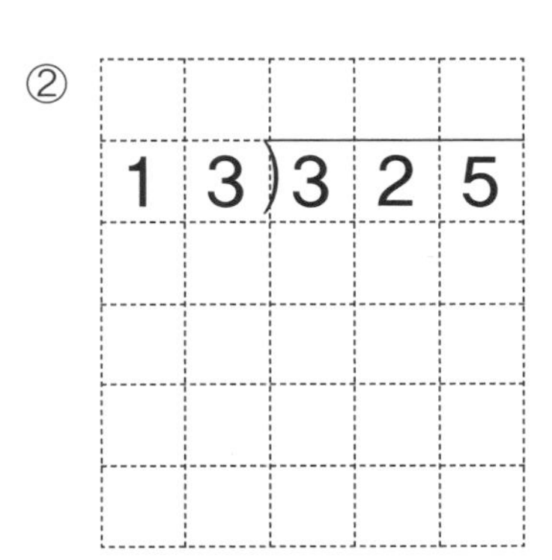

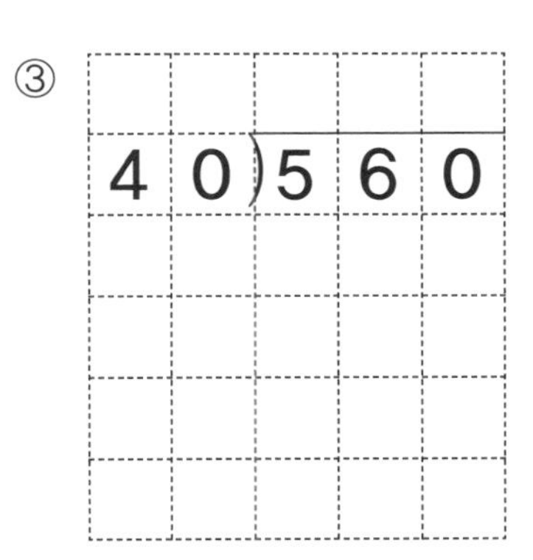

④ 25)225

⑤ 33)429

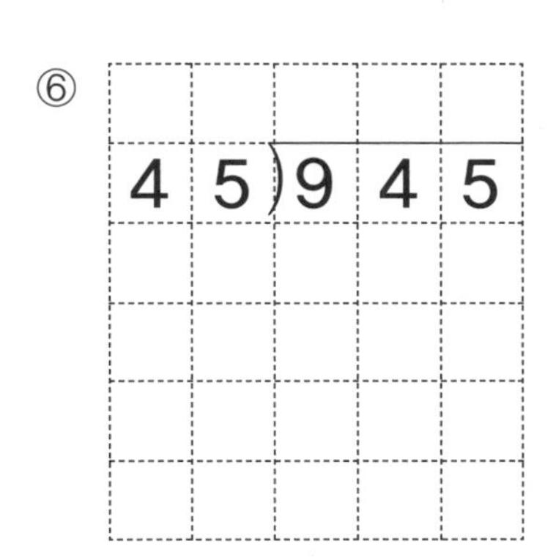

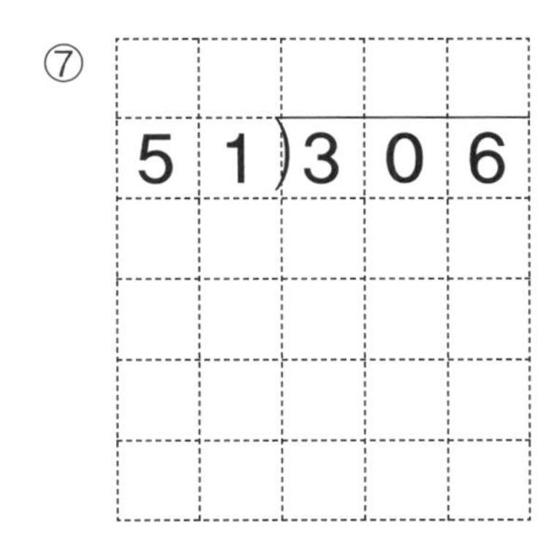

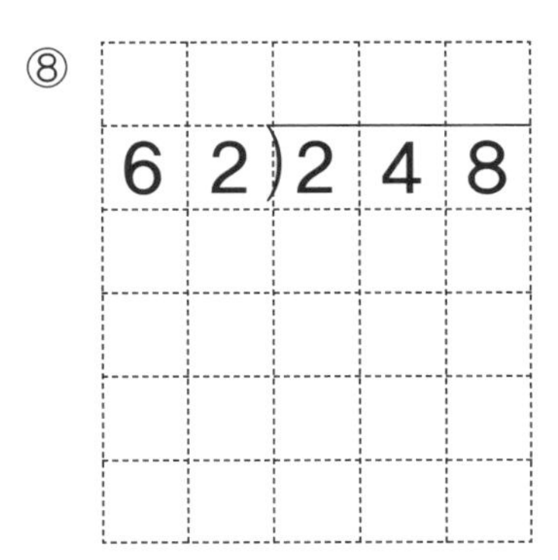

⑨ 17)374

⑩ 24)312

⑪ 82)410

⑫ 53)477

● 표준완성시간 : 3~4분

B형

날짜	월 일
시간	분 초
오답 수	/ 9

(세 자리 수)÷(두 자리 수) ①

★ 나눗셈을 하시오.

① 352÷11

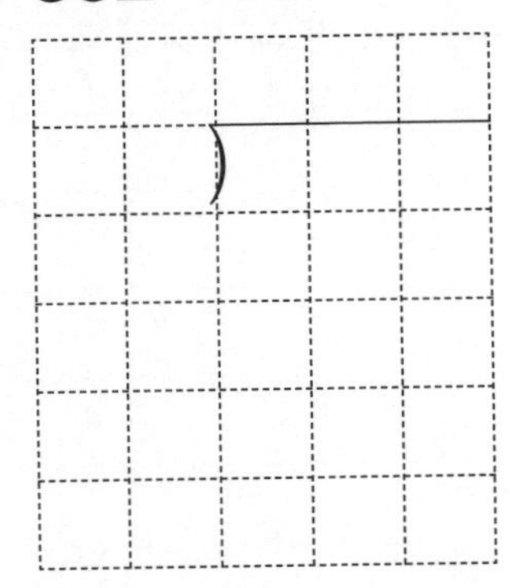

④ 615÷15

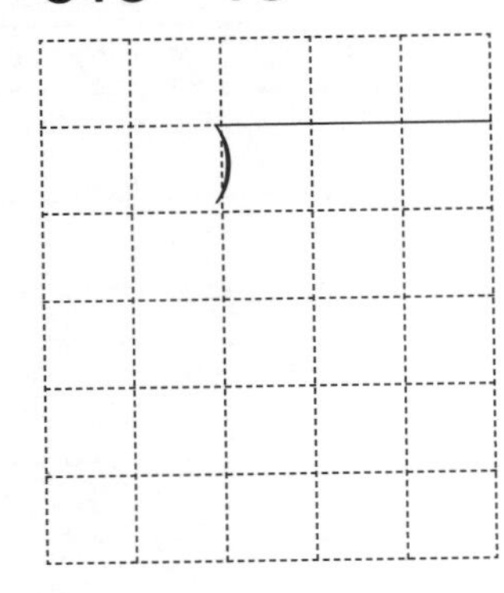

⑦ 704÷64

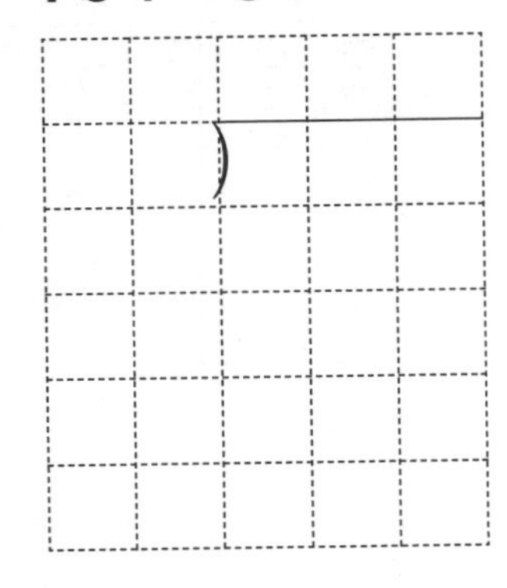

② 252÷36

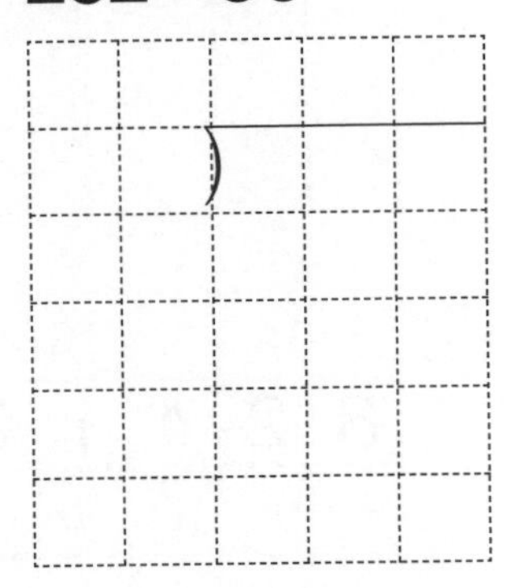

⑤ 360÷72

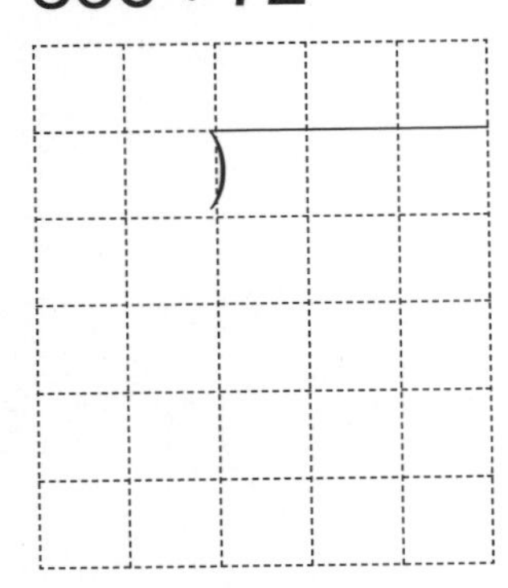

⑧ 738÷41

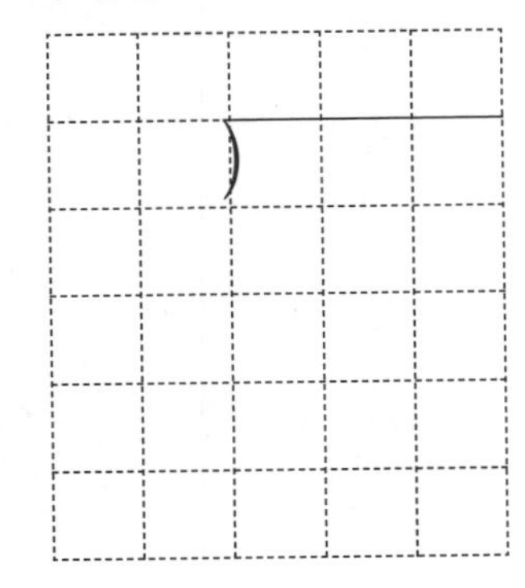

③ 588÷28

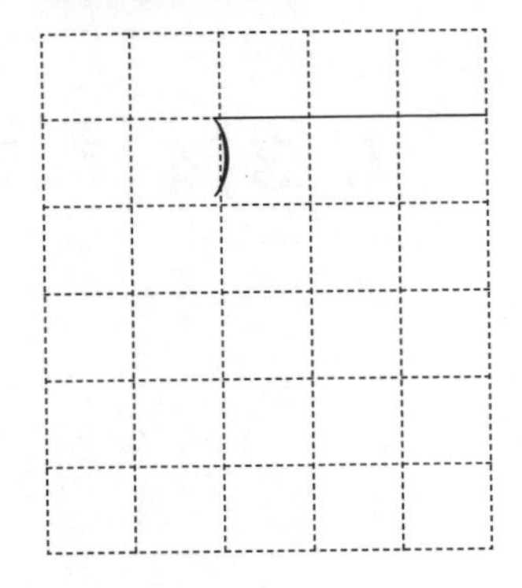

⑥ 330÷55

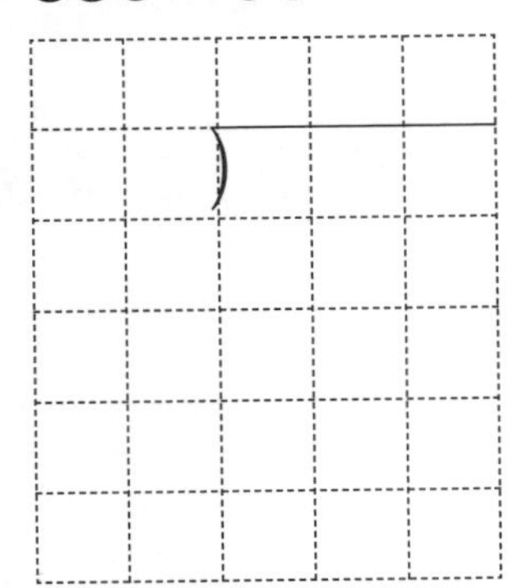

⑨ 432÷36

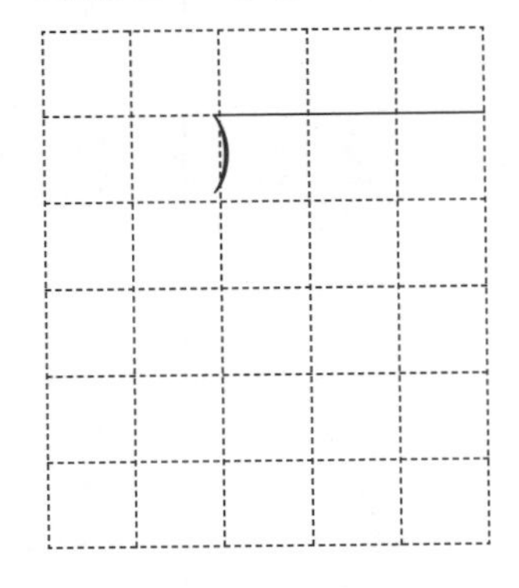

(세 자리 수)÷(두 자리 수) ①

● 표준완성시간 : 3~4분

날짜	월	일
시간	분	초
오답 수	/	12

A형

★ 나눗셈을 하시오.

① $30\overline{)300}$

② $25\overline{)200}$

③ $15\overline{)135}$

④ $12\overline{)132}$

⑤ $13\overline{)286}$

⑥ $18\overline{)126}$

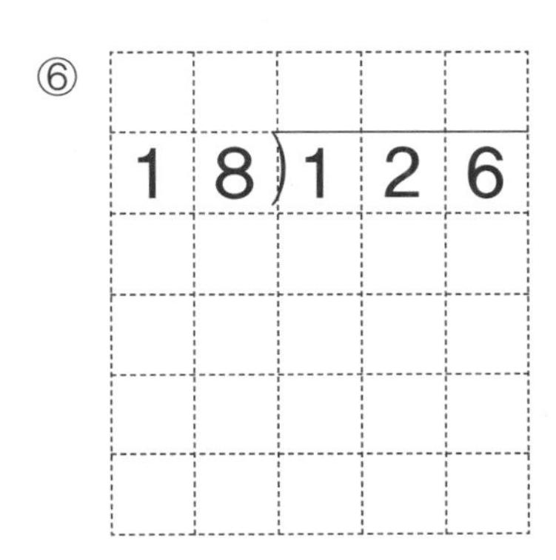

⑦ $14\overline{)420}$

⑧ $28\overline{)308}$

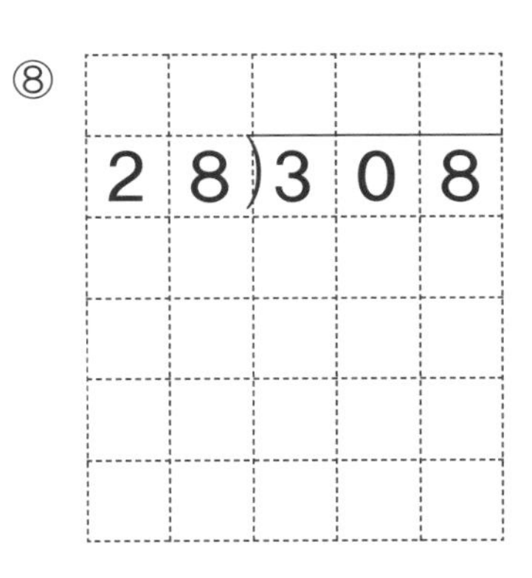

⑨ $42\overline{)252}$

⑩ $24\overline{)288}$

⑪ $31\overline{)372}$

⑫ $54\overline{)162}$

● 표준완성시간 : 3~4분

B형

날짜	월 일
시간	분 초
오답 수	/ 9

(세 자리 수)÷(두 자리 수) ①

★ 나눗셈을 하시오.

① 368÷16

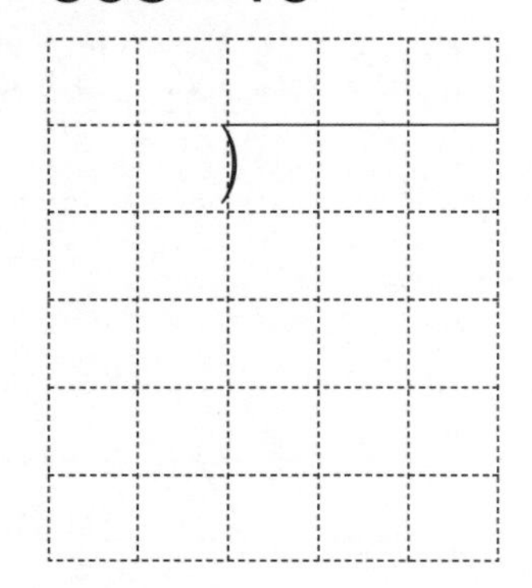

② 748÷22

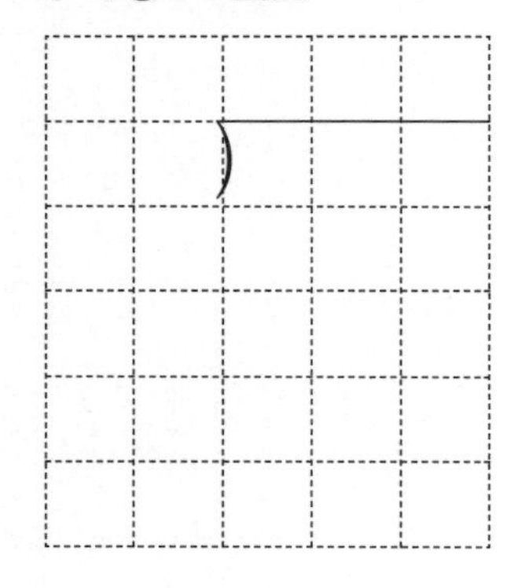

③ 434÷31

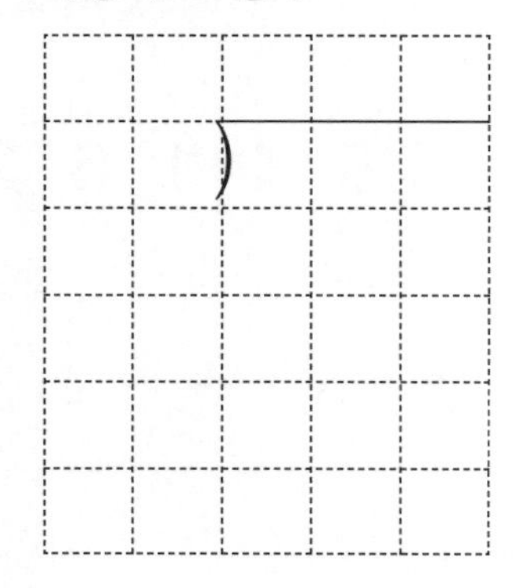

④ 322÷46

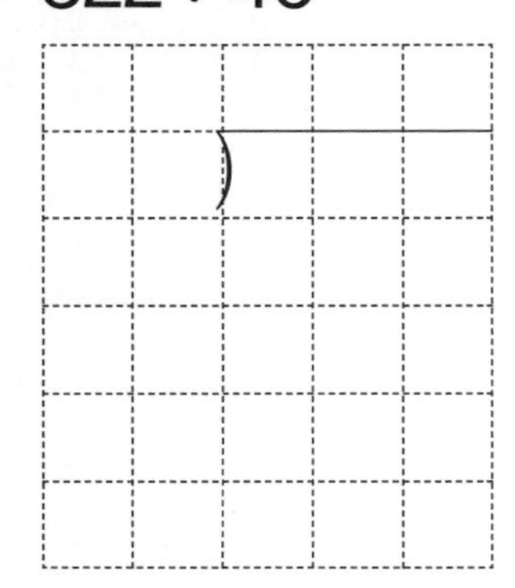

⑤ 189÷63

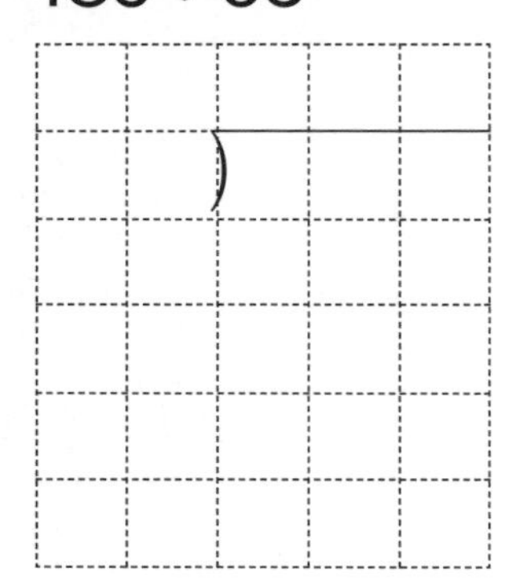

⑥ 380÷19

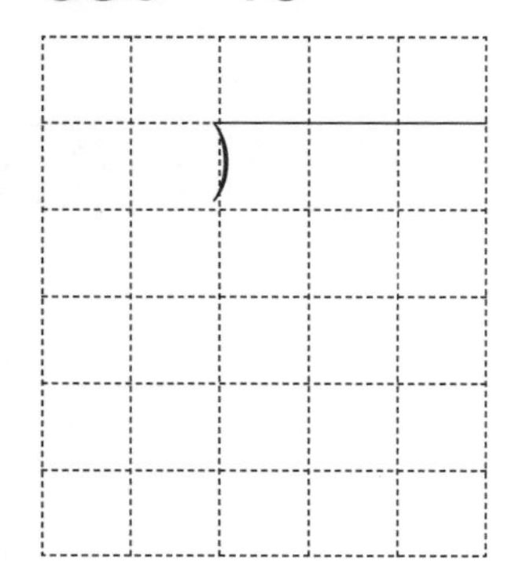

⑦ 300÷75

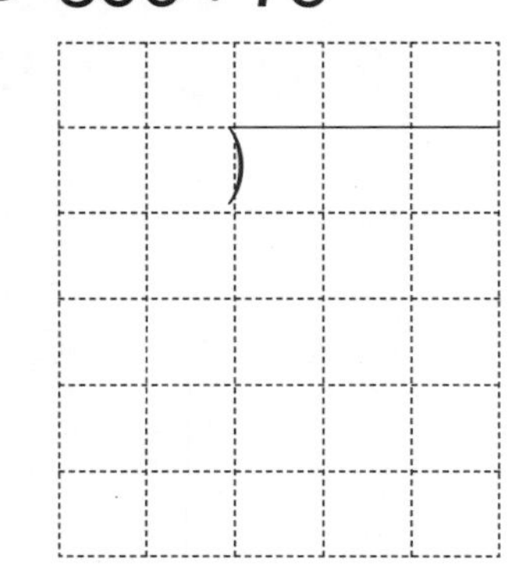

⑧ 486÷81

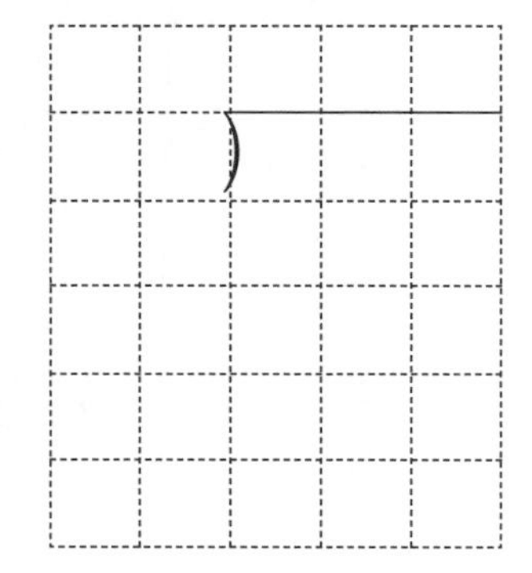

⑨ 648÷54

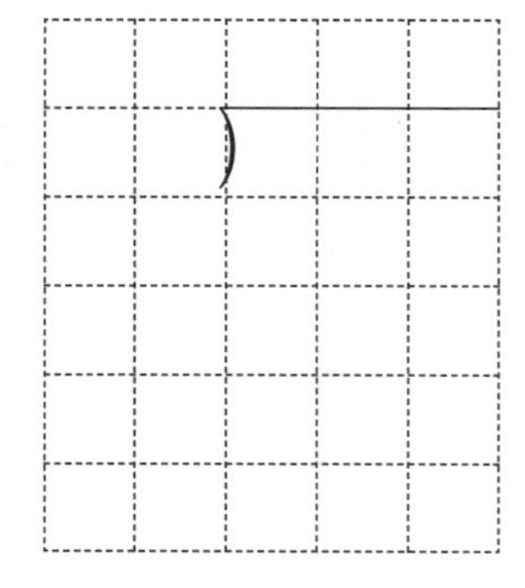

(세 자리 수)÷(두 자리 수) ①

● 표준완성시간 : 3~4분

날짜	월 일
시간	분 초
오답 수	/ 12

A형

★ 나눗셈을 하시오.

① 18)630

② 

③ 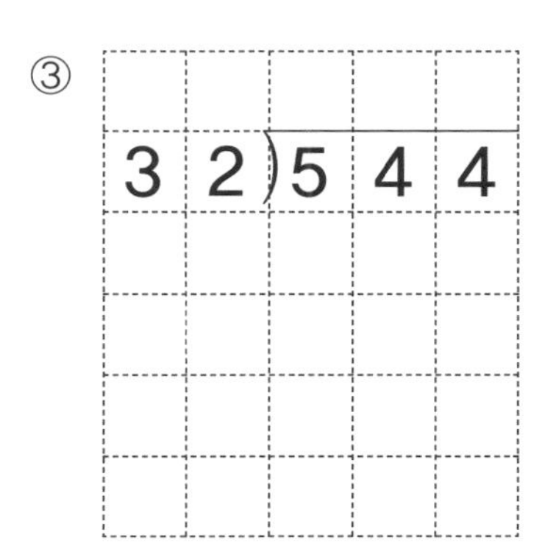

④ 21)882

⑤ 15)510

⑥ 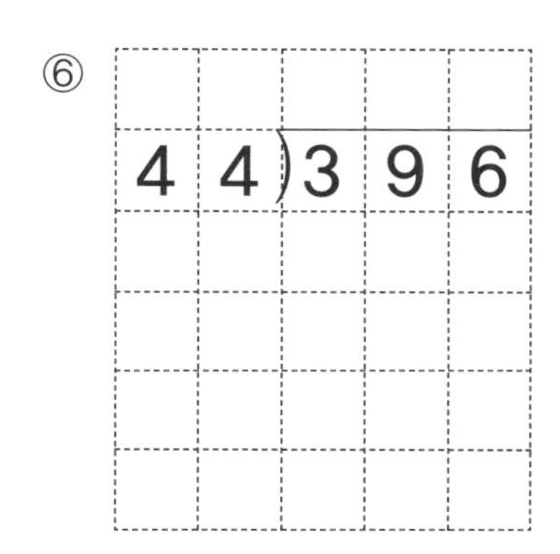

⑦ 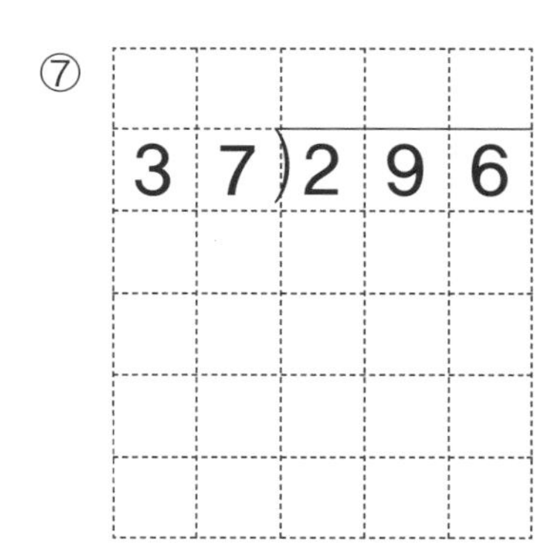

⑧ 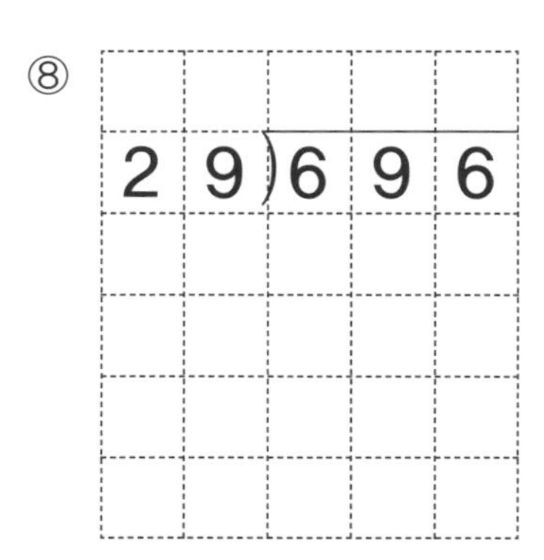

⑨ 73)803

⑩ 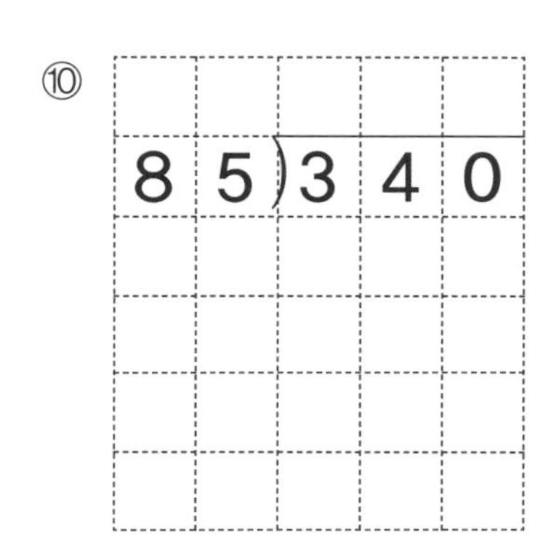

⑪ 66)594

⑫ 48)384

● 표준완성시간 : 3~4분

B형

날짜	월 일
시간	분 초
오답 수	/ 9

(세 자리 수)÷(두 자리 수) ①

★ 나눗셈을 하시오.

① $792 \div 24$

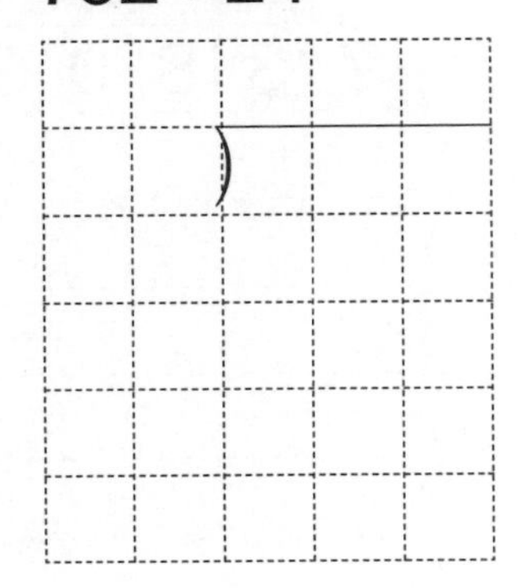

④ $216 \div 54$

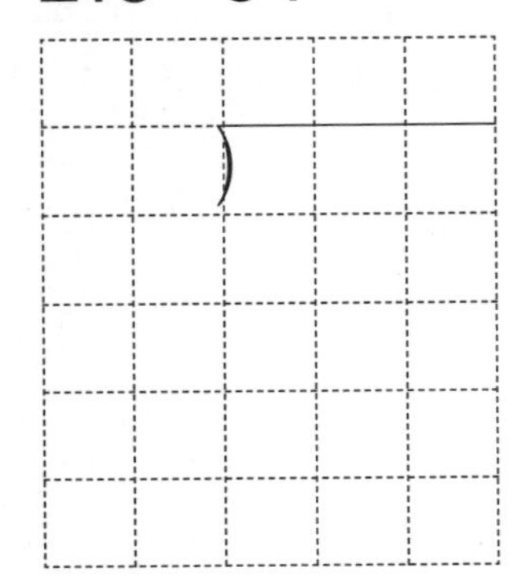

⑦ $588 \div 84$

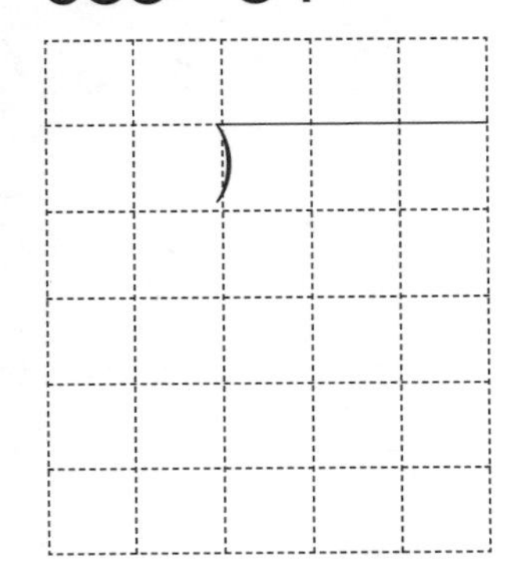

② $165 \div 33$

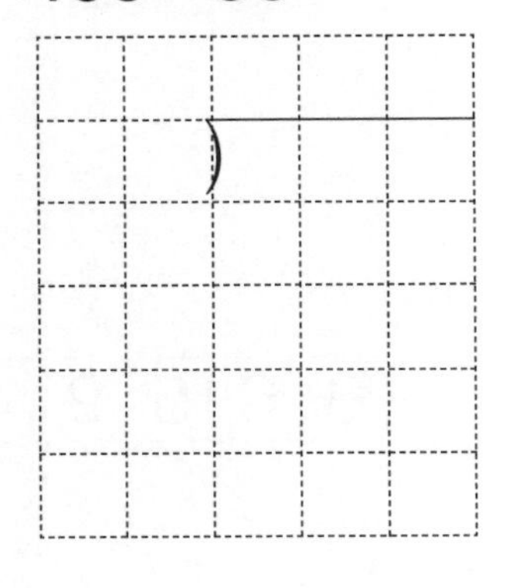

⑤ $624 \div 48$

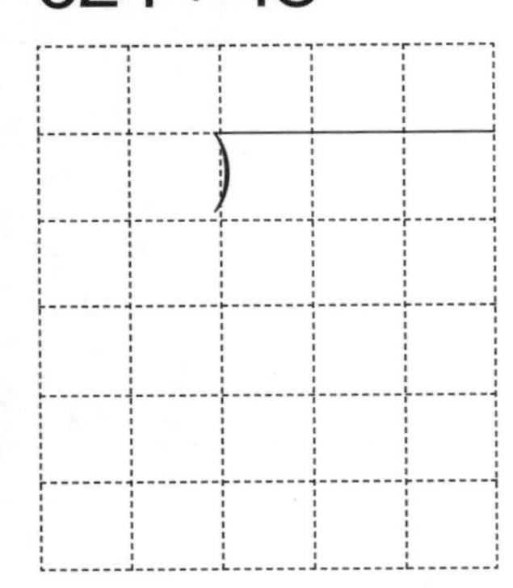

⑧ $671 \div 61$

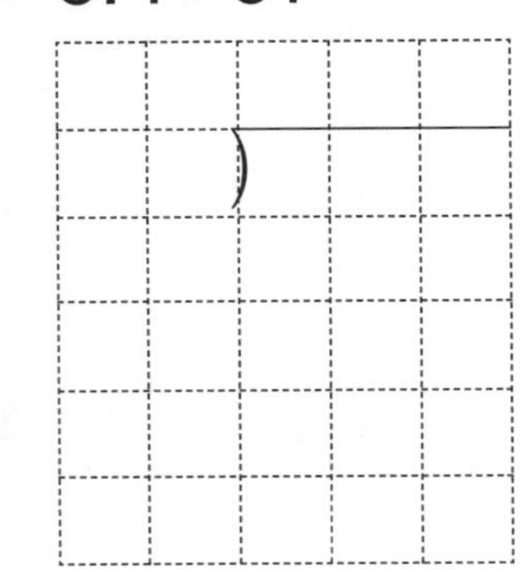

③ $455 \div 13$

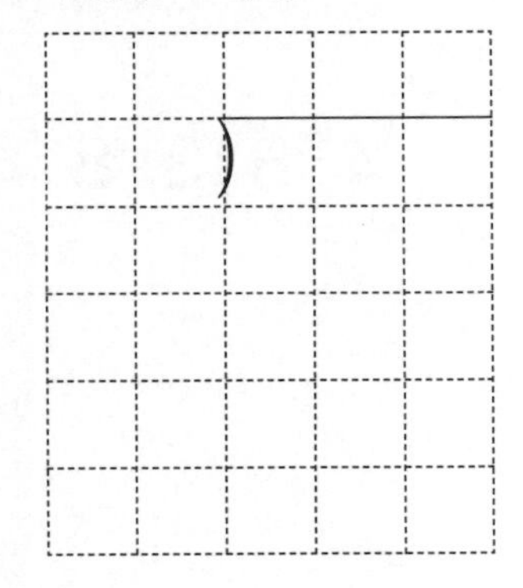

⑥ $420 \div 35$

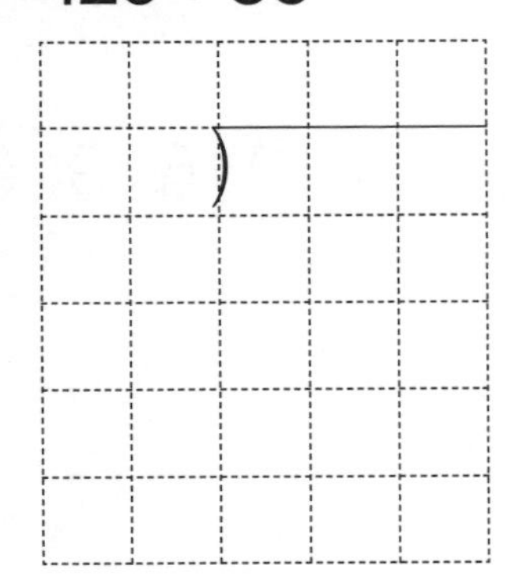

⑨ $370 \div 74$

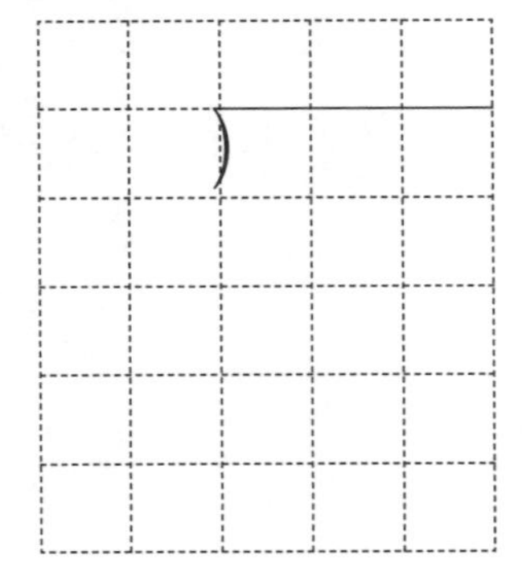

(세 자리 수)÷(두 자리 수) ②

● **결과 기록지**

① 1~5일차 학습에 걸린 시간을 각각 재서 그래프에 점을 찍습니다.
② 점과 점을 연결하여 기록의 변화를 확인합니다.
③ 오답 수를 세어 오답 수 칸에 씁니다.

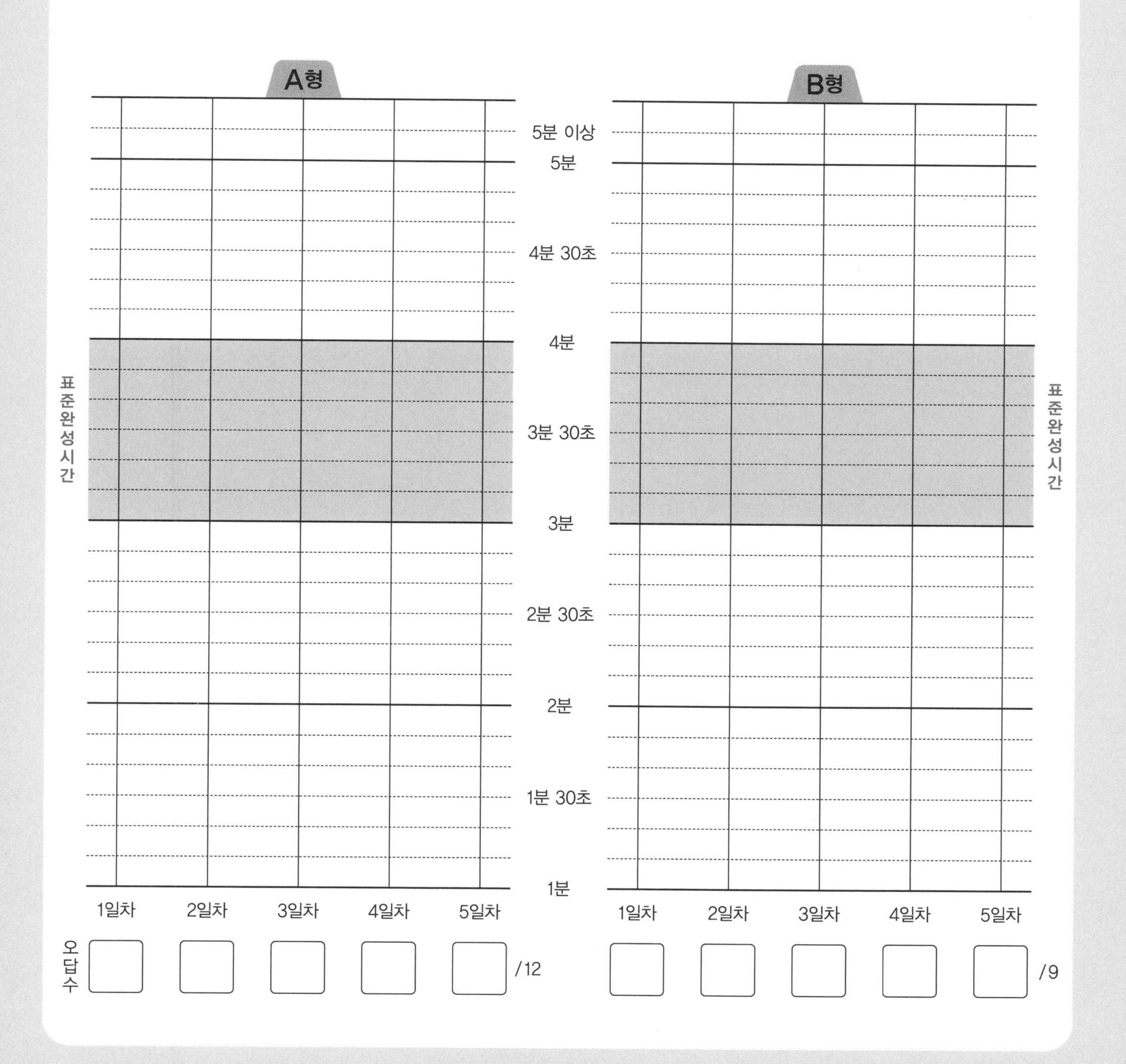

계산력을 기르는 힘!

(세 자리 수)÷(두 자리 수) ②

● 나머지가 있는 (세 자리 수)÷(두 자리 수)

나누는 수가 나뉠 수의 앞 두 자리 수보다 작거나 같으면 몫은 두 자리, 나뉠 수의 앞 두 자리 수보다 크면 몫은 한 자리가 됩니다.

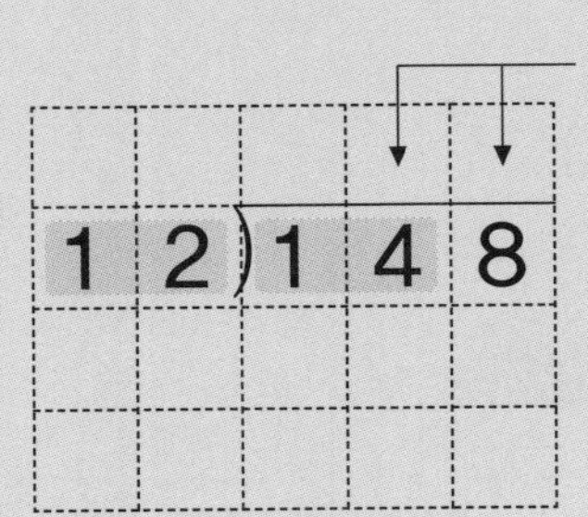

12<14이므로 몫은 두 자리 수가 됩니다.

몫은 한 자리

2	8)	1	2	9

28>12이므로 몫은 한 자리 수가 됩니다.

몫이 두 자리 수인 나눗셈의 예

			1	
1	2)	1	4	8
		1	2	↓
			2	8

14에 12가 1번 들어가므로 몫의 십의 자리에 1을 쓰고, 남은 2와 일의 자리의 8을 내려 씁니다.

⇨

			1	2
1	2)	1	4	8
		1	2	
			2	8
			2	4
				4

28에 12가 2번 들어가므로 몫의 일의 자리에 2를 쓰고, 나머지 4를 씁니다. 148÷12의 몫은 12이고 나머지는 4입니다.

몫이 한 자리 수인 나눗셈의 예

				4
2	8)	1	2	9
		1	1	2
			1	7

12에 28이 들어가지 않으므로 129에 28이 몇 번 들어가는지 생각합니다. 129에 28이 4번 들어가므로 몫은 4가 되고, 나머지는 17입니다.

(세 자리 수)÷(두 자리 수) ②

● 표준완성시간 : 3~4분

날짜	월 일
시간	분 초
오답 수	/ 12

★ 나눗셈을 하시오.

① 12)184

② 16)355

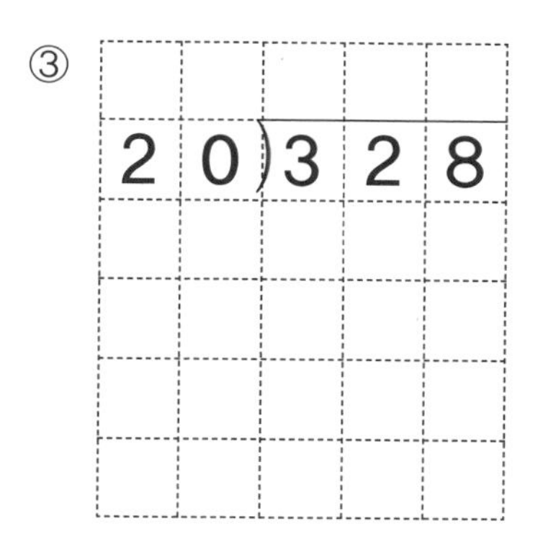
③ 20)328

④ 35)390

⑤ 31)168

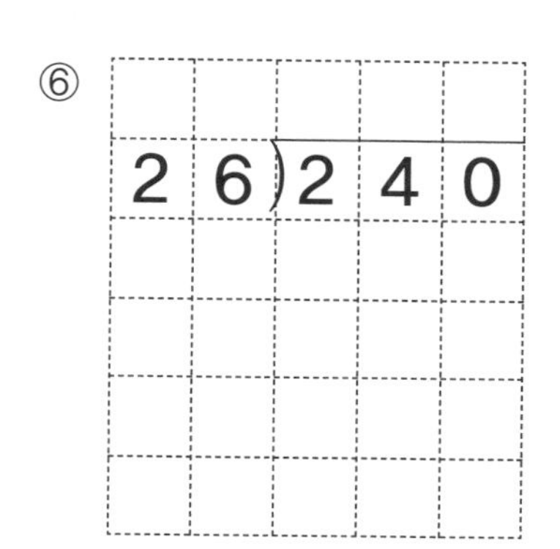
⑥ 26)240

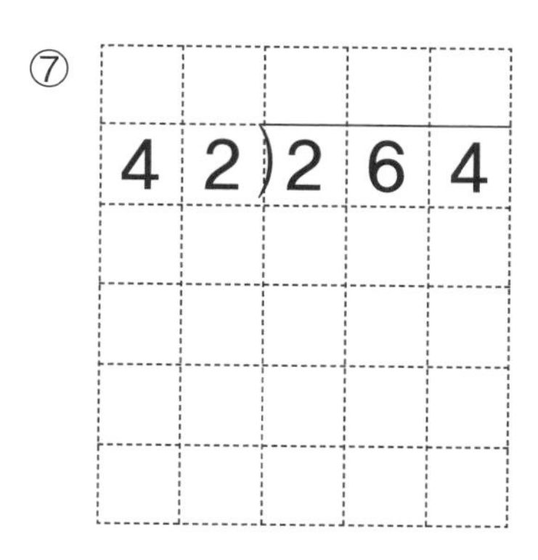
⑦ 42)264

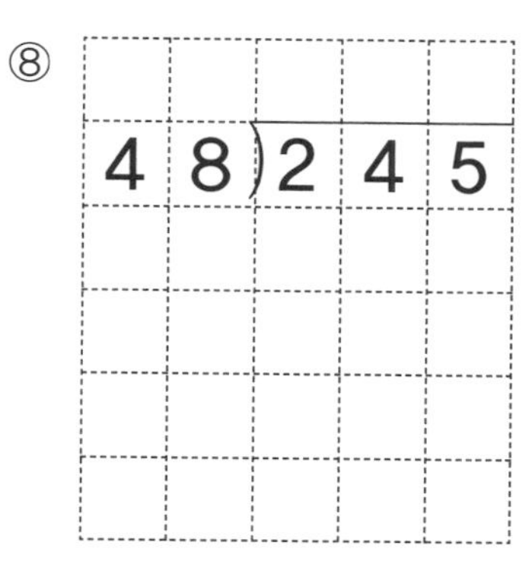
⑧ 48)245

⑨ 56)625

⑩ 53)220

⑪ 74)890

⑫ 64)350

● 표준완성시간 : 3~4분

B형

날짜	월	일
시간	분	초
오답 수		/ 9

(세 자리 수)÷(두 자리 수) ②

★ 나눗셈을 하시오.

① $370 \div 33$

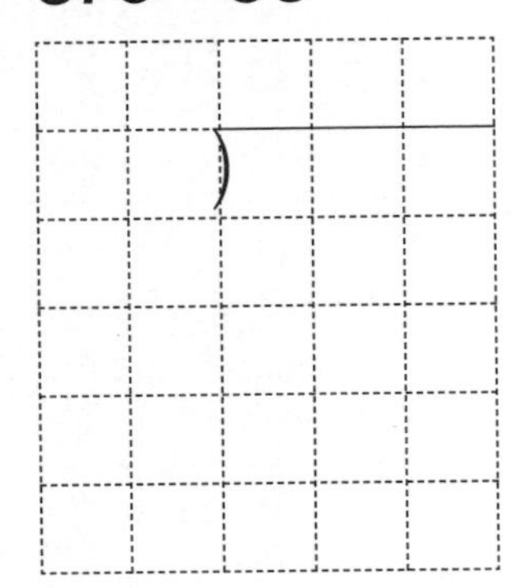

④ $140 \div 15$

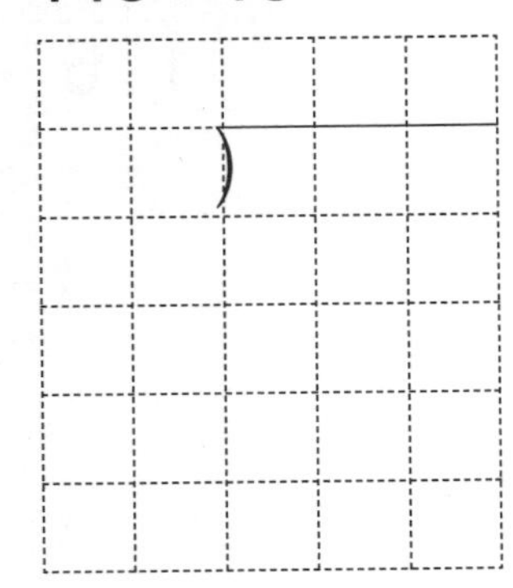

⑦ $642 \div 62$

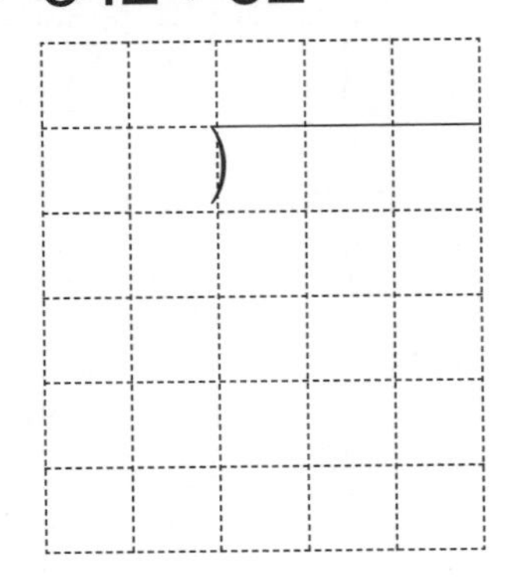

② $372 \div 18$

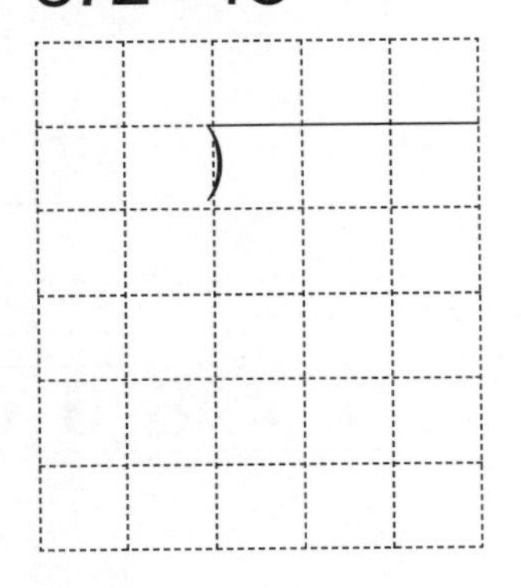

⑤ $405 \div 45$

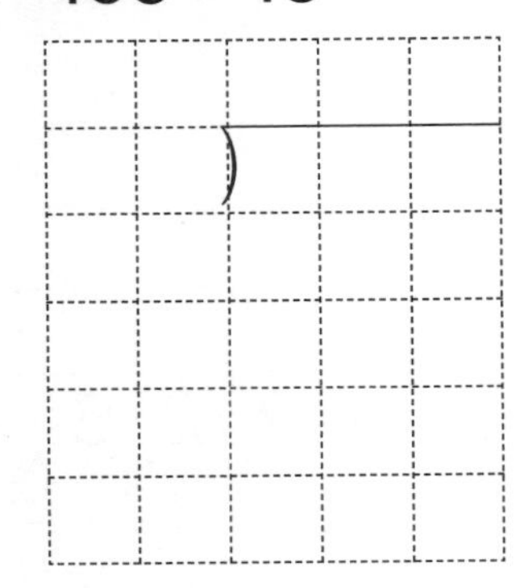

⑧ $600 \div 72$

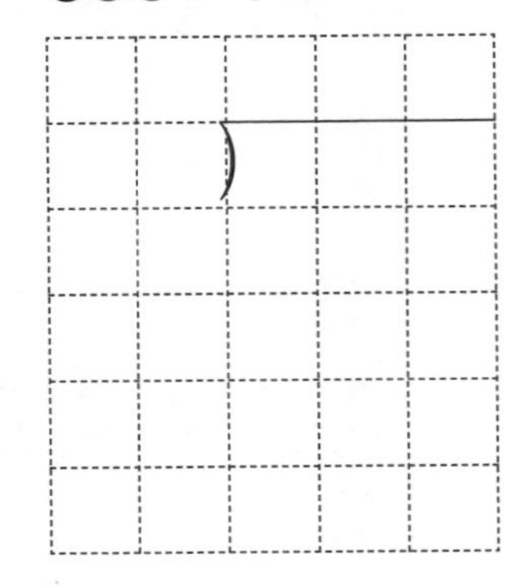

③ $383 \div 24$

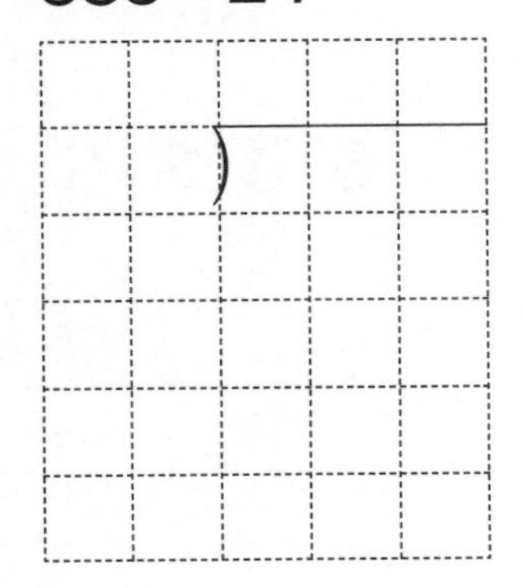

⑥ $430 \div 51$

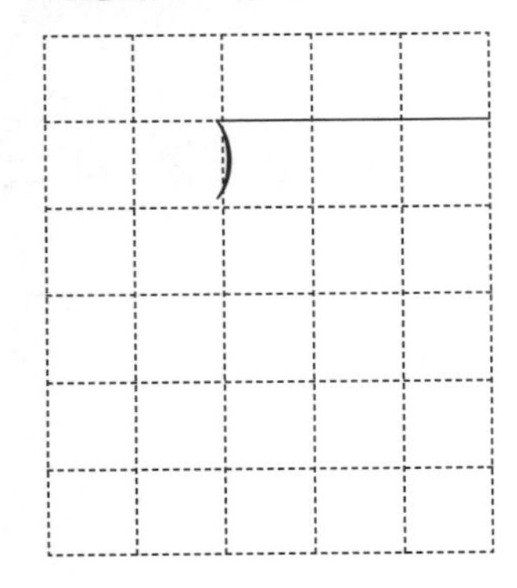

⑨ $500 \div 81$

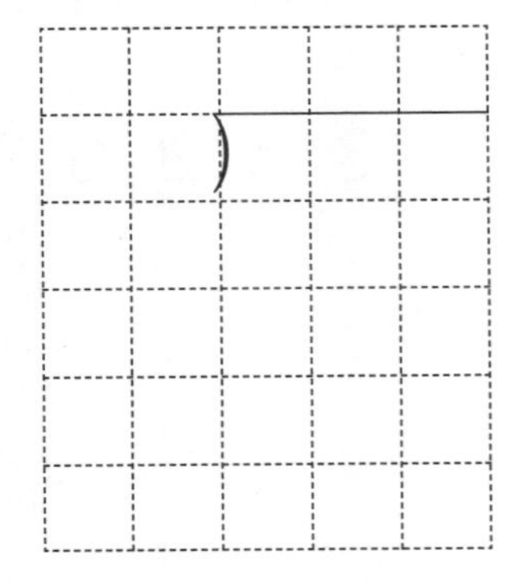

(세 자리 수)÷(두 자리 수) ②

● 표준완성시간 : 3~4분

날짜	월 일
시간	분 초
오답 수	/ 12

★ 나눗셈을 하시오.

① $13\overline{)330}$

②

$21\overline{)510}$

③ $32\overline{)300}$

④ $17\overline{)238}$

⑤ $36\overline{)470}$

⑥ $25\overline{)630}$

⑦ $52\overline{)735}$

⑧

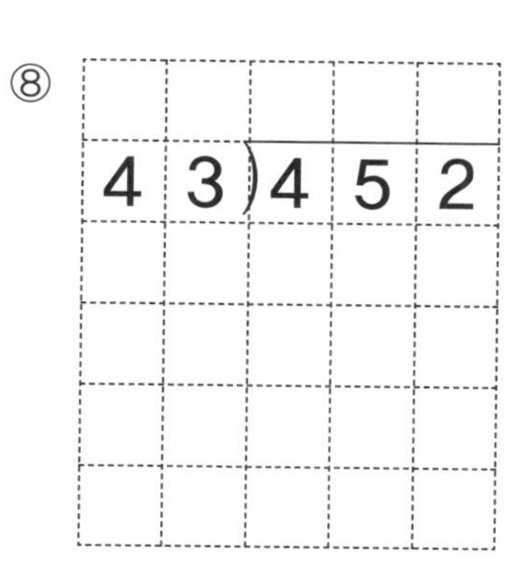

$43\overline{)452}$

⑨ $63\overline{)280}$

⑩ $46\overline{)560}$

⑪ $75\overline{)256}$

⑫ $82\overline{)340}$

● 표준완성시간 : 3~4분

B형

날짜	월	일
시간	분	초
오답 수		/ 9

(세 자리 수)÷(두 자리 수) ②

★ 나눗셈을 하시오.

① 160÷19

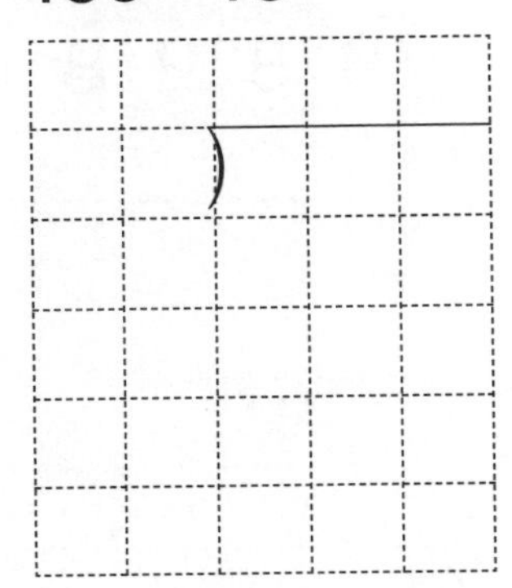

④ 770÷38

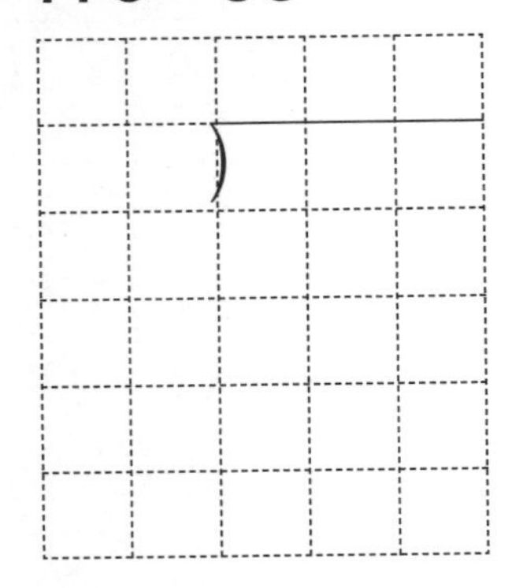

⑦ 895÷73

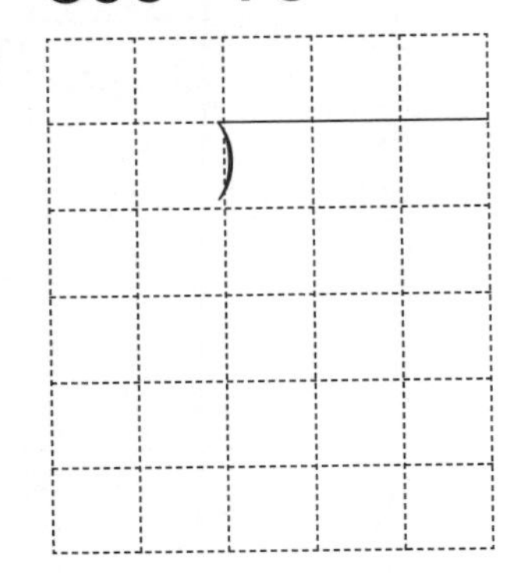

② 333÷23

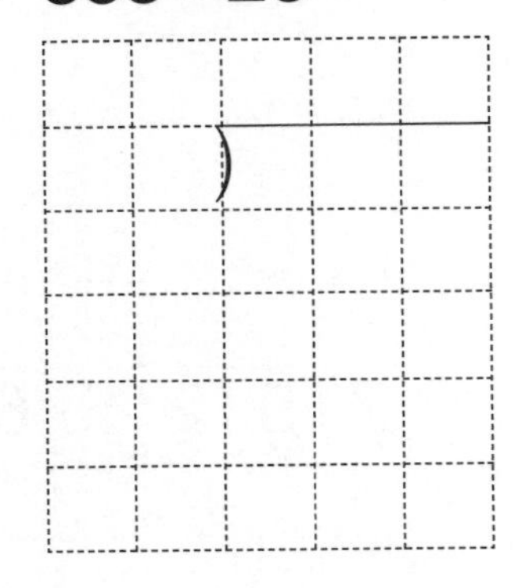

⑤ 533÷41

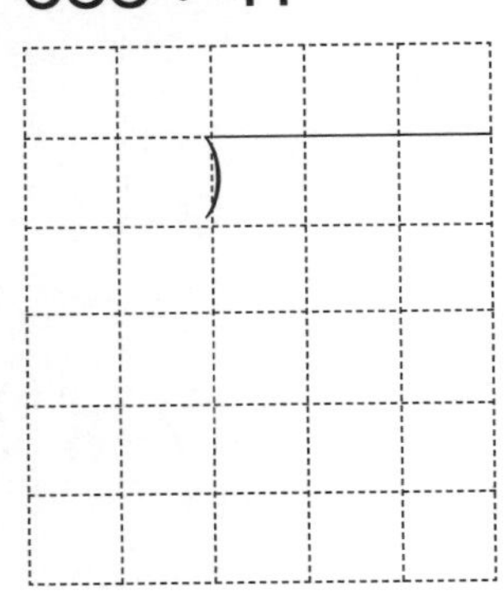

⑧ 721÷90

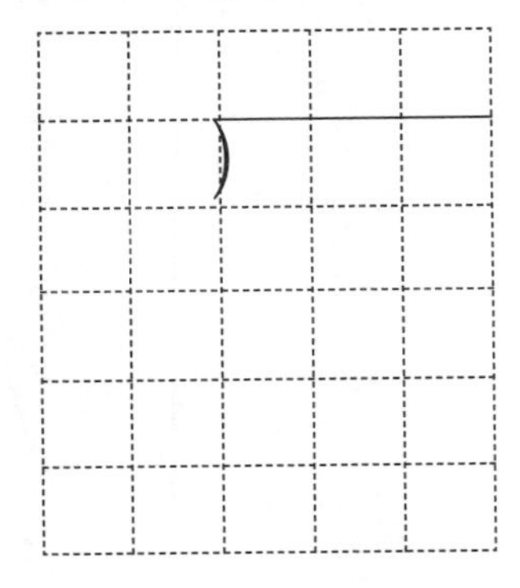

③ 650÷54

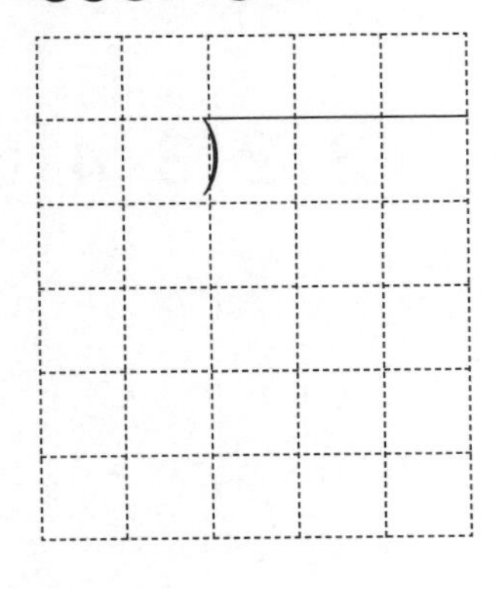

⑥ 400÷66

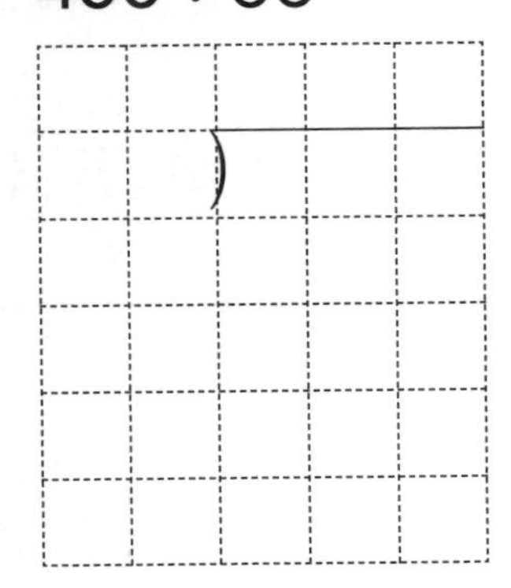

⑨ 520÷84

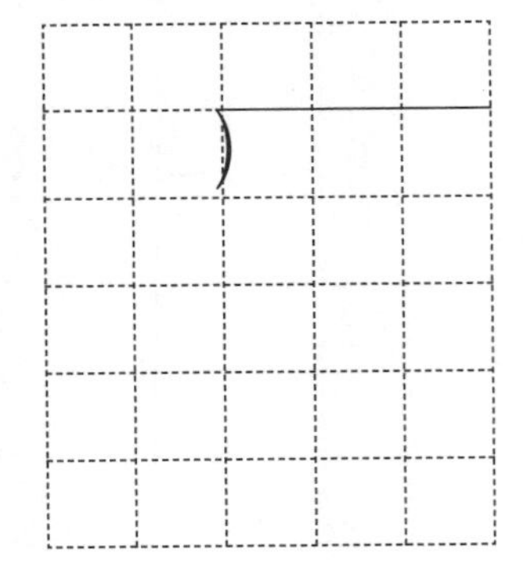

(세 자리 수)÷(두 자리 수) ②

● 표준완성시간 : 3~4분

날짜	월 일
시간	분 초
오답 수	/ 12

A형

★ 나눗셈을 하시오.

① $22\overline{)540}$

② $28\overline{)266}$

③ $11\overline{)410}$

④ $34\overline{)314}$

⑤ $55\overline{)445}$

⑥ $16\overline{)530}$

⑦ $37\overline{)855}$

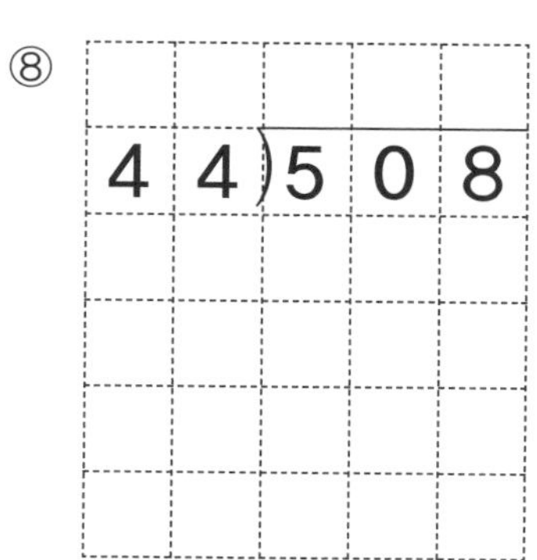

⑧ $44\overline{)508}$

⑨ $32\overline{)197}$

⑩ $85\overline{)369}$

⑪ $93\overline{)480}$

⑫ $61\overline{)745}$

● 표준완성시간 : 3~4분

B형

날짜	월 일
시간	분 초
오답 수	/ 9

(세 자리 수)÷(두 자리 수) ②

★ 나눗셈을 하시오.

① $288 \div 14$

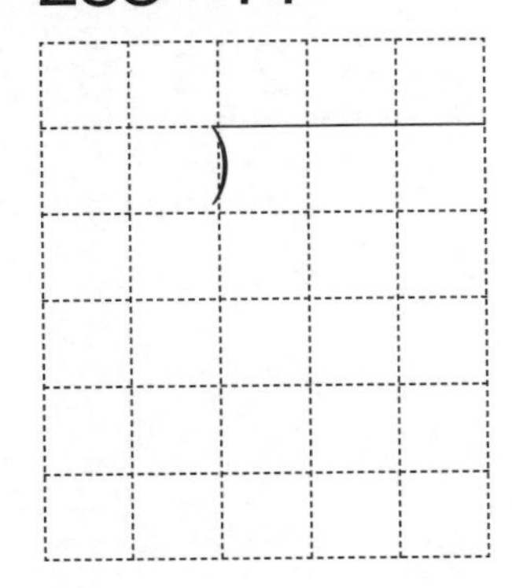

④ $571 \div 27$

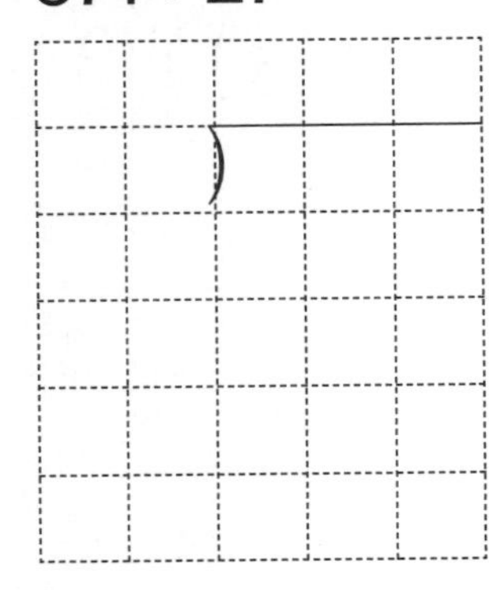

⑦ $816 \div 71$

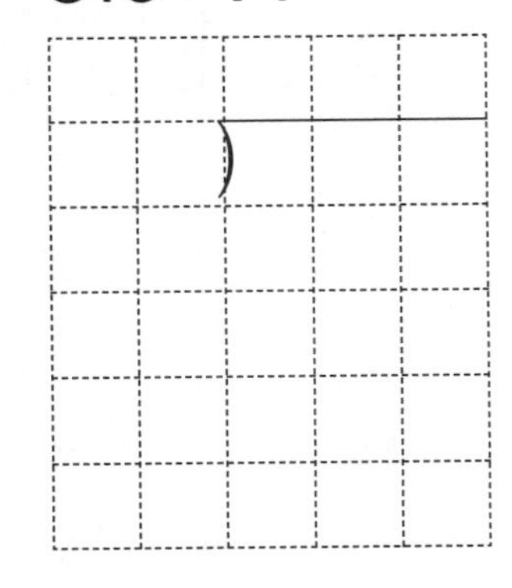

② $425 \div 39$

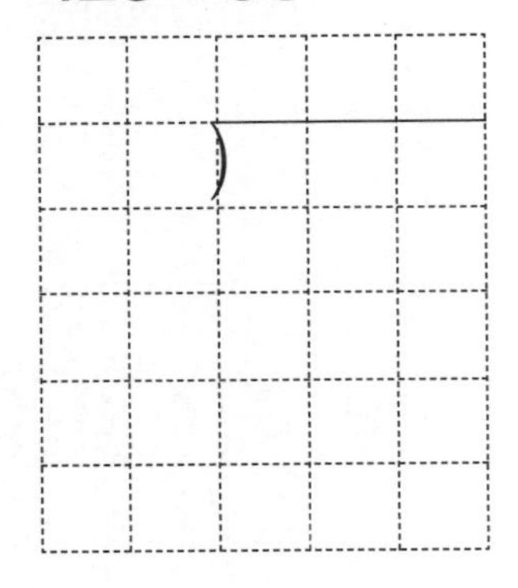

⑤ $469 \div 49$

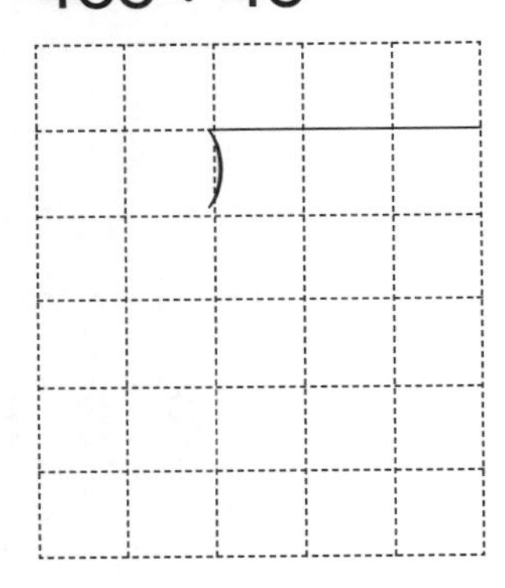

⑧ $754 \div 33$

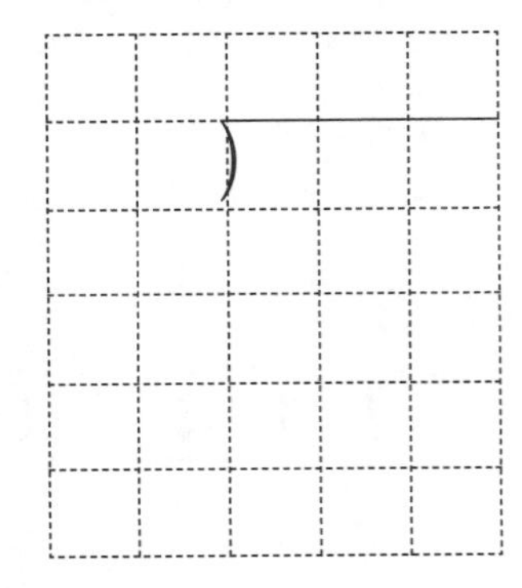

③ $292 \div 58$

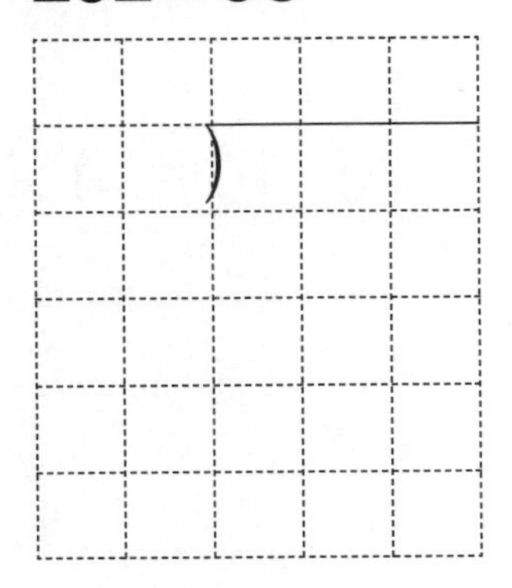

⑥ $710 \div 65$

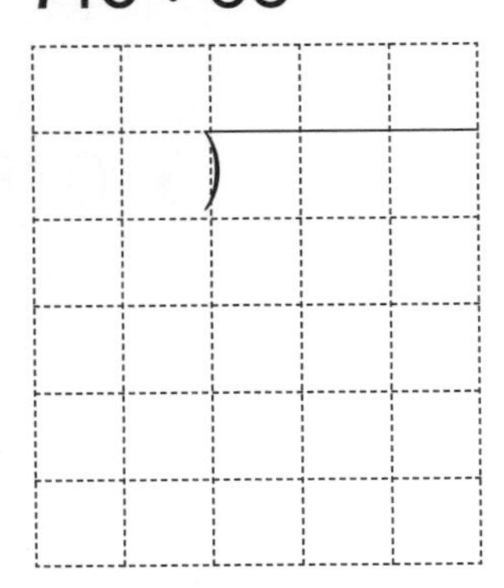

⑨ $820 \div 12$

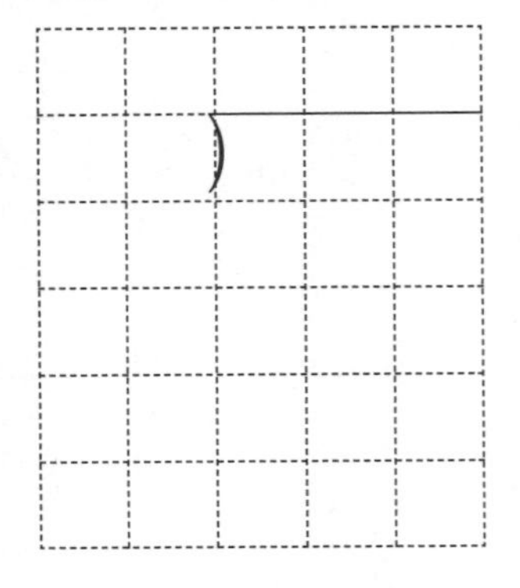

(세 자리 수)÷(두 자리 수) ②

● 표준완성시간 : 3~4분

날짜	월 일
시간	분 초
오답 수	/ 12

A형

★ 나눗셈을 하시오.

① $15\overline{)218}$

⑤ $24\overline{)199}$

⑨ $57\overline{)708}$

② $23\overline{)135}$

⑥ $31\overline{)696}$

⑩ $42\overline{)662}$

③ $29\overline{)619}$

⑦ $47\overline{)594}$

⑪ $68\overline{)209}$

④ $18\overline{)550}$

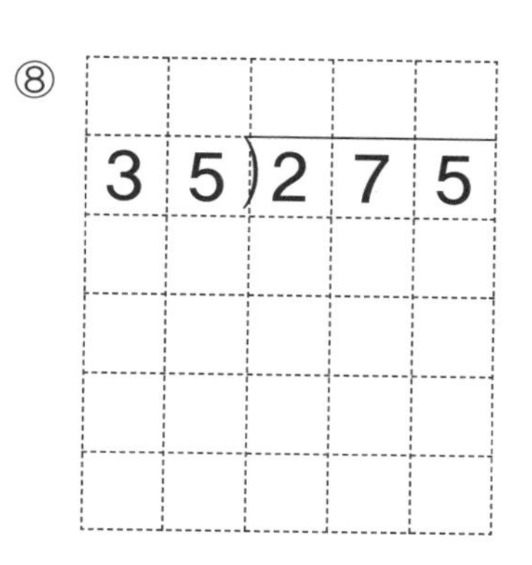
⑧ $35\overline{)275}$

⑫ $76\overline{)677}$

● 표준완성시간 : 3~4분

날짜	월	일
시간	분	초
오답 수		/ 9

(세 자리 수)÷(두 자리 수) ②

★ 나눗셈을 하시오.

① 157÷13

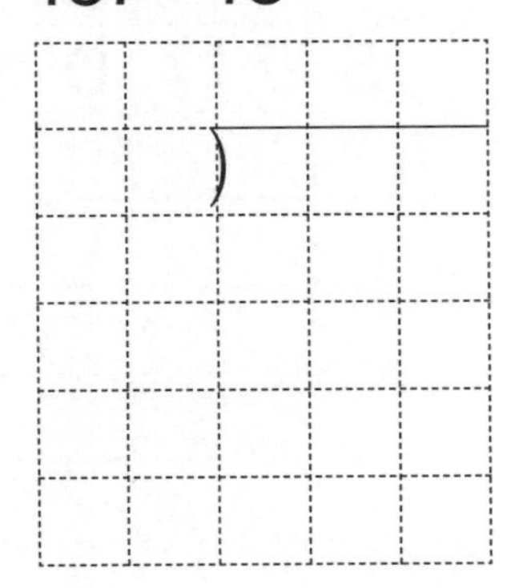

④ 268÷36

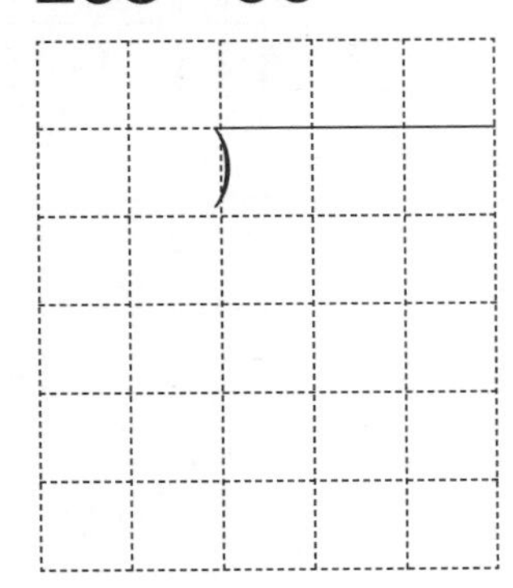

⑦ 435÷53

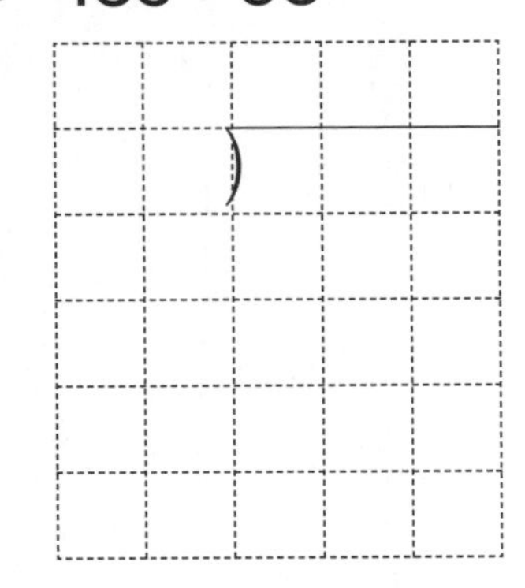

② 178÷45

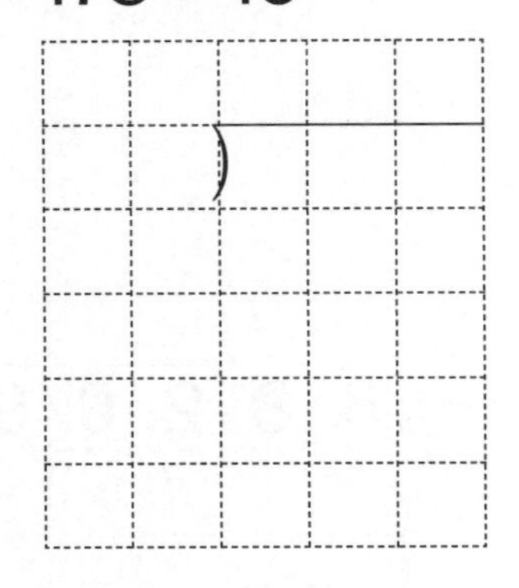

⑤ 763÷67

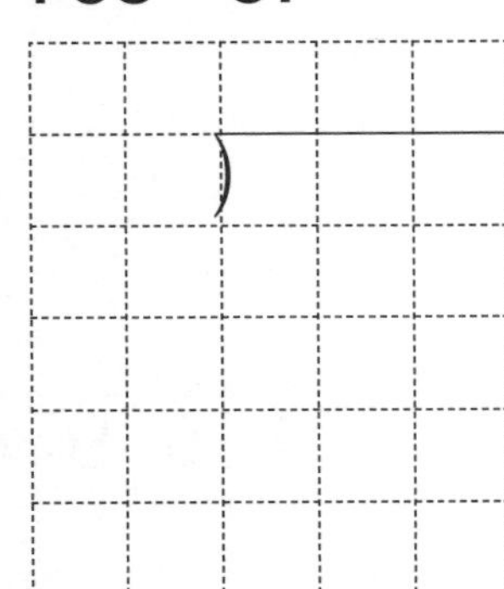

⑧ 910÷82

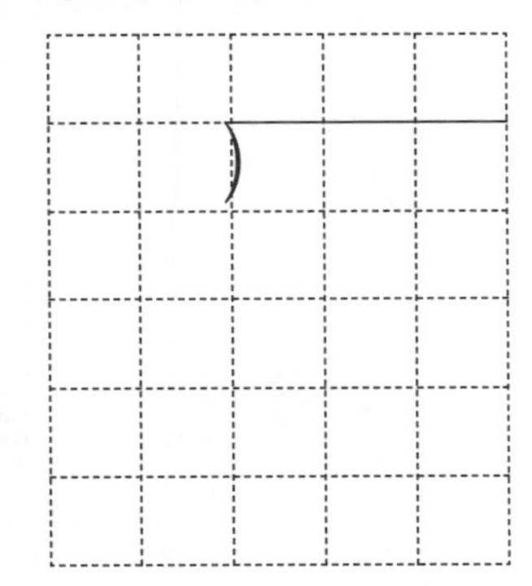

③ 253÷21

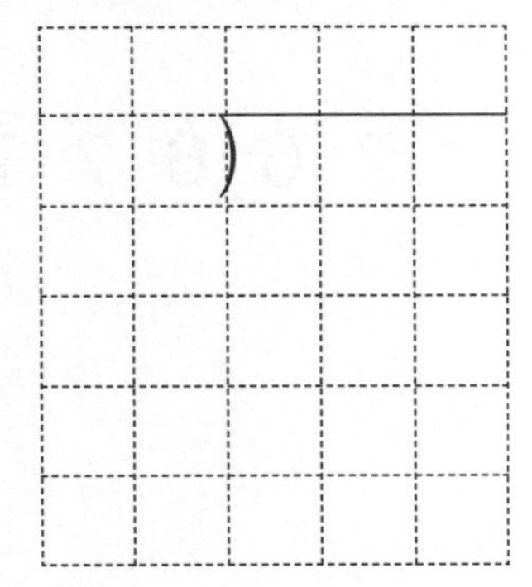

⑥ 858÷78

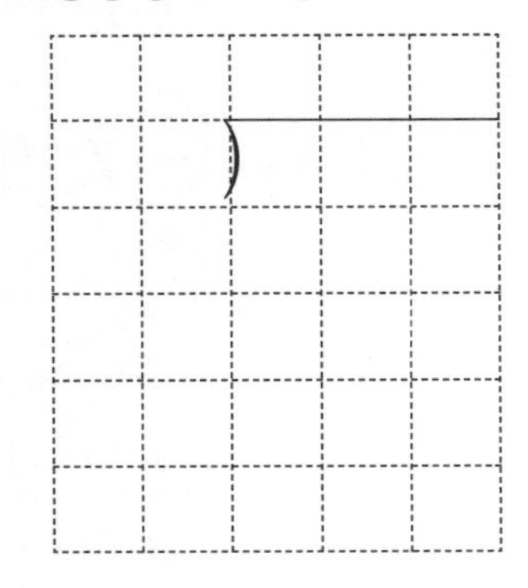

⑨ 685÷91

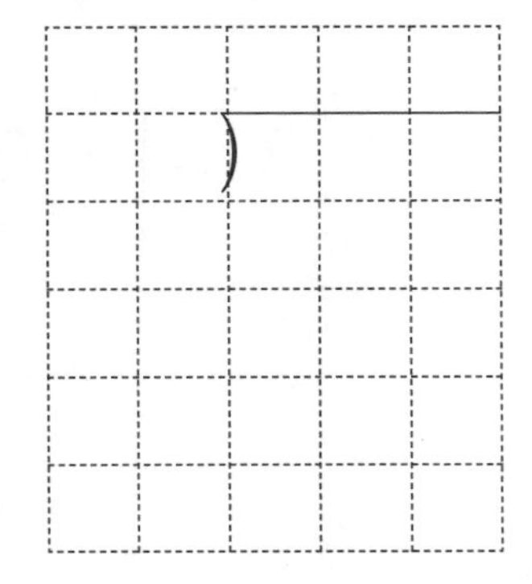

(세 자리 수)÷(두 자리 수) ②

● 표준완성시간 : 3~4분

날짜	월	일
시간	분	초
오답 수	/	12

★ 나눗셈을 하시오.

① $26\overline{)109}$

⑤ $38\overline{)781}$

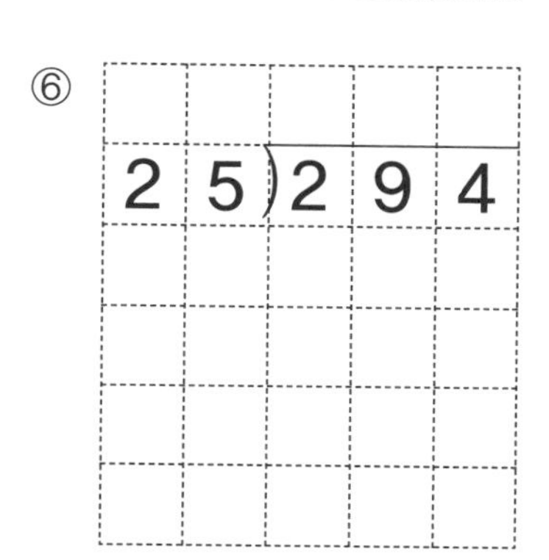

⑨ $46\overline{)229}$

② $17\overline{)315}$

⑥ $25\overline{)294}$

⑩ $52\overline{)664}$

③ $34\overline{)726}$

⑦ $11\overline{)451}$

⑪ $77\overline{)808}$

④ $43\overline{)304}$

⑧ $59\overline{)427}$

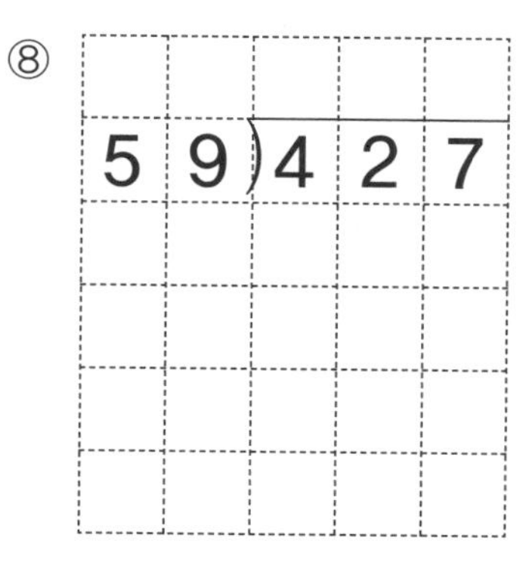

⑫ $69\overline{)830}$

● 표준완성시간 : 3~4분

B형

날짜	월 일
시간	분 초
오답 수	/ 9

(세 자리 수)÷(두 자리 수) ②

★ 나눗셈을 하시오.

① 236÷14

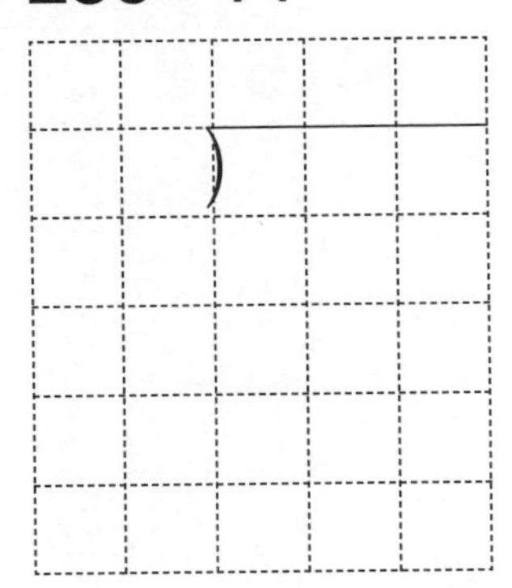

④ 327÷19

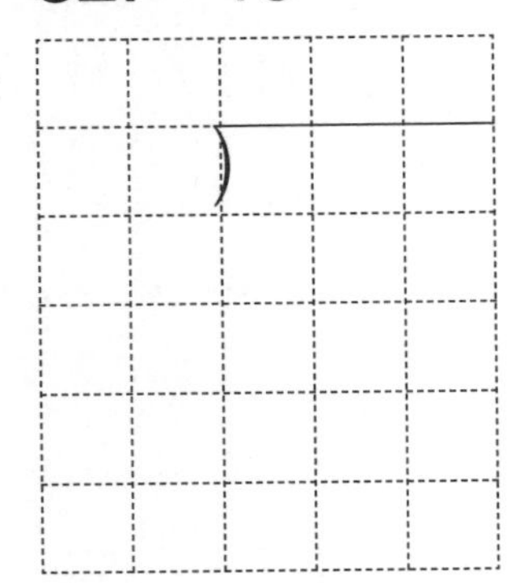

⑦ 495÷51

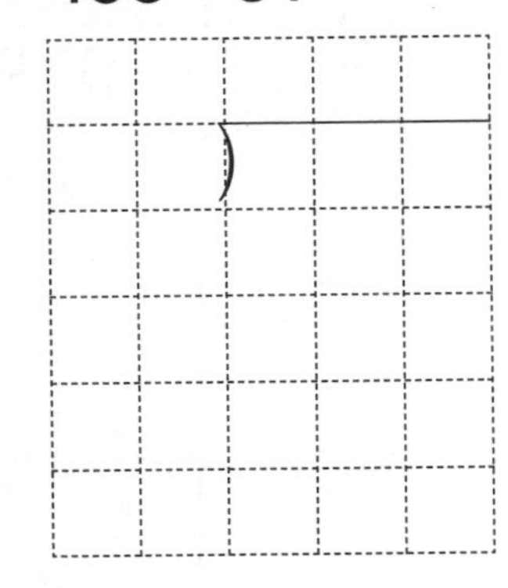

② 608÷33

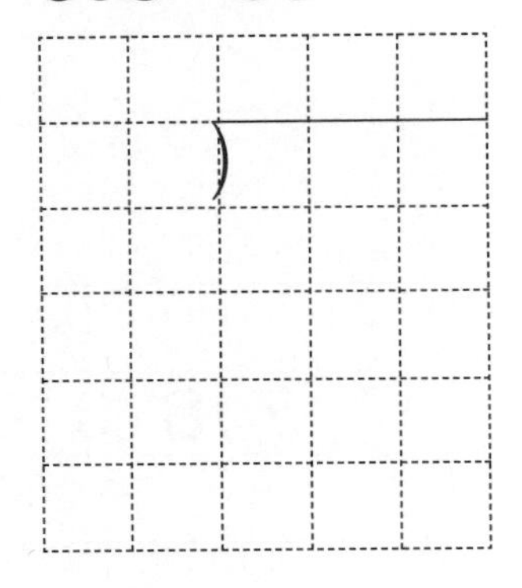

⑤ 213÷28

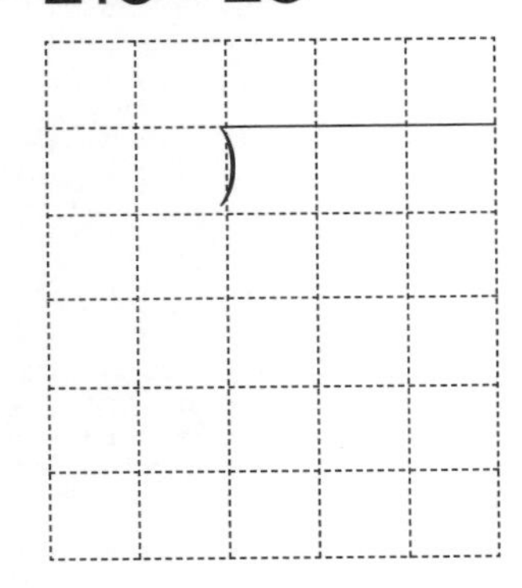

⑧ 671÷79

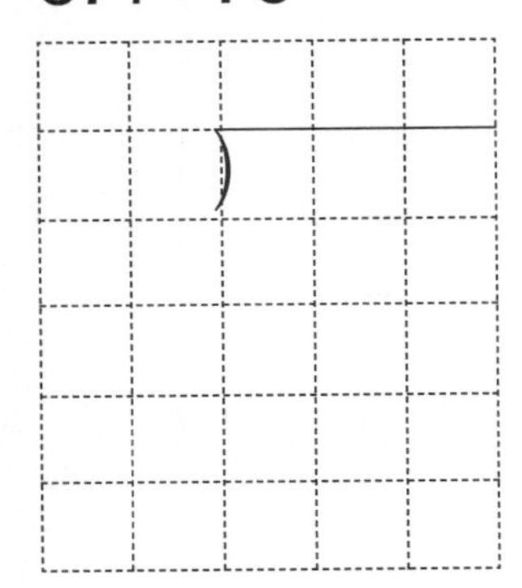

③ 519÷22

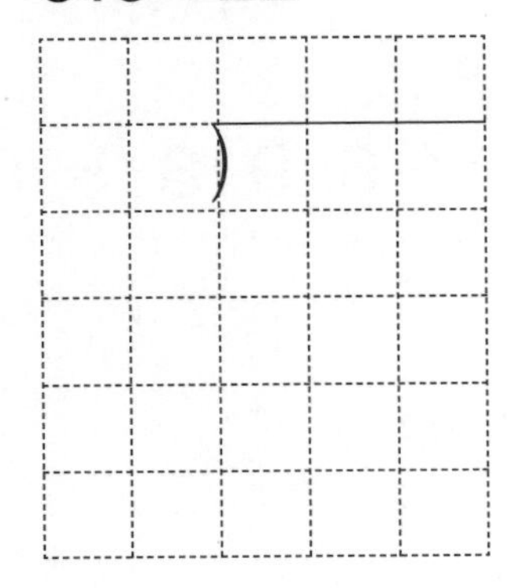

⑥ 342÷44

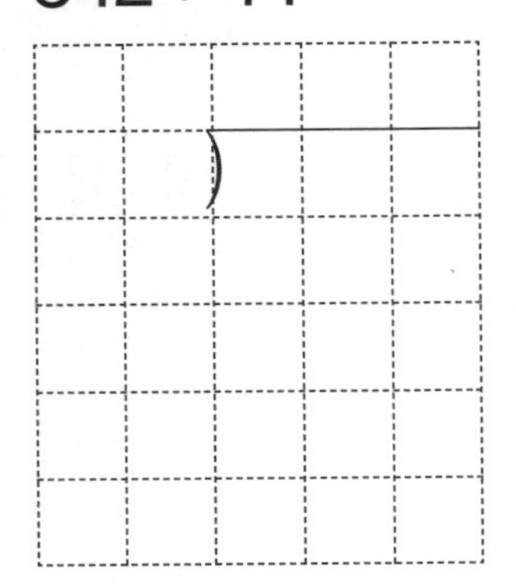

⑨ 874÷62

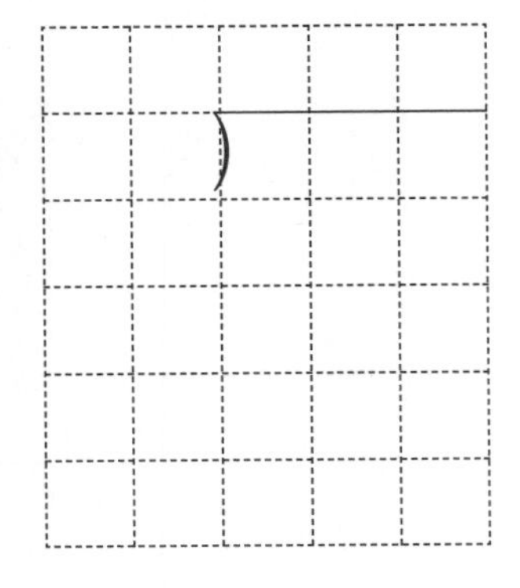

(두 자리 수 · 세 자리 수)÷(두 자리 수)

● **결과 기록지**

① 1~5일차 학습에 걸린 시간을 각각 재서 그래프에 점을 찍습니다.
② 점과 점을 연결하여 기록의 변화를 확인합니다.
③ 오답 수를 세어 오답 수 칸에 씁니다.

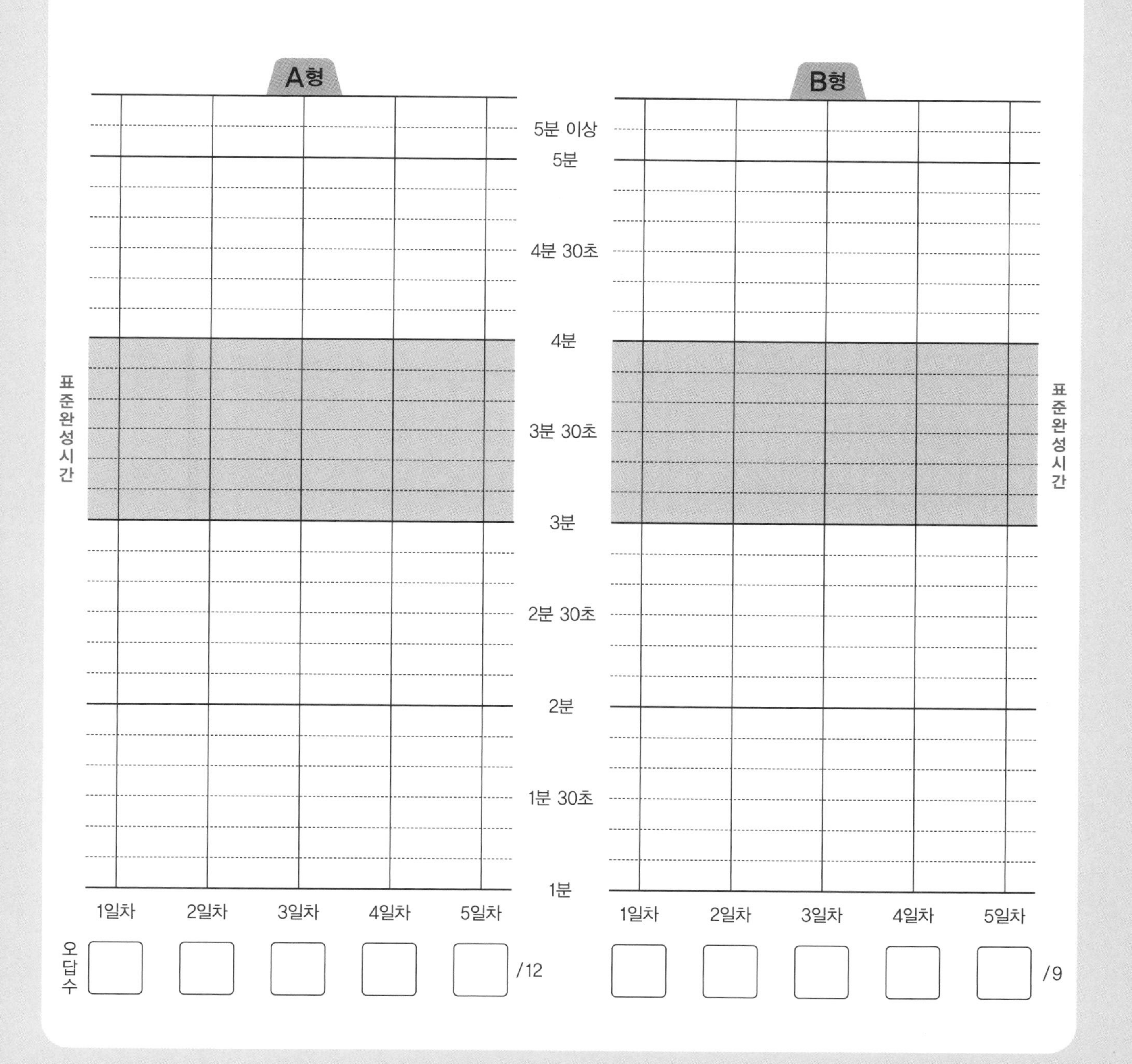

계산력을 기르는 힘!

(두 자리 수 · 세 자리 수)÷(두 자리 수)

● (두 자리 수)÷(두 자리 수)

보기

			4
2	3	)9	5
		9	2
			3

23이 3번이면 69이고 나머지가 26이 되어 몫을 더 크게 생각해야 합니다. 23이 5번이면 115로 나뉠 수 95보다 크므로 몫을 더 작게 생각해야 합니다. 23이 4번이면 92이므로 95÷23의 몫은 4이고, 나머지는 3입니다.

● (세 자리 수)÷(두 자리 수)

몫이 두 자리 수인 나눗셈의 예

			1	1
2	7	)3	1	7
		2	7	
			4	7
			2	7
			2	0

나뉠 수의 백의 자리, 십의 자리 수인 31이 나누는 수 27보다 크므로 몫은 두 자리 수입니다.
31에 27이 1번 들어가므로 몫의 십의 자리에 1을 쓰고, 남은 4와 일의 자리 7을 내려 씁니다.
47에 27이 1번 들어가므로 몫의 일의 자리에 1을 쓰고, 나머지 20을 씁니다.
317÷27의 몫은 11이고, 나머지는 20입니다.

몫이 한 자리 수인 나눗셈의 예

				6
3	6	)2	3	7
		2	1	6
			2	1

나뉠 수의 백의 자리, 십의 자리 수인 23이 나누는 수 36보다 작으므로 몫은 한 자리 수입니다.
36이 6번이면 216이므로 237÷36의 몫은 6이고, 나머지는 21입니다.

1 일차 (두 자리 수 · 세 자리 수)÷(두 자리 수)

날짜	월	일
시간	분	초
오답 수	/	12

★ 나눗셈을 하시오.

① 12)48

②
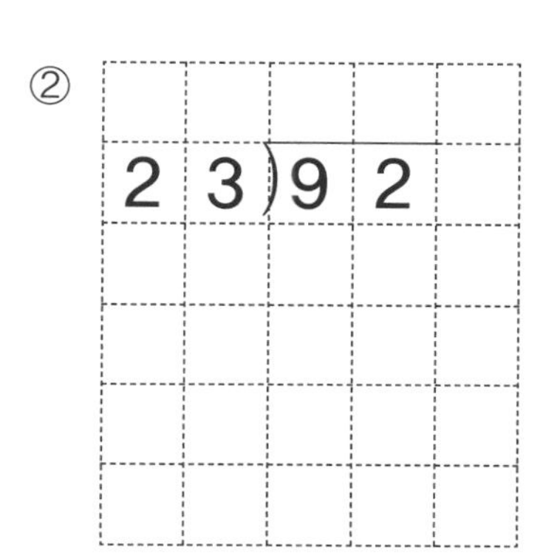

③
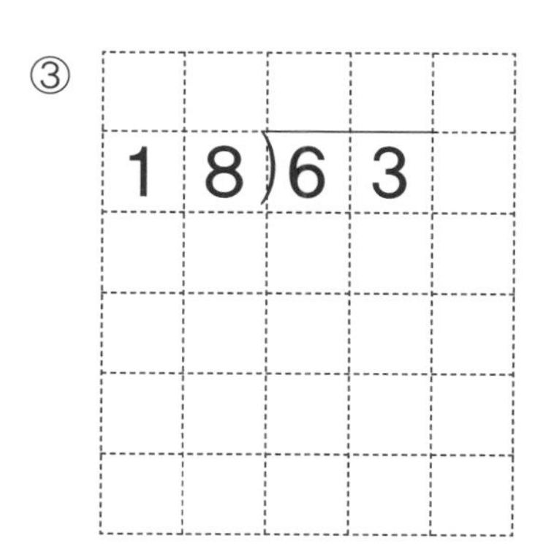

④
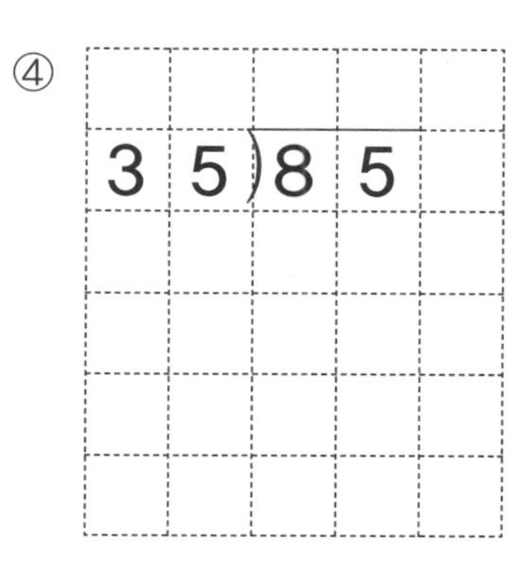

⑤ 15)360

⑥
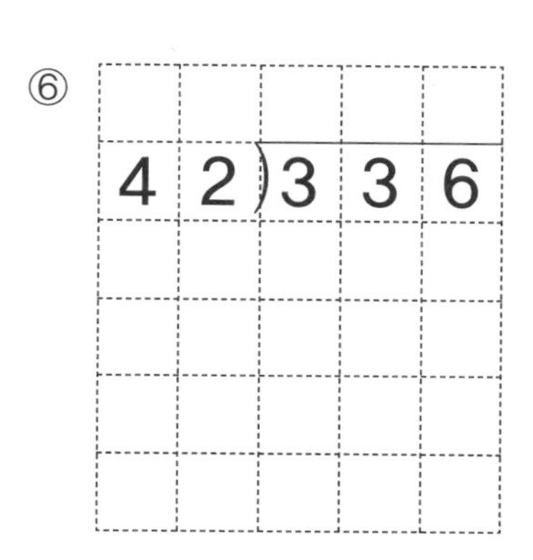

⑦
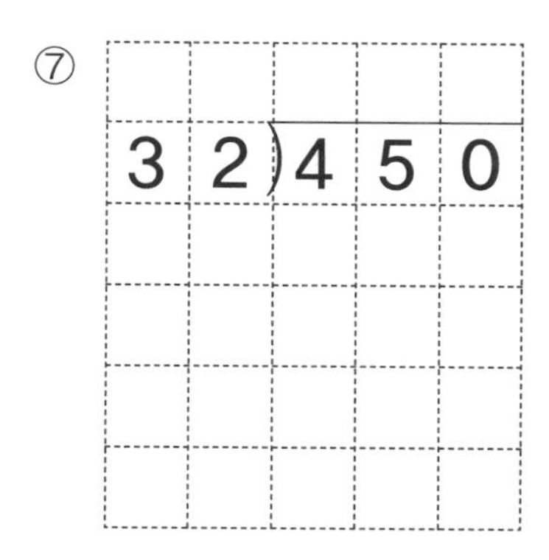

⑧
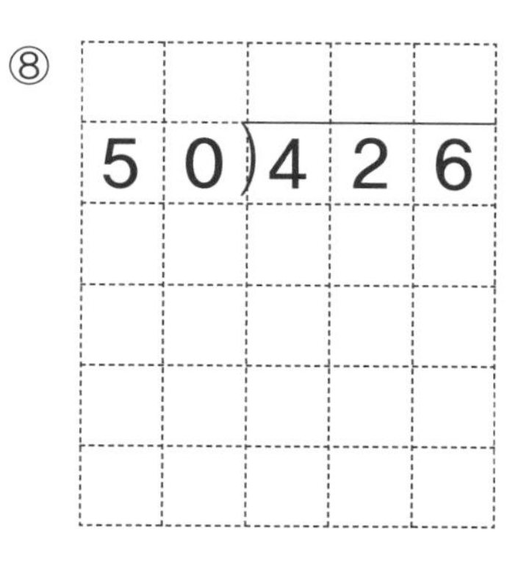

⑨
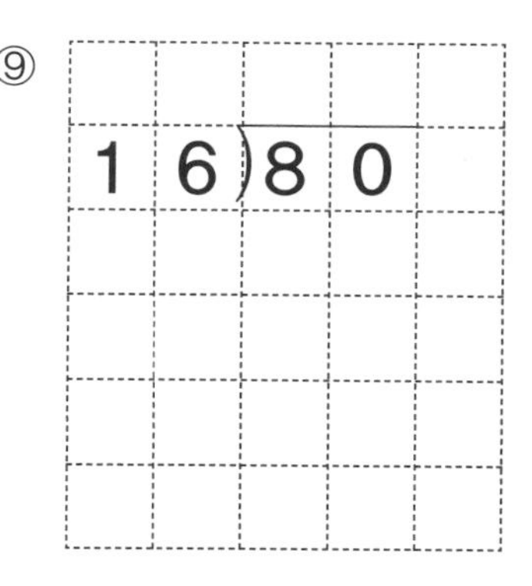

⑩
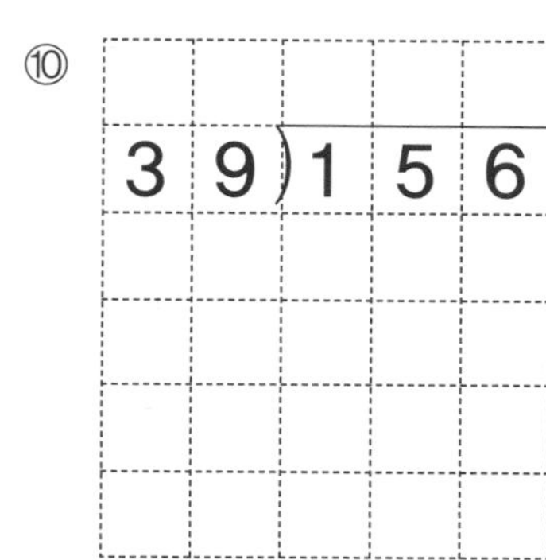

⑪ 28)74

⑫ 61)735

● 표준완성시간 : 3~4분

B형	
날짜	월 일
시간	분 초
오답 수	/ 9

(두 자리 수 · 세 자리 수)÷(두 자리 수)

★ 나눗셈을 하시오.

① 84÷14

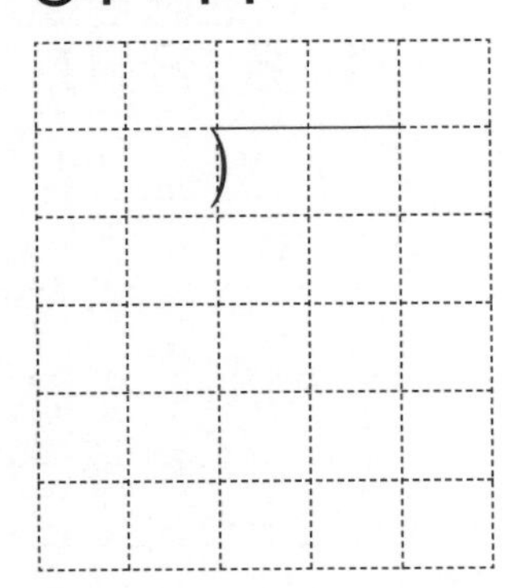

④ 792÷24

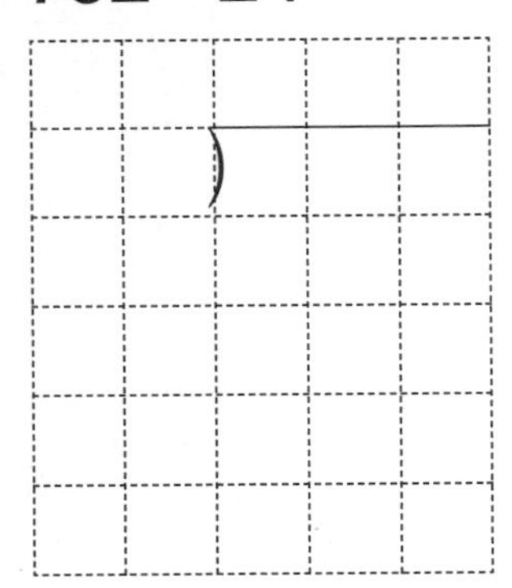

⑦ 99÷45

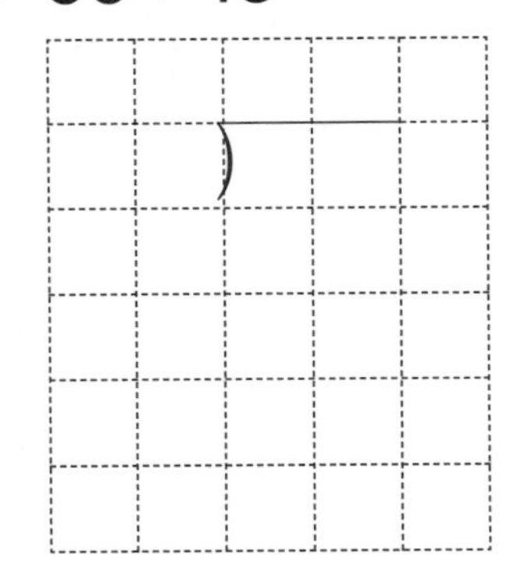

② 69÷25

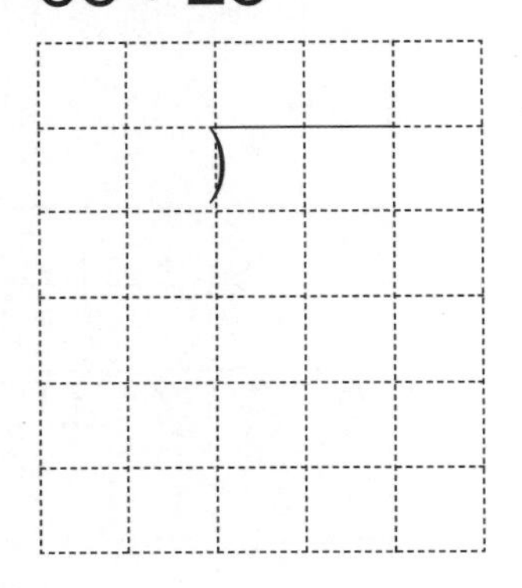

⑤ 133÷19

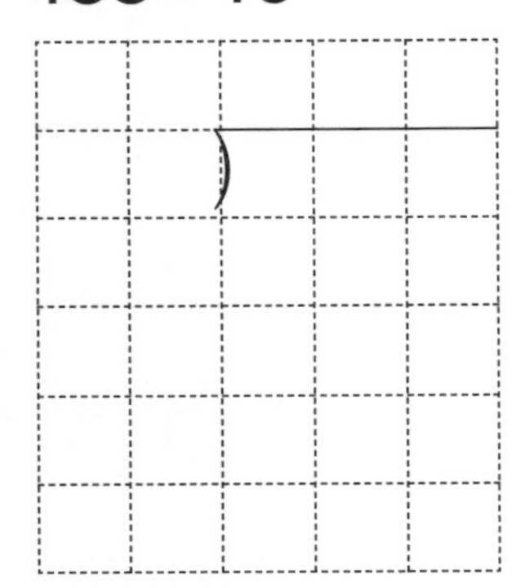

⑧ 785÷56

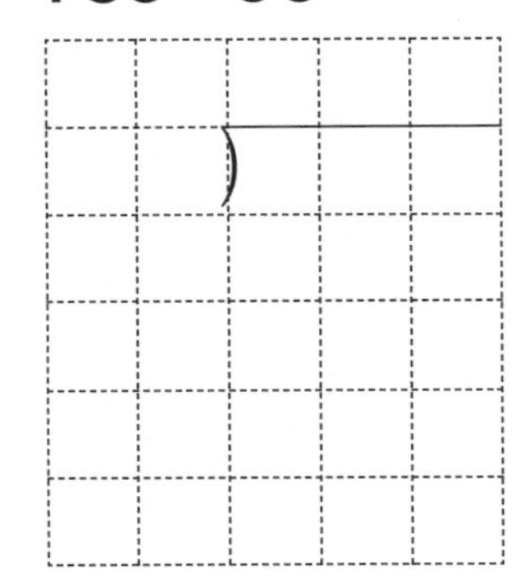

③ 91÷33

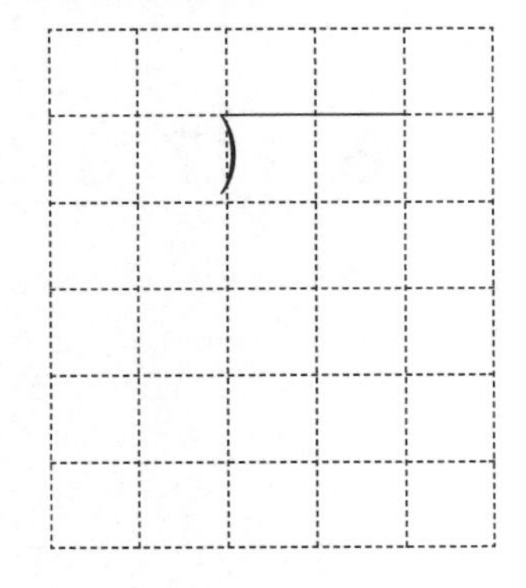

⑥ 690÷31

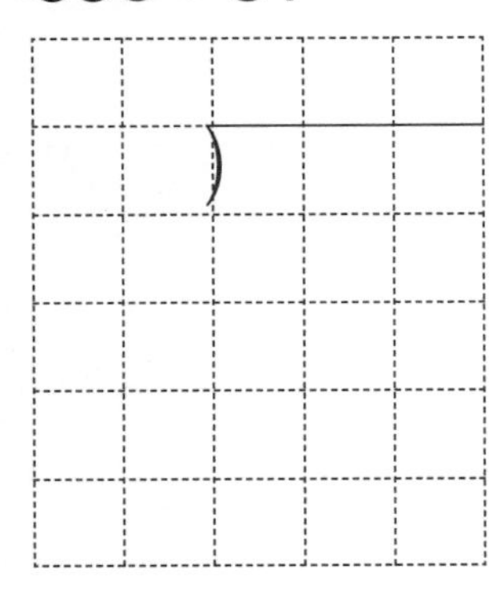

⑨ 454÷64

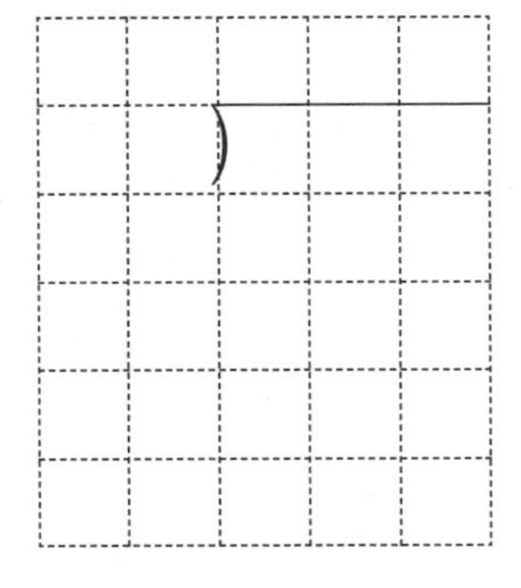

(두 자리 수 · 세 자리 수)÷(두 자리 수)

● 표준완성시간 : 3~4분

날짜	월 일
시간	분 초
오답 수	/ 12

★ 나눗셈을 하시오.

① $17\overline{)68}$

② $26\overline{)650}$

③ $11\overline{)406}$

④ $34\overline{)82}$

⑤ $44\overline{)264}$

⑥ $53\overline{)745}$

⑦ $21\overline{)89}$

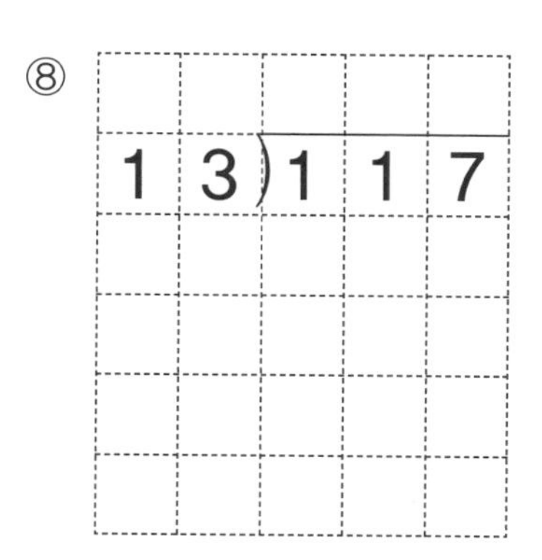

⑧ $13\overline{)117}$

⑨ $27\overline{)300}$

⑩ $40\overline{)851}$

⑪ $65\overline{)410}$

⑫ $74\overline{)225}$

● 표준완성시간 : 3~4분

날짜	월	일
시간	분	초
오답 수		/ 9

B형 (두 자리 수 · 세 자리 수)÷(두 자리 수)

★ 나눗셈을 하시오.

① 80÷22

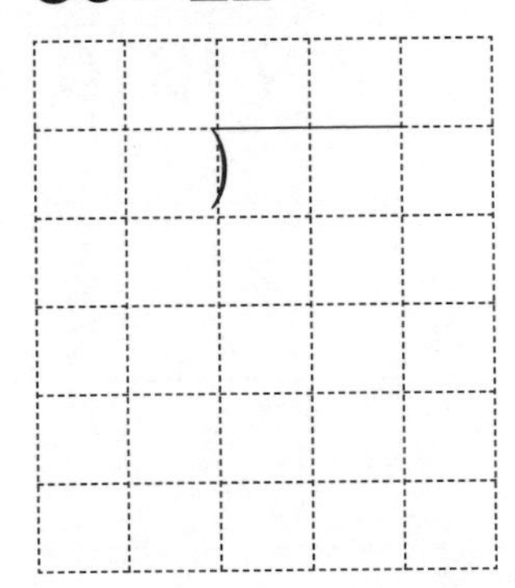

④ 739÷18

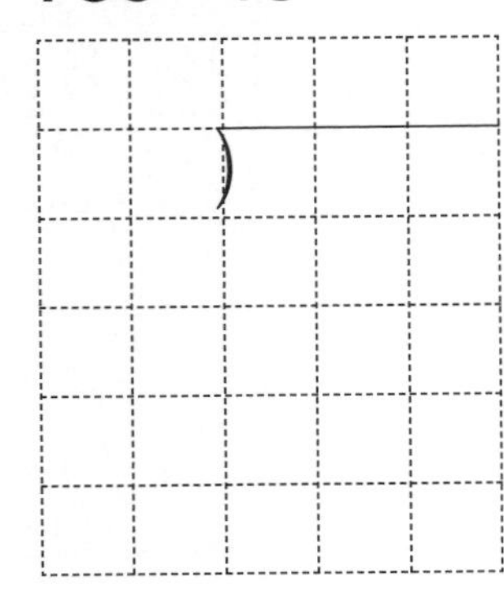

⑦ 62÷14

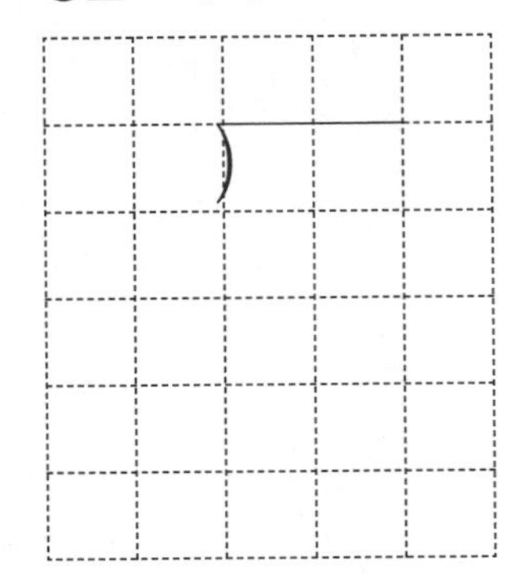

② 252÷36

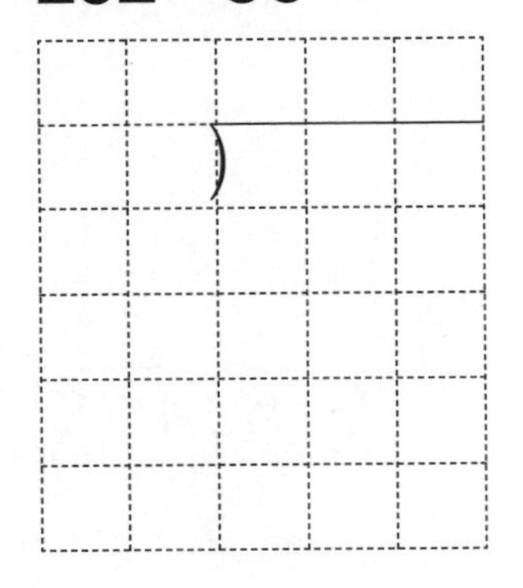

⑤ 322÷46

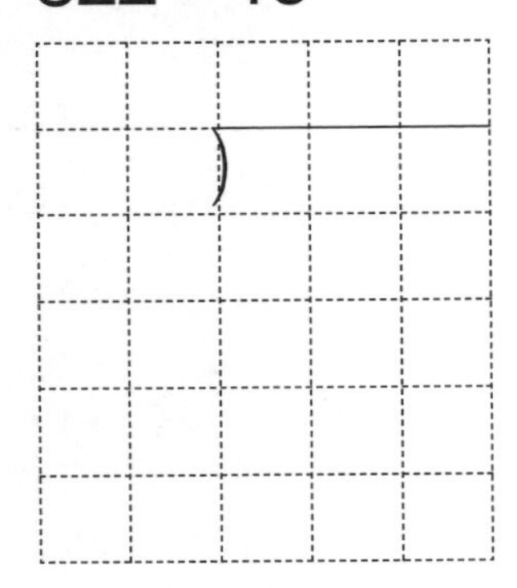

⑧ 862÷37

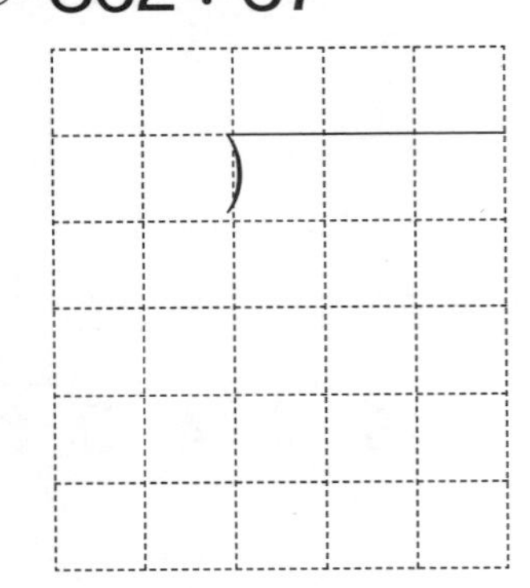

③ 98÷12

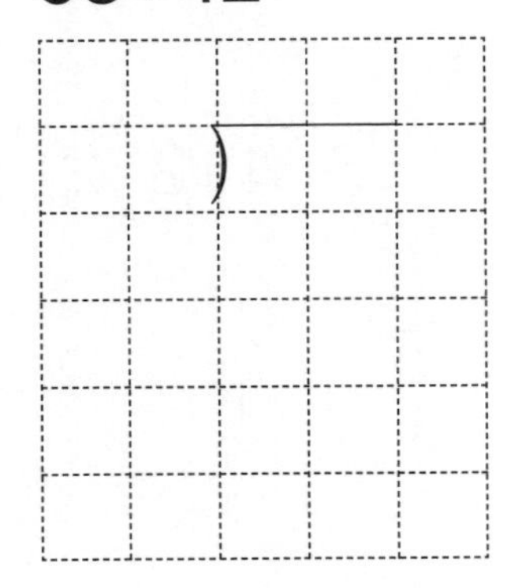

⑥ 94÷29

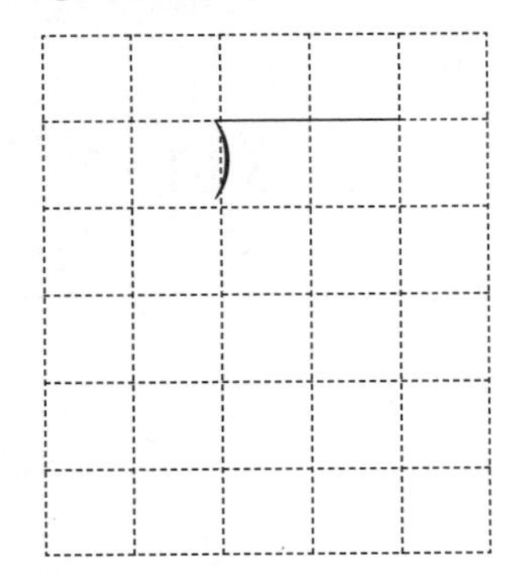

⑨ 341÷82

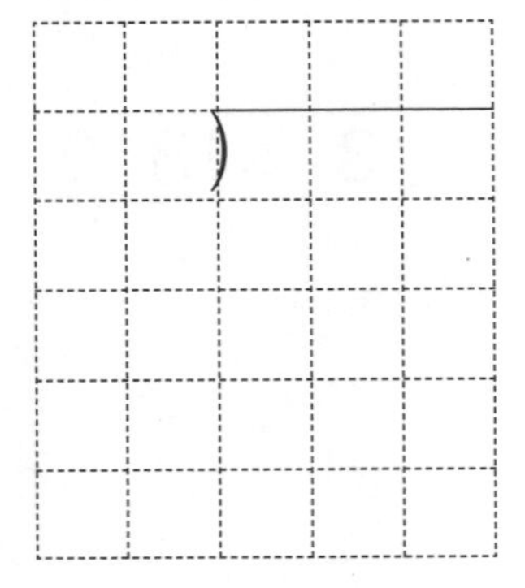

(두 자리 수 · 세 자리 수)÷(두 자리 수)

● 표준완성시간 : 3~4분

날짜	월	일
시간	분	초
오답 수	/	12

A형

★ 나눗셈을 하시오.

①
48)96

②
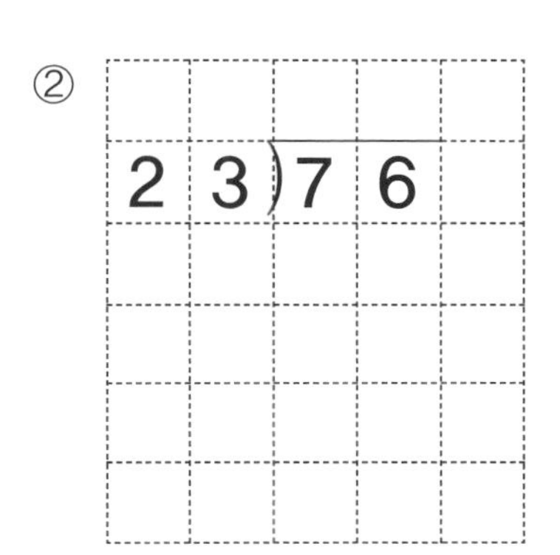

③
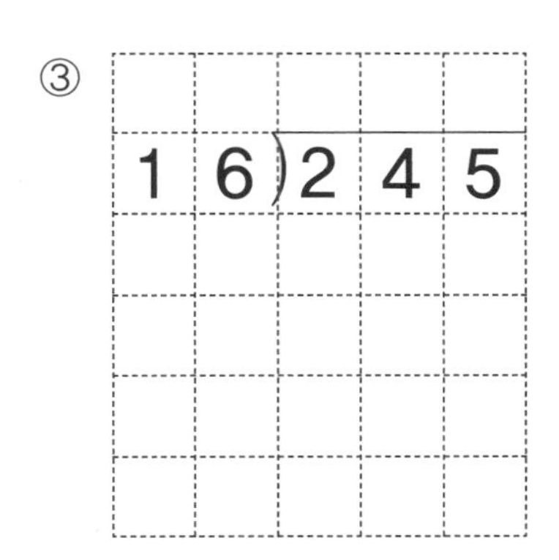

④
38)228

⑤
32)612

⑥
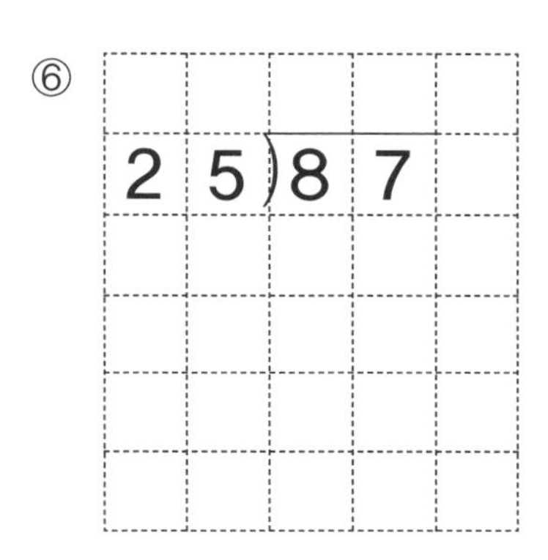

⑦
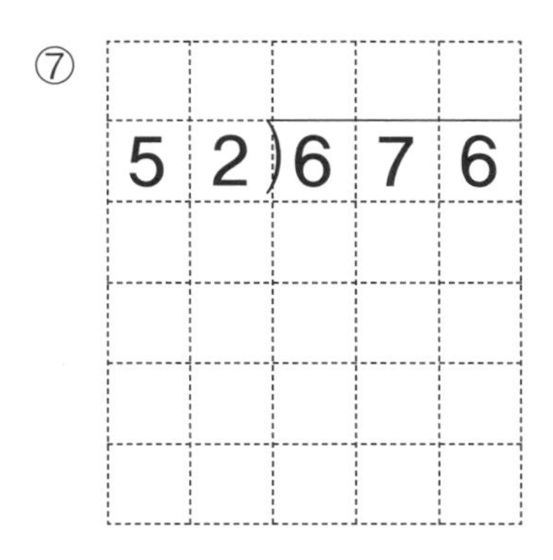

⑧

⑨
43)748

⑩
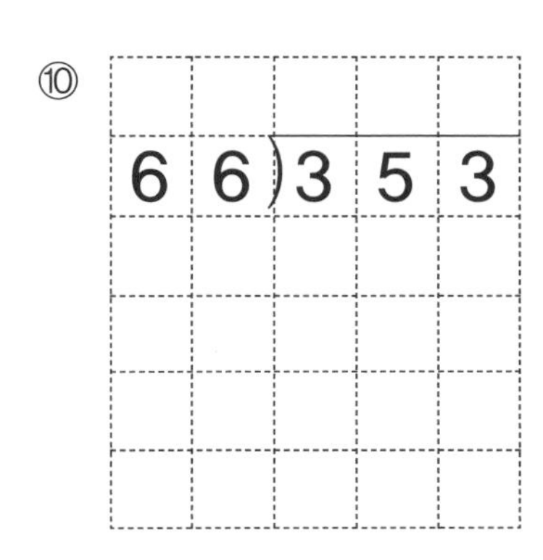

⑪
19)97

⑫
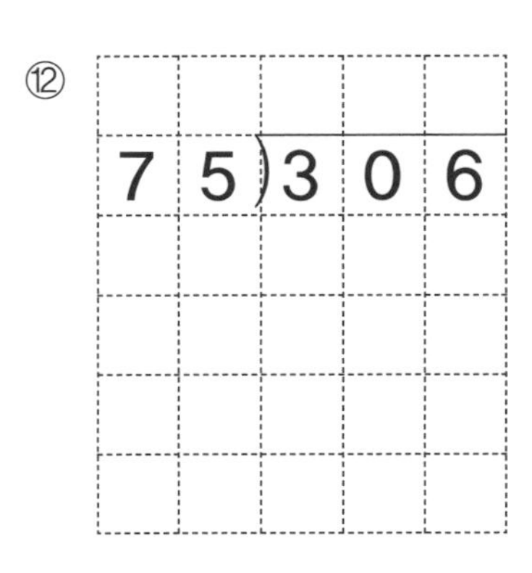

● 표준완성시간 : 3~4분

날짜	월 일
시간	분 초
오답 수	/ 9

(두 자리 수 · 세 자리 수)÷(두 자리 수)

★ 나눗셈을 하시오.

① 482÷39

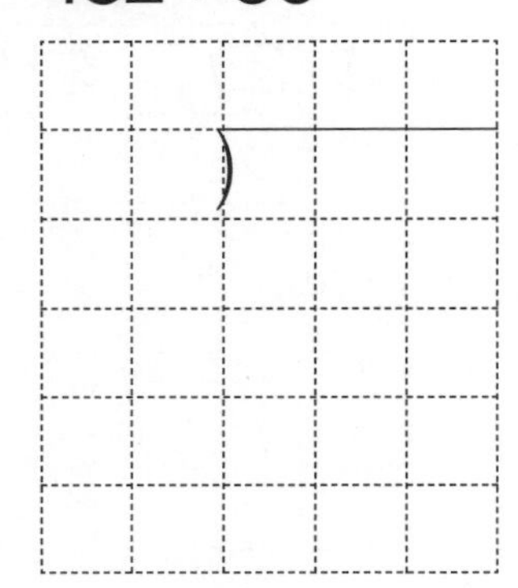

④ 285÷36

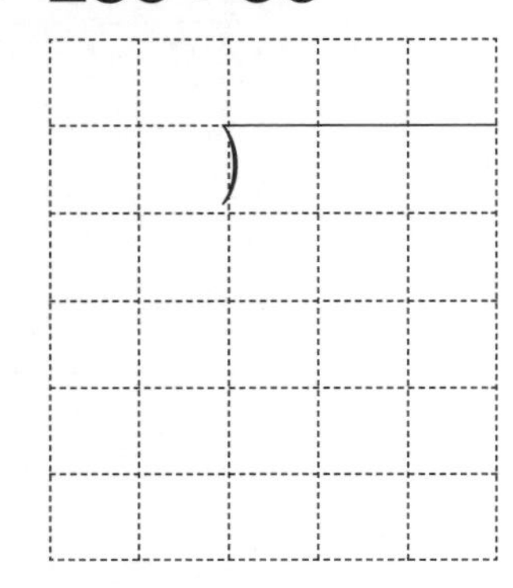

⑦ 95÷15

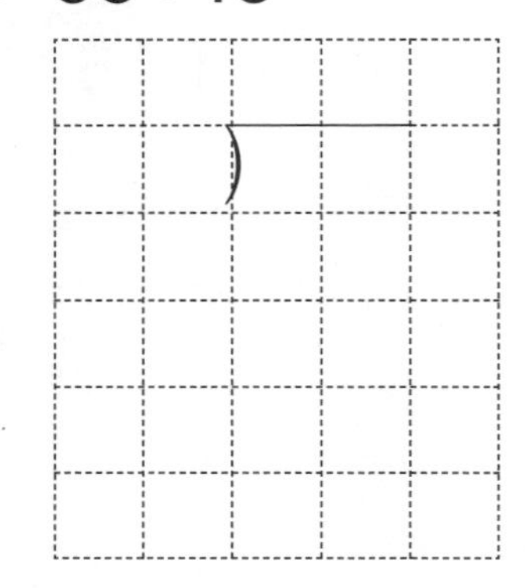

② 78÷26

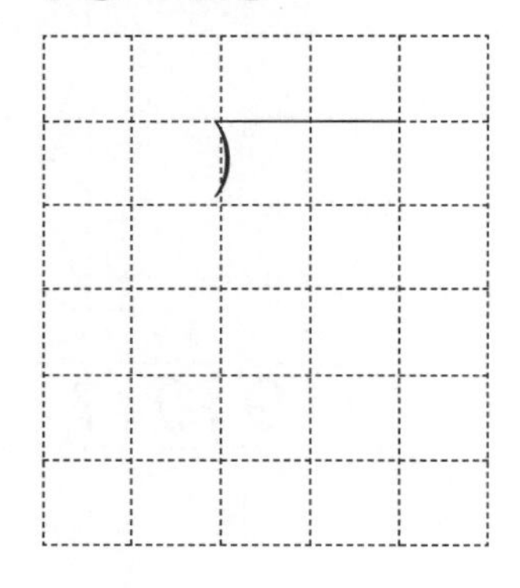

⑤ 520÷47

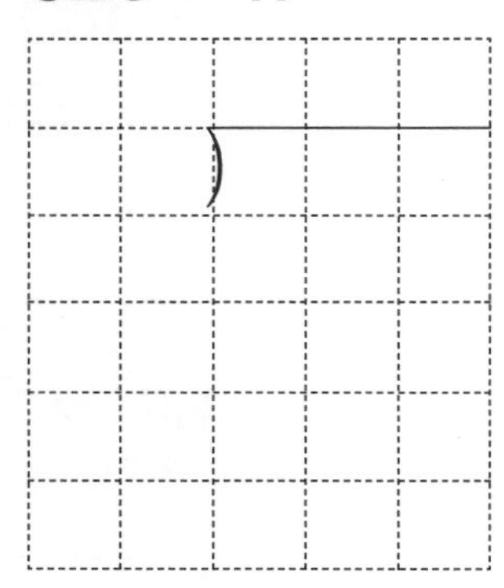

⑧ 760÷63

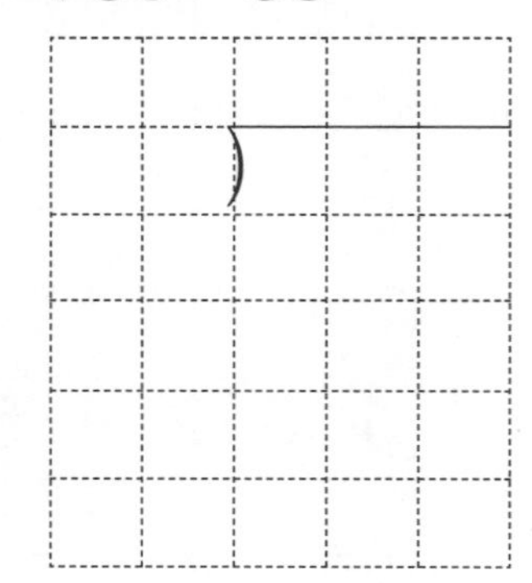

③ 616÷22

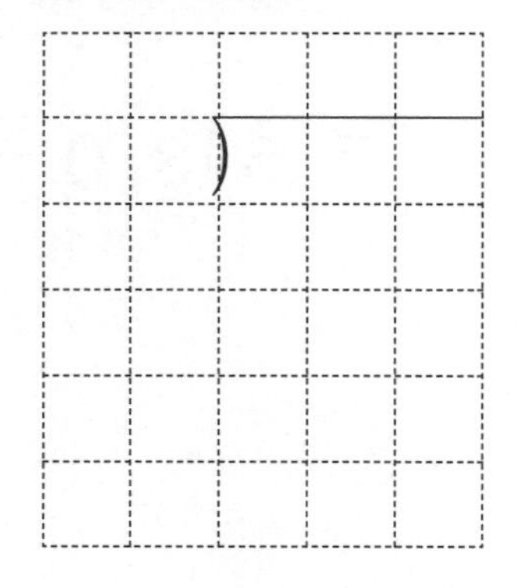

⑥ 71÷58

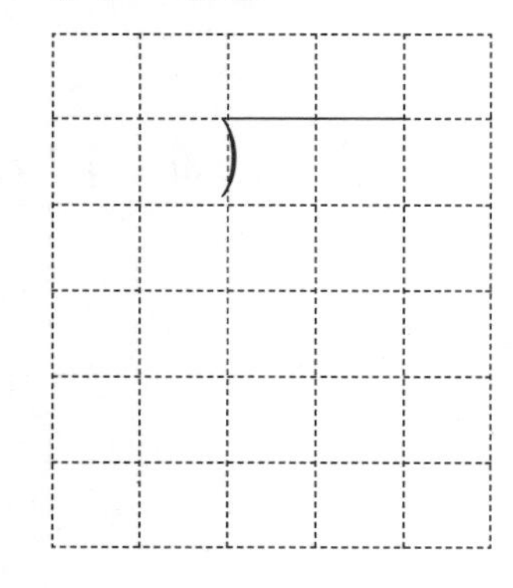

⑨ 751÷81

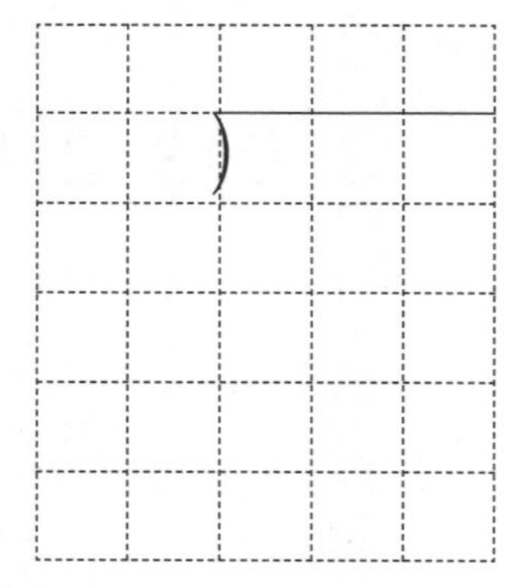

(두 자리 수 · 세 자리 수)÷(두 자리 수)

● 표준완성시간 : 3~4분

날짜	월	일
시간	분	초
오답 수		/ 12

★ 나눗셈을 하시오.

① $14\overline{)56}$

② $34\overline{)476}$

③ $41\overline{)255}$

④ $21\overline{)77}$

⑤ $27\overline{)164}$

⑥ 

⑦ 

⑧ 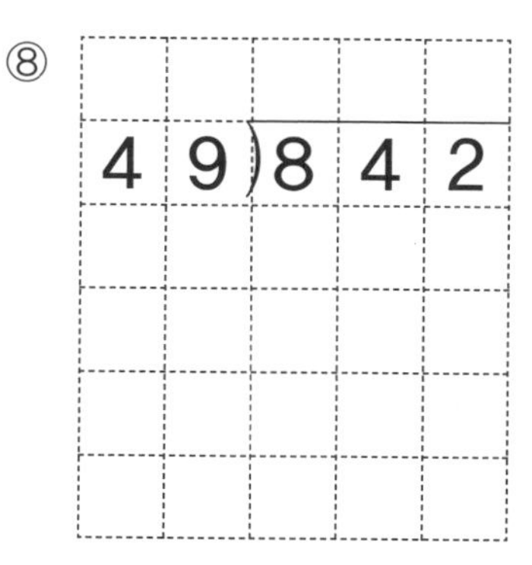

⑨ $33\overline{)170}$

⑩ $62\overline{)688}$

⑪ $93\overline{)376}$

⑫ $76\overline{)838}$

● 표준완성시간 : 3~4분

B형

날짜	월 일
시간	분 초
오답 수	/ 9

(두 자리 수 · 세 자리 수)÷(두 자리 수)

★ 나눗셈을 하시오.

① 219÷51

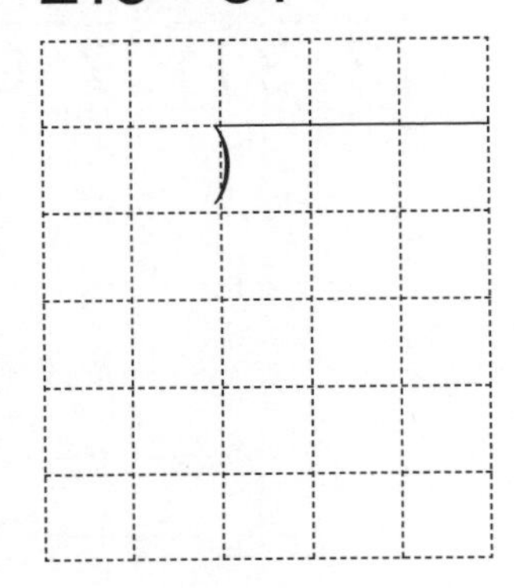

④ 75÷11

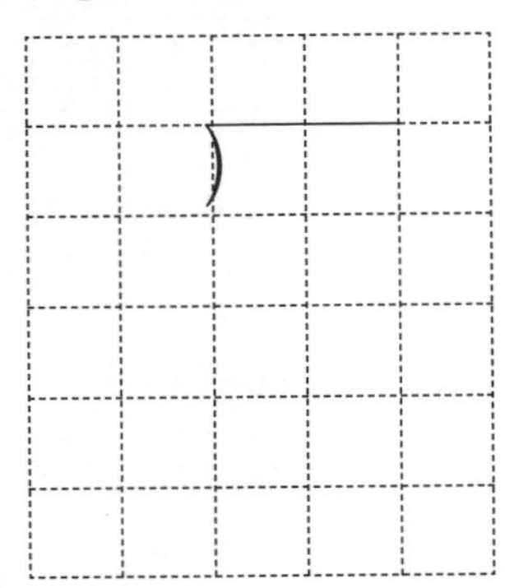

⑦ 582÷24

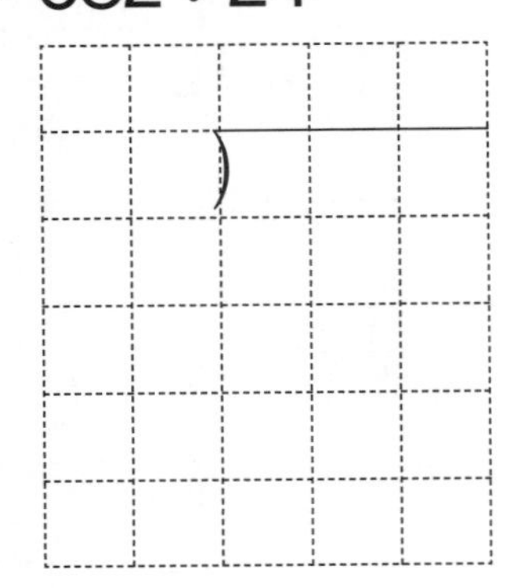

② 86÷28

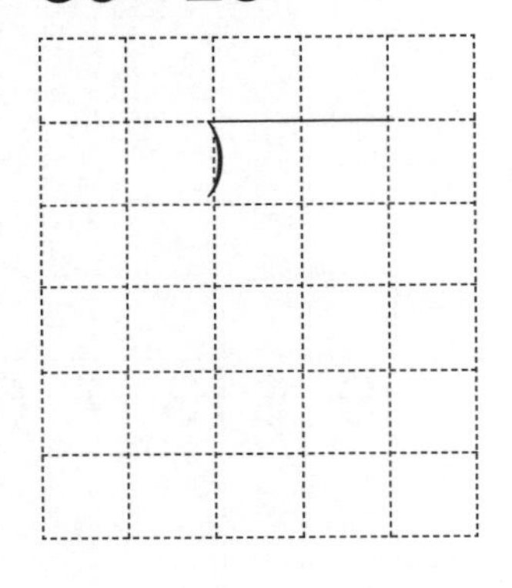

⑤ 722÷55

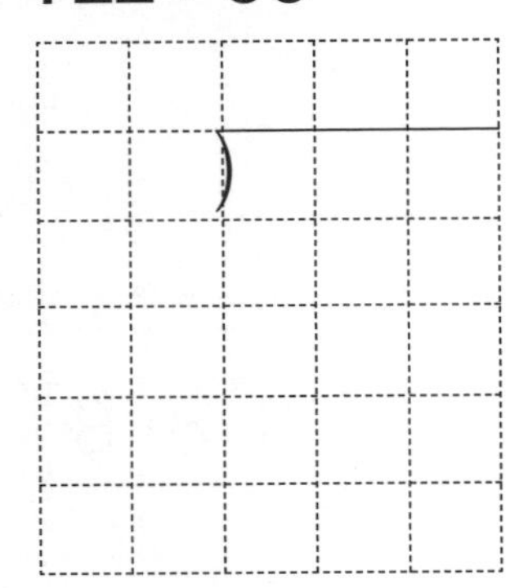

⑧ 446÷13

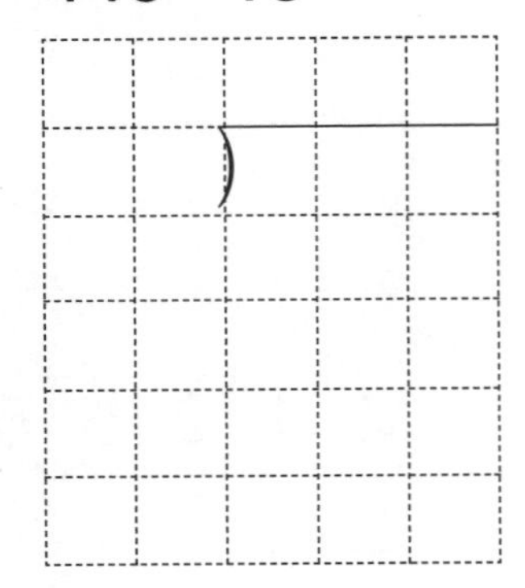

③ 280÷35

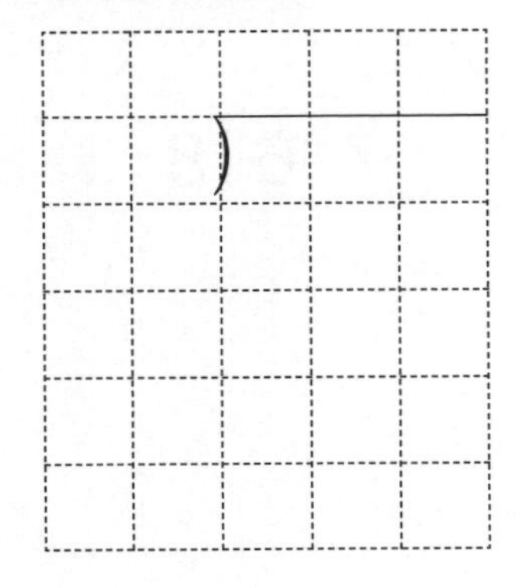

⑥ 641÷42

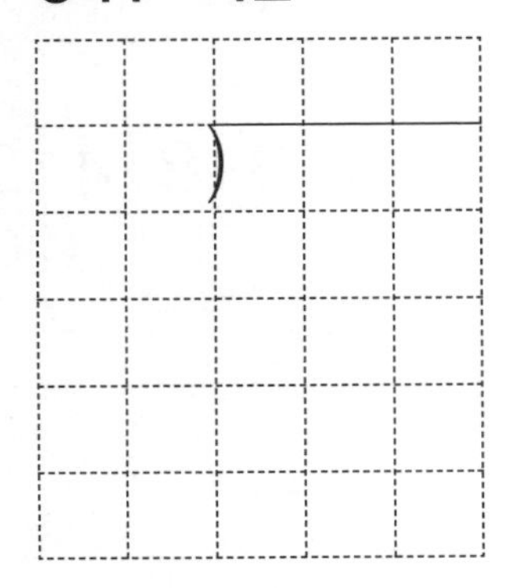

⑨ 385÷85

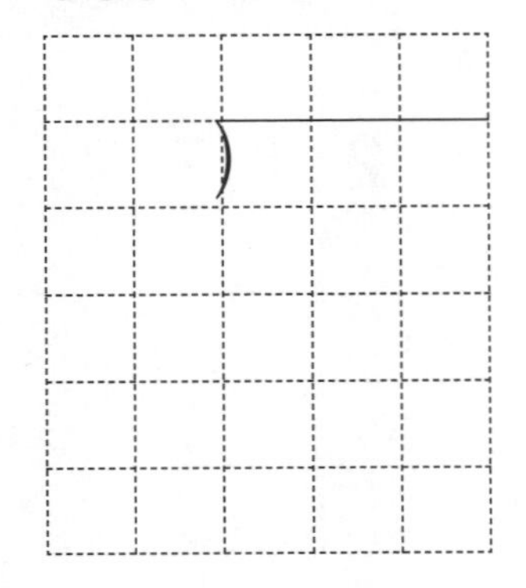

(두 자리 수 · 세 자리 수)÷(두 자리 수)

● 표준완성시간 : 3~4분

날짜	월	일
시간	분	초
오답 수	/	12

★ 나눗셈을 하시오.

① 12)84

⑤ 24)436

⑨ 57)294

② 42)589

⑥ 37)81

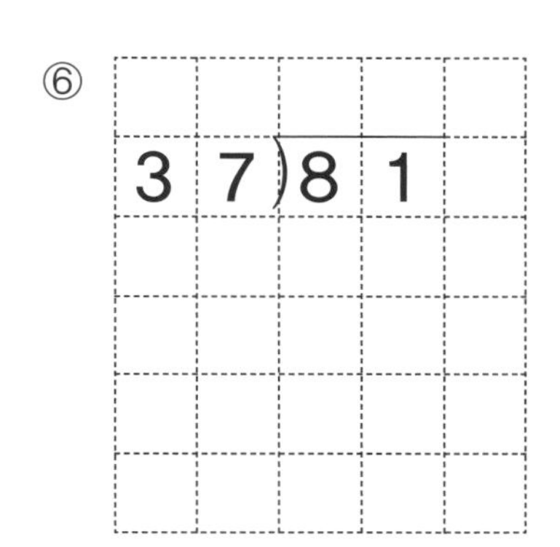

⑩ 68)209

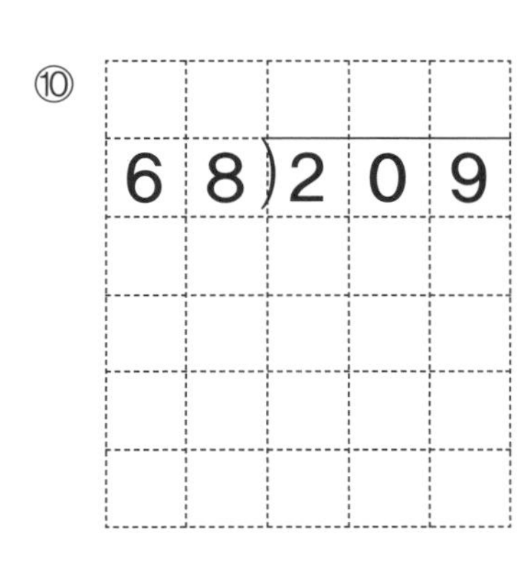

③ 29)93

⑦ 16)547

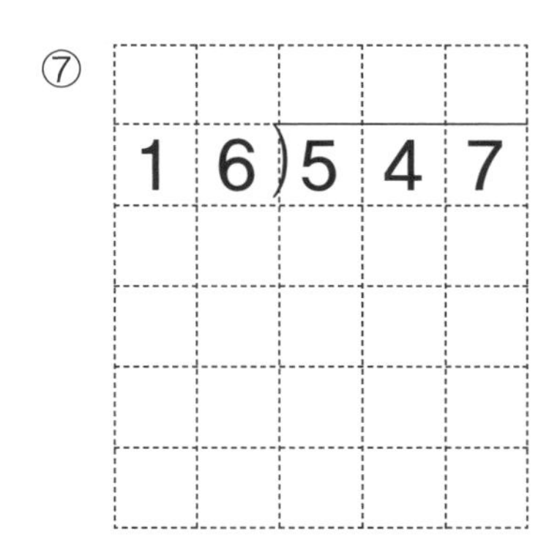

⑪ 71)395

④ 17)357

⑧ 45)270

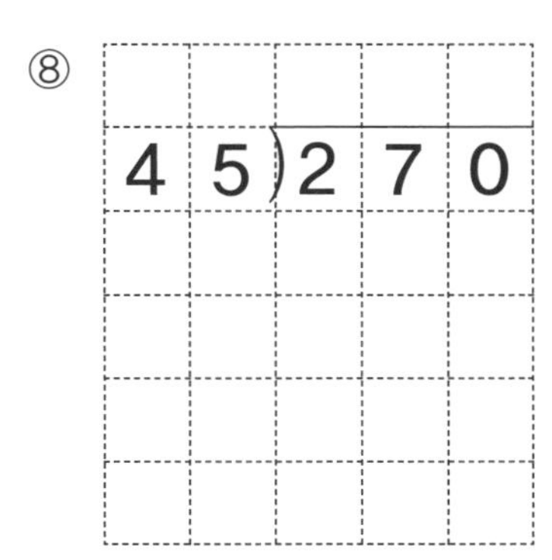

⑫ 35)499

● 표준완성시간 : 3~4분

B형		
날짜	월	일
시간	분	초
오답 수		/ 9

(두 자리 수 · 세 자리 수)÷(두 자리 수)

★ 나눗셈을 하시오.

① 128÷26

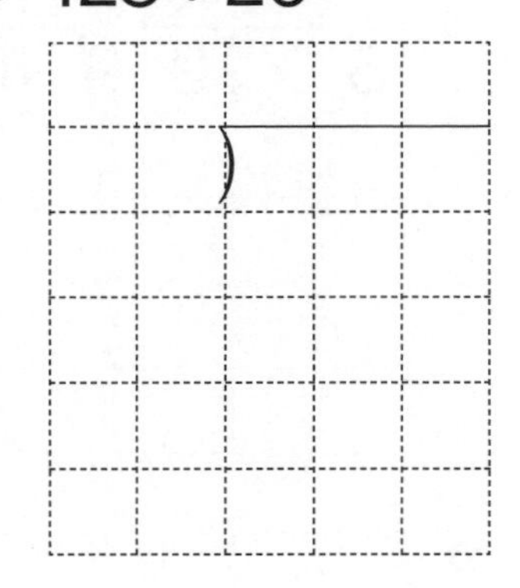

④ 91÷13

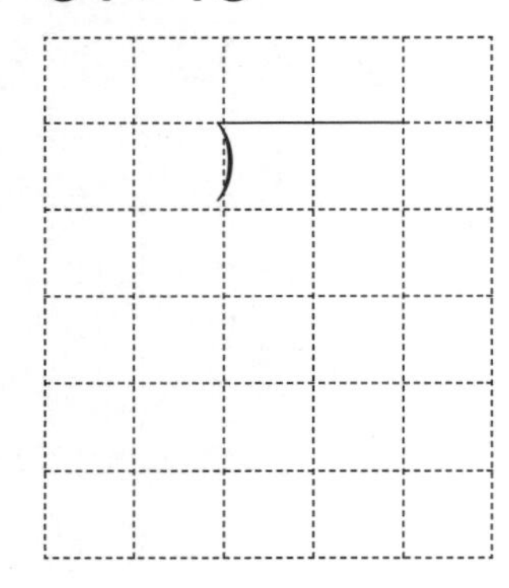

⑦ 738÷67

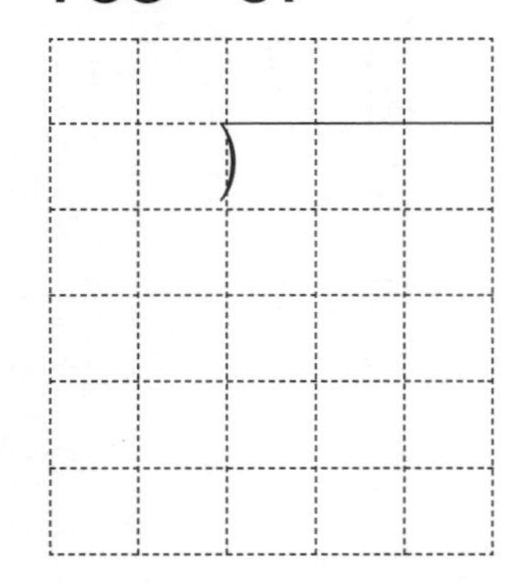

② 69÷31

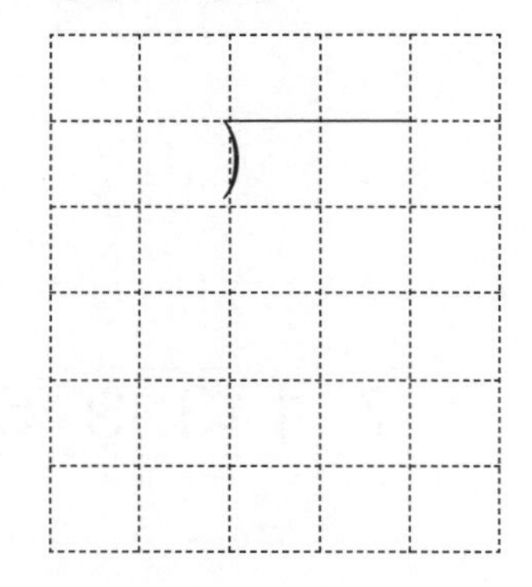

⑤ 719÷40

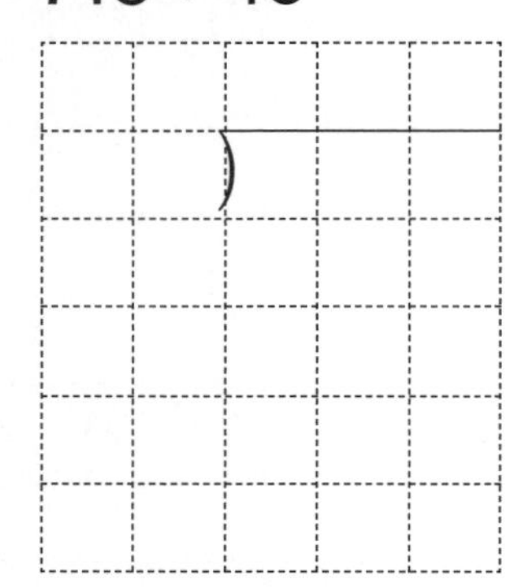

⑧ 393÷72

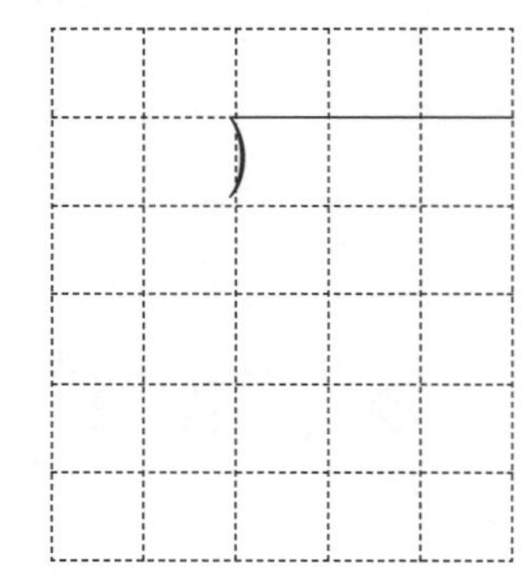

③ 598÷46

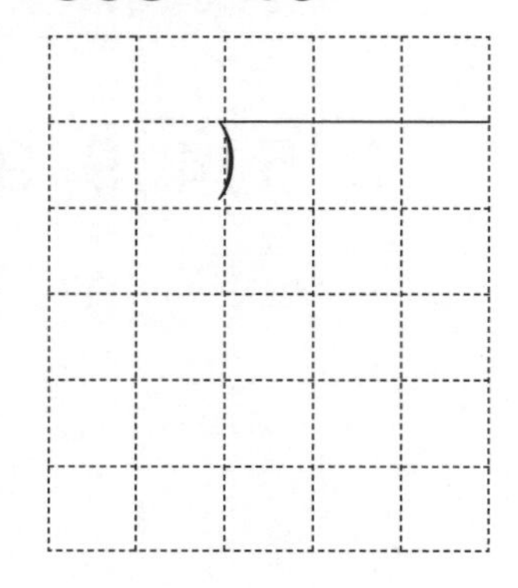

⑥ 177÷59

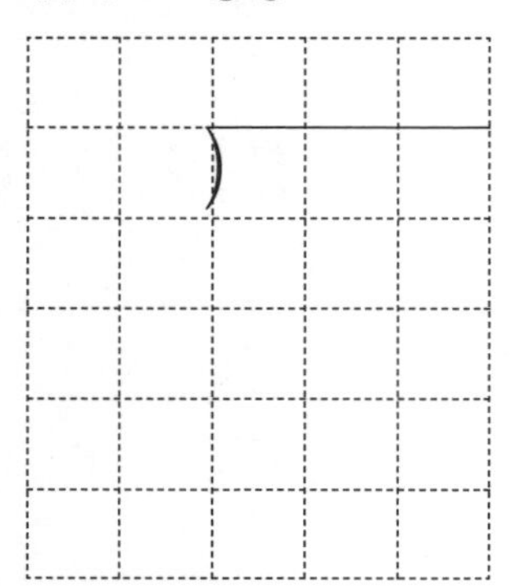

⑨ 661÷28

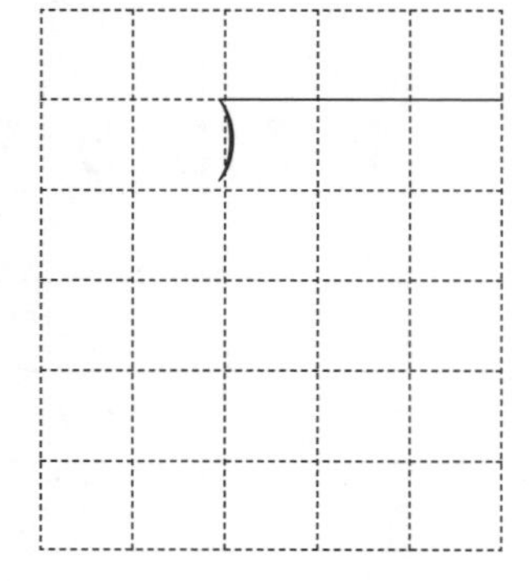

자연수의 혼합 계산 ①

● **결과 기록지**

① 1~5일차 학습에 걸린 시간을 각각 재서 그래프에 점을 찍습니다.
② 점과 점을 연결하여 기록의 변화를 확인합니다.
③ 오답 수를 세어 오답 수 칸에 씁니다.

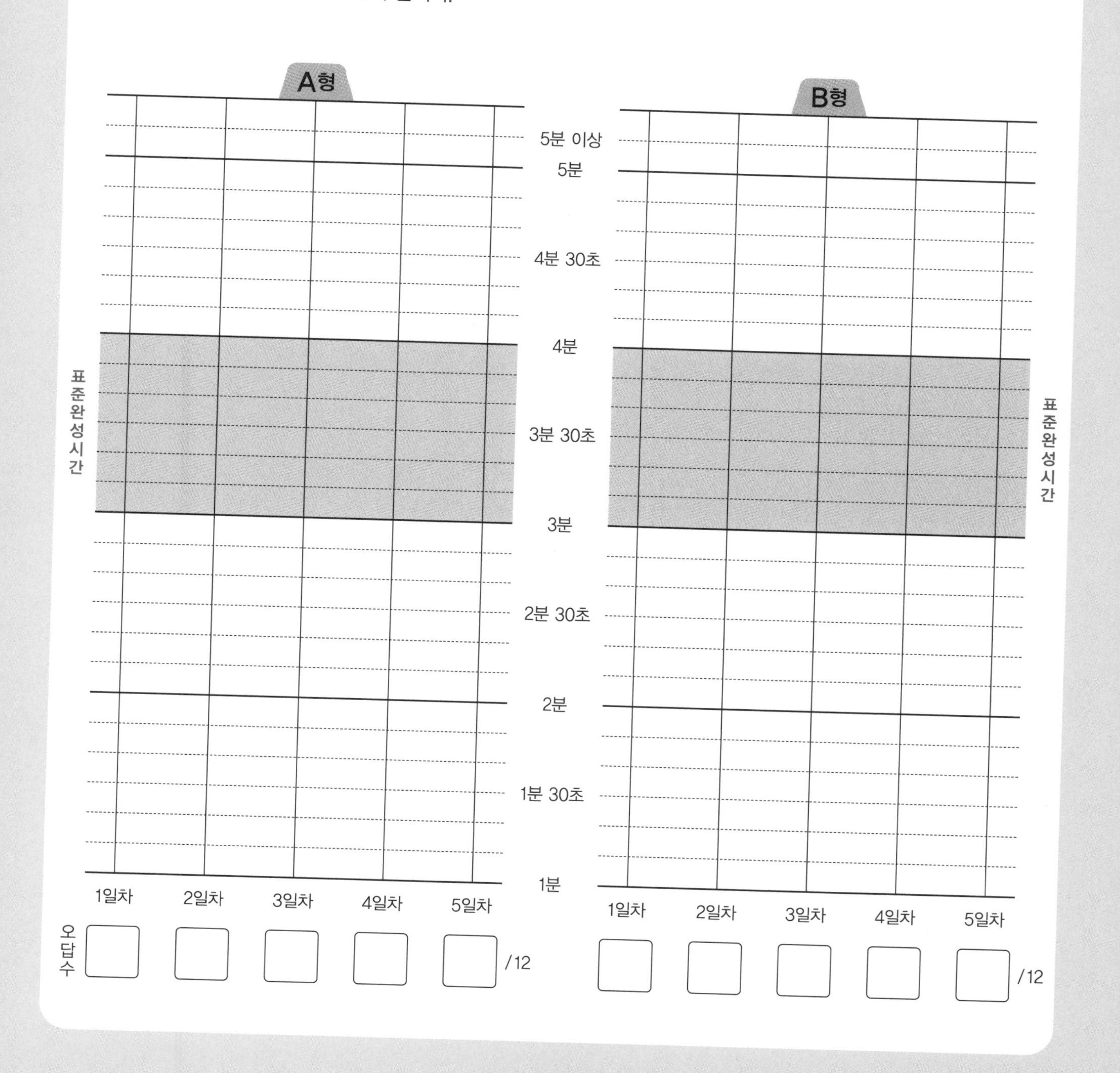

계산력을 기르는 힘!

자연수의 혼합 계산 ①

● 덧셈과 뺄셈이 섞여 있는 식의 계산

덧셈과 뺄셈이 섞여 있는 식의 계산은 앞에서부터 차례로 계산합니다.
(　)가 있는 식에서는 (　) 안을 먼저 계산합니다.

보기

$25-8+5=22$
(25−8 = 17, 17+5 = 22)

$25-(8+5)=12$
(8+5 = 13, 25−13 = 12)

● 곱셈과 나눗셈이 섞여 있는 식의 계산

곱셈과 나눗셈이 섞여 있는 식의 계산은 앞에서부터 차례로 계산합니다.
(　)가 있는 식에서는 (　) 안을 먼저 계산합니다.

보기

$42\div2\times7=147$
(42÷2 = 21, 21×7 = 147)

$42\div(2\times7)=3$
(2×7 = 14, 42÷14 = 3)

1 일차

자연수의 혼합 계산 ①

● 표준완성시간 : 3~4분

날짜	월 일
시간	분 초
오답 수	/ 12

★ 계산 순서를 생각하여 계산을 하시오.

① $18-9+6=$

② $21-(5+7)=$

③ $12+14-9=$

④ $32-16+8-5=$

⑤ $11+7-(6+5)=$

⑥ $9+21-8-4=$

⑦ $35-(12+8)=$

⑧ $9+22-18=$

⑨ $19-12+7=$

⑩ $9+17-(6-5)=$

⑪ $6+6-8+5=$

⑫ $26-(4+10)-7=$

● 표준완성시간 : 3~4분

B형		
날짜	월	일
시간	분	초
오답 수	/ 12	

자연수의 혼합 계산 ①

★ 계산 순서를 생각하여 계산을 하시오.

① $36\div4\times3=$

⑦ $28\times3\div7=$

② $42\times(6\div2)=$

⑧ $81\div(3\times9)=$

③ $15\times4\div5=$

⑨ $18\times(42\div6)=$

④ $48\div8\times6\div3=$

⑩ $104\div13\times2\times5=$

⑤ $8\times(16\div4)\times5=$

⑪ $120\div(12\times5)\times9=$

⑥ $117\div(13\times3)=$

⑫ $6\times(18\div2)\times3=$

자연수의 혼합 계산 ①

● 표준완성시간 : 3~4분

날짜	월	일
시간	분	초
오답 수	/	12

★ 계산 순서를 생각하여 계산을 하시오.

① $28+12-9=$

② $32-19+4=$

③ $45-(8+15)=$

④ $8+12-9+10=$

⑤ $54-(14+12)-6=$

⑥ $4+29-(17-3)=$

⑦ $23-13+17=$

⑧ $17-(9+3)=$

⑨ $7+26-11=$

⑩ $31-8+16-9=$

⑪ $2+20-15-6=$

⑫ $13+24-(11+8)=$

● 표준완성시간 : 3~4분

B형	
날짜	월 일
시간	분 초
오답 수	/ 12

자연수의 혼합 계산 ①

★ 계산 순서를 생각하여 계산을 하시오.

① $6\times21\div9=$

② $64\div16\times12=$

③ $28\times(14\div7)=$

④ $128\div(2\times16)=$

⑤ $84\div7\times9\div12=$

⑥ $15\times(32\div8)\times4=$

⑦ $48\div16\times11=$

⑧ $132\div(6\times2)=$

⑨ $24\times(72\div18)=$

⑩ $216\div(6\times3)\times2=$

⑪ $9\times(56\div14)\times13=$

⑫ $72\div(72\div12\times2)=$

자연수의 혼합 계산 ①

● 표준완성시간 : 3~4분

날짜	월 일
시간	분 초
오답 수	/ 12

★ 계산 순서를 생각하여 계산을 하시오.

① $29-(13+7)=$

② $34+5-23=$

③ $41-26+7=$

④ $25-9+14-6=$

⑤ $38-(12+9)-4=$

⑥ $8+33-(18+8)=$

⑦ $40-31+9=$

⑧ $12+16-8=$

⑨ $17-(6+7)=$

⑩ $23+17-19+5=$

⑪ $36-(8+7)+3=$

⑫ $14+15-21-2=$

● 표준완성시간 : 3~4분

B형

날짜	월	일
시간	분	초
오답 수	/	12

자연수의 혼합 계산 ①

★ 계산 순서를 생각하여 계산을 하시오.

① $88\div(4\times11)=$

② $91\div7\times6=$

③ $6\times12\div4=$

④ $23\times10\div5\times6=$

⑤ $18\times(36\div6)\times5=$

⑥ $132\div(11\times2)\times8=$

⑦ $28\times4\div8=$

⑧ $96\div(12\times2)=$

⑨ $243\div9\div3=$

⑩ $19\times(44\div4)=$

⑪ $65\div13\times4\div5=$

⑫ $160\div(32\div8\times4)=$

자연수의 혼합 계산 ①

● 표준완성시간 : 3~4분

날짜	월 일
시간	분 초
오답 수	/ 12

A형

★ 계산 순서를 생각하여 계산을 하시오.

① $31+6-17=$

② $29-13+8=$

③ $46-(21+12)=$

④ $5+20-(7+11)=$

⑤ $33-24+9-4=$

⑥ $56-(14+16)-8=$

⑦ $27-(19+3)=$

⑧ $11+25-16=$

⑨ $30-8+21=$

⑩ $10+23-17-4=$

⑪ $60-(29+13)+9=$

⑫ $12+6-(15-7)=$

• 표준완성시간 : 3~4분

B형

날짜	월	일
시간	분	초
오답 수	/	12

자연수의 혼합 계산 ①

★ 계산 순서를 생각하여 계산을 하시오.

① $312\div(13\times2)=$

⑦ $16\times(28\div4)=$

② $42\times3\div18=$

⑧ $48\div3\times9=$

③ $65\div5\times4=$

⑨ $108\div(6\times2)=$

④ $78\div13\times(6\div2)=$

⑩ $250\div(2\times5)\times4=$

⑤ $96\div12\times8\div4=$

⑪ $18\times12\div8\times9=$

⑥ $13\times(36\div4)\times7=$

⑫ $150\div(25\div5\times6)=$

자연수의 혼합 계산 ①

● 표준완성시간 : 3~4분

날짜	월 일
시간	분 초
오답 수	/ 12

A형

★ 계산 순서를 생각하여 계산을 하시오.

① $44+13-28=$

② $62-36+15=$

③ $26-(11+9)=$

④ $75-(43-24)+10=$

⑤ $50-35-6+16=$

⑥ $36+5-(22-14)=$

⑦ $70-(35+17)=$

⑧ $53-21+6=$

⑨ $14+28-19-8=$

⑩ $83-(18+7)+5=$

⑪ $100-(45+27)-12=$

⑫ $46+15-(37+4)=$

●표준완성시간 : 3~4분

B형

날짜	월	일
시간	분	초
오답 수	/	12

자연수의 혼합 계산 ①

★ 계산 순서를 생각하여 계산을 하시오.

① $54 \div 2 \times 9 =$

② $112 \div 4 \div 7 =$

③ $22 \times (45 \div 3) =$

④ $52 \div 4 \times 9 \div 3 =$

⑤ $72 \div 18 \times 8 \times 5 =$

⑥ $240 \div (15 \times 4 \div 12) =$

⑦ $33 \times 3 \div 9 =$

⑧ $48 \div 12 \times 6 =$

⑨ $120 \div (6 \times 5) \times 8 =$

⑩ $17 \times (28 \div 4) \times 2 =$

⑪ $32 \times 20 \div 16 \times 4 =$

⑫ $360 \div (45 \times 2) \times 6 =$

자연수의 혼합 계산 ②

● **결과 기록지**

① 1~5일차 학습에 걸린 시간을 각각 재서 그래프에 점을 찍습니다.
② 점과 점을 연결하여 기록의 변화를 확인합니다.
③ 오답 수를 세어 오답 수 칸에 씁니다.

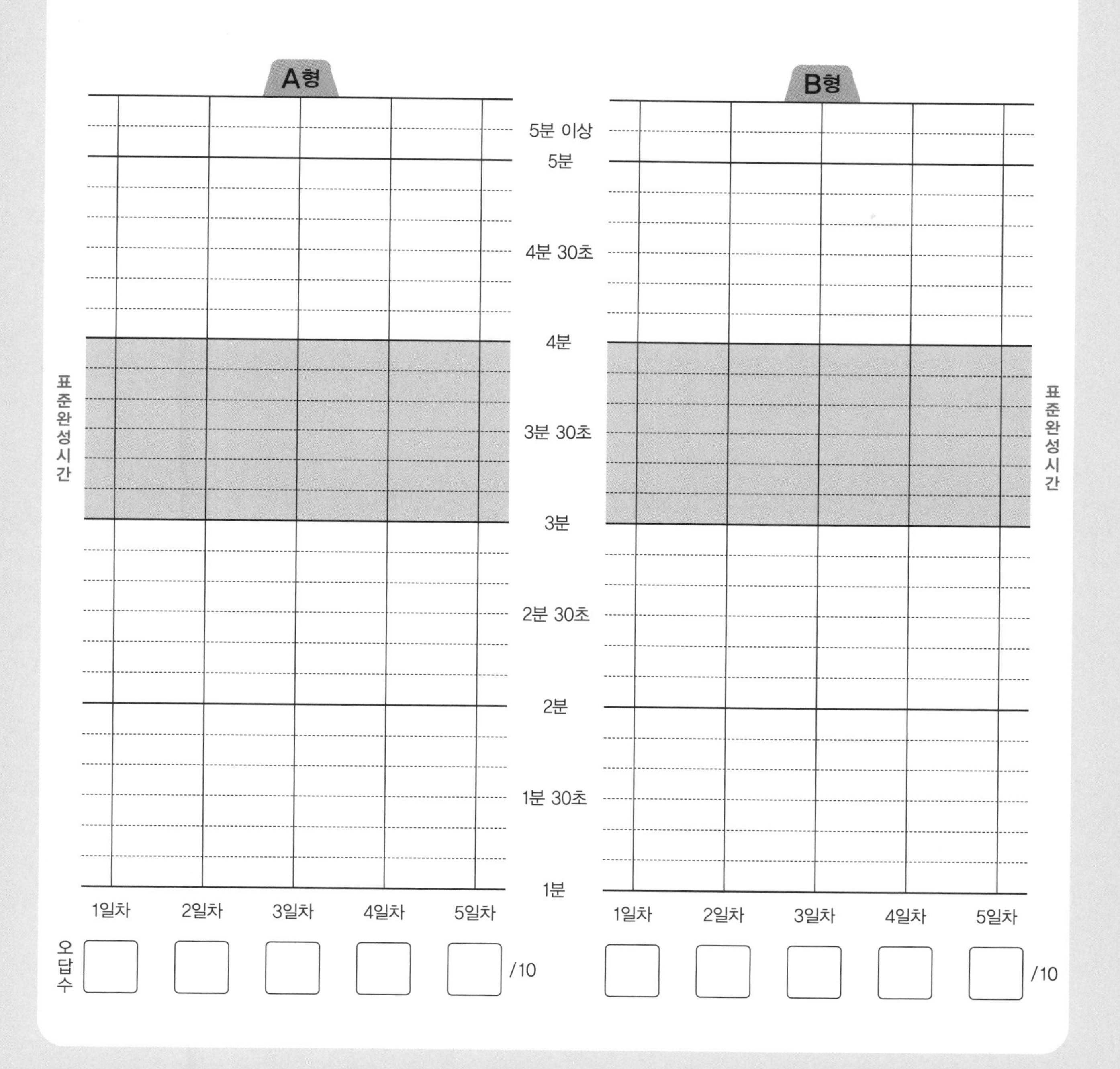

자연수의 혼합 계산 ②

● 덧셈, 뺄셈, 곱셈(또는 나눗셈)이 섞여 있는 식의 계산

덧셈, 뺄셈, 곱셈(또는 나눗셈)이 섞여 있는 식의 계산은 곱셈(또는 나눗셈)을 먼저 계산합니다.
(　)가 있는 식에서는 (　) 안을 먼저 계산합니다.

덧셈, 뺄셈, 곱셈이 섞여 있는 식의 계산의 예

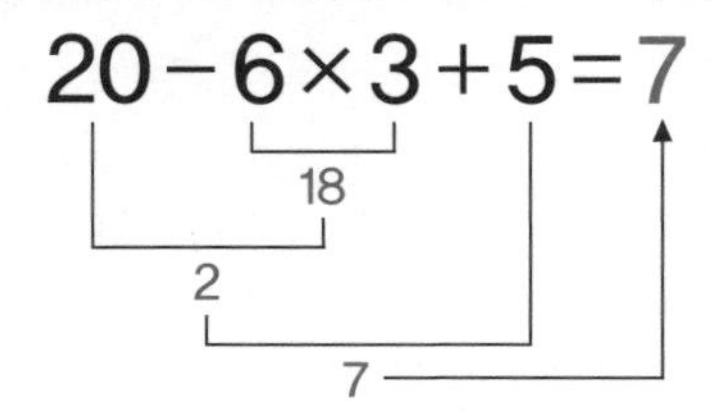

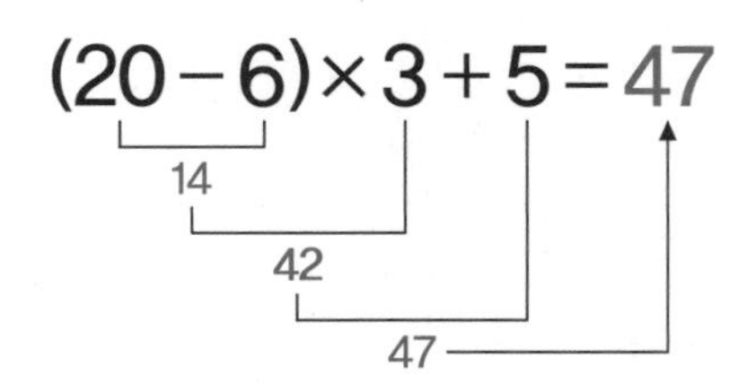

덧셈, 뺄셈, 나눗셈이 섞여 있는 식의 계산의 예

$$63 \div 7 - 4 + 8 = 13$$

9 → 5 → 13

$$63 \div (7 - 4) + 8 = 29$$

3 → 21 → 29

● 덧셈, 뺄셈, 곱셈, 나눗셈과 (　), {　}가 섞여 있는 식의 계산

덧셈, 뺄셈, 곱셈, 나눗셈과 (　), {　}가 섞여 있는 식의 계산은 다음과 같은 순서로 계산합니다.

(　) → {　} → 곱셈 · 나눗셈(차례로) → 덧셈 · 뺄셈(차례로)

보기

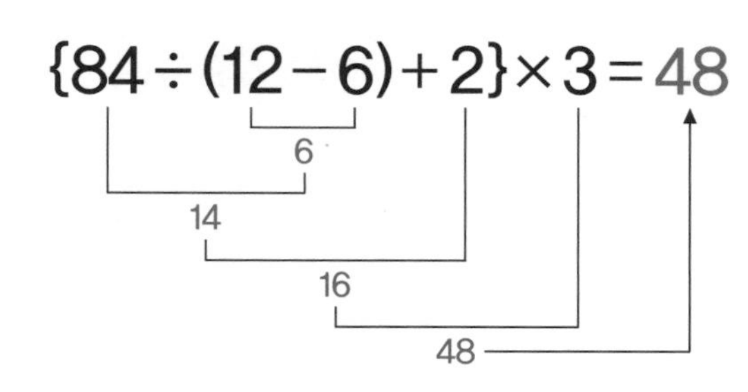

자연수의 혼합 계산 ②

● 표준완성시간 : 3~4분

날짜	월 일
시간	분 초
오답 수	/ 10

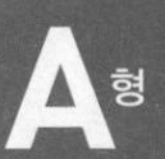

★ 계산 순서를 생각하여 계산을 하시오.

① $4+6\times8=$

② $39\div3-5=$

③ $(51-9+3)\div5=$

④ $26-5+2\times7=$

⑤ $60-(7+13)\times2=$

⑥ $14\times(6-4)=$

⑦ $25\div5-3+4=$

⑧ $18-45\div9=$

⑨ $(15-3)\times2-9=$

⑩ $63\div(12-8+3)=$

● 표준완성시간 : 3~4분

B형

날짜	월 일
시간	분 초
오답 수	/ 10

자연수의 혼합 계산 ②

★ 계산 순서를 생각하여 계산을 하시오.

① $56\div8\times(11-5)=$

⑥ $12+48\div6\times4=$

② $(15+9)\div2\times3=$

⑦ $5\times7-81\div27=$

③ $108\div9-2\times5=$

⑧ $12\times(3+5)\div6=$

④ $54\div6+8\times3-6=$

⑨ $32-36\div9+3\times7=$

⑤ $(5+13)\div3\times5-7=$

⑩ $\{56-(7+8)\div5\}\times2=$

자연수의 혼합 계산 ②

● 표준완성시간 : 3~4분

날짜	월 일
시간	분 초
오답 수	/ 10

★ 계산 순서를 생각하여 계산을 하시오.

① $5+8\times6-15=$

⑥ $24\div3-4+5=$

② $(24-6)\div3+4=$

⑦ $3\times(4+11)-25=$

③ $64\div(12+4)+6=$

⑧ $20-63\div7\div3=$

④ $4\times18-(17+5)=$

⑨ $38-(6+4)\times2=$

⑤ $31+5\times(22-8)=$

⑩ $(15-3)\times2-7=$

● 표준완성시간 : 3~4분

B형

날짜	월 일
시간	분 초
오답 수	/ 10

자연수의 혼합 계산 ②

★ 계산 순서를 생각하여 계산을 하시오.

① $14+7\times(42\div3)=$

② $65\div(8-3)\times6=$

③ $64\div(10-5+3)\times4=$

④ $7\times8+14-75\div5=$

⑤ $42\div\{15-(4+8)\}\times2=$

⑥ $9\times9\div3-18=$

⑦ $58-16\times2\div4=$

⑧ $12\times4-68\div2+2=$

⑨ $(20-14)\times8\div3-6=$

⑩ $72\div\{(1+8)\times5-9\}=$

자연수의 혼합 계산 ②

● 표준완성시간 : 3~4분

날짜	월 일
시간	분 초
오답 수	/ 10

★ 계산 순서를 생각하여 계산을 하시오.

① $36\div3+4-9=$

⑥ $17-2\times7+16=$

② $18-(7+13)\div4=$

⑦ $39-(6+54\div9)=$

③ $5+96\div8-14=$

⑧ $(22-13)\times11-45=$

④ $(21-15)\times8+30=$

⑨ $4\times15-5\times5+12=$

⑤ $23+6-5\times3=$

⑩ $120\div(15+9)\div5=$

● 표준완성시간 : 3~4분

B형

날짜	월	일
시간	분	초
오답 수	/ 10	

자연수의 혼합 계산 ②

★ 계산 순서를 생각하여 계산을 하시오.

① $8 \times 5 + 54 \div 3 =$

⑥ $3 \times (13 - 7) \div 2 =$

② $72 \div 4 + 3 \times 9 - 25 =$

⑦ $(9 - 5 + 21 \div 3) \times 12 =$

③ $22 + (16 \times 2 - 17) \div 3 =$

⑧ $14 \times 5 + 38 - 80 \div 5 =$

④ $6 \times \{(9 + 27) \div 4 - 4\} =$

⑨ $10 + 100 \div 4 \times 2 - 25 =$

⑤ $\{80 \div (18 - 2) + 6\} \times 3 =$

⑩ $\{(36 + 24) \div 4 - 3\} \times 6 =$

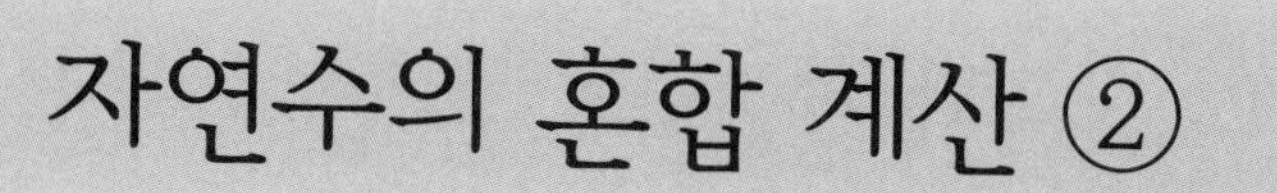

자연수의 혼합 계산 ②

● 표준완성시간 : 3~4분

날짜	월 일
시간	분 초
오답 수	/ 10

★ 계산 순서를 생각하여 계산을 하시오.

① $25+84\div7=$

⑥ $27\times2-14=$

② $33-4\times7+12=$

⑦ $51-8\times5+26=$

③ $18+(24-3)\times3=$

⑧ $38+(11-3)\times2=$

④ $7+72\div(16-8)=$

⑨ $5+108\div9-8=$

⑤ $40-(9+23)\div2=$

⑩ $(23-18)\times9+17=$

● 표준완성시간 : 3~4분

B형

날짜	월 일
시간	분 초
오답 수	/ 10

자연수의 혼합 계산 ②

★ 계산 순서를 생각하여 계산을 하시오.

① $(20+7)\times3\div9=$

② $51\div(13+2\times2)=$

③ $7\times5+15\div3-5=$

④ $46-(8+32)\div(4\times5)=$

⑤ $264\div\{(17-2\times4)+2\}=$

⑥ $(35+5\times3)\div25=$

⑦ $7\times2+19-58\div2=$

⑧ $57\div(8-3+14)\times8=$

⑨ $72+6\times\{(14-2)\div3\}=$

⑩ $\{(30-6)+63\div7\}\times4=$

자연수의 혼합 계산 ②

● 표준완성시간 : 3~4분

날짜	월 일
시간	분 초
오답 수	/ 10

★ 계산 순서를 생각하여 계산을 하시오.

① $8\times5-16+7=$

② $6+(35-19)\div2=$

③ $58\div(18+11)+9=$

④ $12\times8-9\times6=$

⑤ $(28-15+2)\times8=$

⑥ $13+4\times7-25=$

⑦ $4+64\div(12-8)=$

⑧ $11\times(10-3)-32=$

⑨ $69-(16+4\times7)=$

⑩ $42-(29+3)\div4=$

● 표준완성시간 : 3~4분

B형

날짜	월 일
시간	분 초
오답 수	/ 10

자연수의 혼합 계산 ②

★ 계산 순서를 생각하여 계산을 하시오.

① $12 \times 4 + 48 \div 3 - 9 =$

⑥ $8 - 3 + 25 \div 5 \times 13 =$

② $17 + 32 \div 4 \times 6 - 35 =$

⑦ $84 \div 3 - (9 + 4 \times 3) =$

③ $\{35 + 5 \times (8 - 6)\} \div 3 =$

⑧ $\{4 + (8 \times 4 - 6)\} \div 5 =$

④ $29 + 15 \times \{(33 - 7) \div 13\} =$

⑨ $98 \div (25 + 24) \times 19 - 7 =$

⑤ $88 + 102 \div \{(12 - 9) \times 2\} =$

⑩ $11 \times \{(16 + 28) \div 4\} - 21 =$

7권 자연수의 나눗셈 / 혼합 계산

종료테스트

20문항 / 표준완성시간 3~4분

실시 방법

❶ 먼저, 이름, 실시 연월일을 씁니다.

❷ 스톱워치를 켜서 시간을 정확히 재면서 문제를 풀고, 문제를 다 푸는 데 걸린 시간을 씁니다.

❸ 가능하면 표준완성시간 내에 풉니다.

❹ 다 풀고 난 후 채점을 하고, 오답 수를 기록합니다.

❺ 마지막 장에 있는 종료테스트 학습능력평가표에 V표시를 하면서 학생의 전반적인 학습 상태를 점검합니다.

이름	
실시 연월일	년 월 일
걸린 시간	분 초
오답 수	/ 20

★ 나눗셈을 하시오.

① $402 \div 3 =$

② $531 \div 9 =$

③ $546 \div 4 =$

④ $414 \div 8 =$

⑤ $530 \div 40 =$

⑥ $652 \div 90 =$

⑦ $72 \div 24 =$

⑧ $90 \div 18 =$

⑨ $67 \div 13 =$

⑩ $95 \div 27 =$

⑪ $805 \div 23 =$

⑫ $576 \div 64 =$

⑬ $542 \div 17 =$

⑭ $628 \div 75 =$

⑮ $96 \div 24 =$

⑯ $735 \div 62 =$

★ 계산을 하시오.

⑰ $54 + 26 - (19 + 8) =$

⑱ $540 \div (15 \times 6) \times 8 =$

⑲ $24 \times (14 - 6) - 63 =$

⑳ $13 \times \{(25 + 31) \div 7\} - 42 =$

7권 종료테스트 정답

① 134	② 59	③ 136⋯2	④ 51⋯6
⑤ 13⋯10	⑥ 7⋯22	⑦ 3	⑧ 5
⑨ 5⋯2	⑩ 3⋯14	⑪ 35	⑫ 9
⑬ 31⋯15	⑭ 8⋯28	⑮ 4	⑯ 11⋯53
⑰ 53	⑱ 48	⑲ 129	⑳ 62

종료테스트 학습능력평가표

7권은?

학습 방법	□ 매일매일	□ 가끔	□ 한꺼번에	–하였습니다.
학습 태도	□ 스스로 잘	□ 시켜서 억지로		–하였습니다.
학습 흥미	□ 재미있게	□ 싫증내며		–하였습니다.
교재 내용	□ 적합하다고	□ 어렵다고	□ 쉽다고	–하였습니다.

평가 기준

평가	□ A등급(매우 잘함)	□ B등급(잘함)	□ C등급(보통)	□ D등급(부족함)
오답 수	0~2	3~4	5~6	7~

• A, B등급 : 다음 교재를 바로 시작하세요.
• C등급 : 틀린 부분을 다시 한번 더 공부한 후, 다음 교재를 시작하세요.
• D등급 : 본 교재를 다시 복습한 후, 다음 교재를 시작하세요.